能 量	功 率
J	W
erg	erg/s
kgf·m	kgf·m/s

基本单位

量的名称	SI单位名称	SI符号	量的名称	SI单位名称	SI符号
长 度	米	m	热力学温度	开[尔文]	K
质 量	千克	kg	物质的量	摩[尔]	mol
时 间	秒	s	发光强度	坎[德拉]	cd
电 流	安[培]	A			

SI 词头

因数	词头的中文名称	词头符号	因数	词头的中文名称	词头符号	因数	词头的中文名称	词头符号
10^{18}	艾[可萨]	E	10^2	百	h	10^{-9}	纳[诺]	n
10^{15}	拍[它]	P	10^1	十	da	10^{-12}	皮[可]	p
10^{12}	太[拉]	T	10^{-1}	分	d	10^{-15}	飞[母托]	f
10^9	吉[咖]	G	10^{-2}	厘	c	10^{-18}	阿[托]	a
10^6	兆	M	10^{-3}	毫	m			
10^3	千	k	10^{-6}	微	μ			

与 SI 单位的换算率（1N = 1/9.806 65 kgf）

量	SI 单位名称	SI 记号	SI 以外 单位名称	SI 以外 记号	与 SI 单位的换算率
能量、热量、功或焓	焦[耳]（牛顿·米）	J (N·m)	尔格	erg	10^7
			卡路里（国际）	cal IT	1/4.186 8
			千克力·米	kgf·m	1/9.806 65
			千瓦·小时	kW·h	$1/(3.6\times10^6)$
			美制马力	PS·h	$\approx 3.776\,72\times10^{-7}$
			电子电压	eV	$\approx 6.241\,46\times10^{18}$
功率、电力或放射能	瓦[特]（焦耳每秒）	W J/s	千克力·米每秒	kgf·m/s	1/9.806 65
			千卡路里每小时	kcal/h	1/1.163
			美制马力	PS	$\approx 1/735.498\,8$
粘度，粘性系数	帕[斯卡]·秒	Pa·s	泊	P	10
			千克力·秒每平方米	kgf·s/m²	1/9.806 65
运动粘度，运动粘性系数	平方米每秒	m²/s	斯[托克斯]	St	10^4
温度，温度差	开[尔文]	K	摄氏度，度	℃	[参照注(1)]
电流	安[培]	A			
电荷，电荷量	库[仑]	C	（安[培]秒）[参照注(2)]	(A·s)	1
电压	伏[特]	V	（瓦[特]每秒）	(W/s)	1
电场强度	伏[特]每米	V/m			
电容量	法[拉第]	F	（库[仑]每伏[特]）	(C/V)	1
磁场强度	安[培]每米	A/m	奥斯特	Oe	$4\pi/10^3$
磁通[量]密度	特[斯拉]	T	高斯　伽马	Gs　γ	10^4　10^9
磁通[量]	韦[伯]	Wb	麦克斯韦	Mx	10^8
电阻	欧[姆]	Ω	（伏[特]每安[培]）	(V/A)	1
电导率	西[门子]	S	（安[培]每伏[特]）	(A/V)	1
电感	亨[利]	H	韦[伯]每安[培]	Wb/A	1
光通量	流[明]	lm	（坎德拉·球面度）	(cd·sr)	1
亮度	坎[德拉]每平方米	cd/m²	熙提	sb	10^4
照度	勒[克斯]	lx	辐透	ph	10^{-4}
放射性活度	贝可[勒尔]	Bq	居里	Ci	$1/(3.7\times10^{10})$
照射量	库[仑]每千克	C/kg	伦琴	R	$1/(2.58\times10^{-4})$
吸收剂量	戈[瑞]	Gy	拉德	rd	10^2

注：(1) 从 T K 到 θ ℃ 的温度转换公式是 $\theta = T - 273.15$，在计算温差的场合下是 $\Delta T = \Delta\theta$，只不过，ΔT 或 $\Delta\theta$ 是用各自的单位开尔文和摄氏度来表示温差的。

(2) 圆括号内的单位名称或者记号，在它上面或者左侧有表示该单位的定义。

机械工程类专业系列教材

流体力学

〔日〕日本机械学会 编
祝宝山 张信荣 王世学 等编译

著作权合同登记号　图字：01-2010-2473 号

图书在版编目(CIP)数据

流体力学／(日)日本机械学会编；祝宝山等编译．—北京：北京大学出版社，2013.8
(机械工程类专业系列教材)
ISBN 978-7-301-22542-4

Ⅰ.①流…　Ⅱ.①日…②祝…　Ⅲ.①流体力学　Ⅳ.①035

中国版本图书馆 CIP 数据核字(2013)第 105930 号

Ⓒ日本機械学会　2005　JSMEテキストシリーズ　流体力学
原出版社の文書による許諾なくして，本書の全部または一部を，フォトコピー，イメージスキャナ等により複写・複製したり，或いはデータベースへ情報として蓄積し，検索システムを含む電気的・機械的，その他いかなる手段・形態によっても，複製したり送信したりしてはならない。

Ⓒ北京大学出版社　2013　JSME 教科书系列　流体力学
本书(《JSME 教科书系列　流体力学》(2005))经日本机械学会(日本·东京新宿区)的授权，由北京大学出版社编译出版。

书　　　名：	流体力学
著作责任者：	〔日〕日本机械学会　编　祝宝山　张信荣　王世学　等编译
策 划 编 辑：	胡伟晔
责 任 编 辑：	胡伟晔　(huweiye73@sina.com)
标 准 书 号：	ISBN 978-7-301-22542-4/TH·0348
出 版 发 行：	北京大学出版社
地　　　址：	北京市海淀区成府路 205 号　100871
网　　　址：	http://www.pup.cn　新浪官方微博：@北京大学出版社
电 子 信 箱：	zyjy@pup.cn
电　　　话：	邮购部 62752015　发行部 62750672　编辑部 62765126　出版部 62754962
印 刷 者：	三河市北燕印装有限公司
	889 毫米×1194 毫米　大 16 开本　14 印张　472 千字
	2013 年 8 月第 1 版　2021 年 7 月第 5 次印刷
定　　　价：	45.00 元

未经许可，不得以任何方式复制或抄袭本书之部分或全部内容。
版权所有，侵权必究
举报电话：010-62752024　电子信箱：fd@pup.pku.edu.cn

内 容 简 介

本书是日本机械学会（JSME）为了提高机械类高校学生的基础知识水平并考虑适应工程技术人员国际认证制度而编写的流体力学教材。全书共 11 章，可分成三大部分。第 1 章至第 4 章主要介绍流体力学的基础知识，包括流体基本性质、流动基础、流体静力学和准一维流动。第 5 章至第 8 章涵盖了流体力学工程应用的基本内容，包括动量定律、管内流动、物体绕流和流体运动方程式。第 9 章至第 11 章的内容包括剪切流动、势流和可压缩流动。这些知识涉及流体力学的基本概念和基础理论。全书注重启发读者对流体力学相关内容的感性认知和深入思考，既有基础知识简明清晰的系统描述，又有新知识的更新拓宽。

本书可作为动力、机械、能源、化工、水利等专业的本科生教材或辅助教材使用，也可供相关工程技术人员参考。

《机械工程类专业系列教材》
编译委员会

指导委员：（按姓氏音序排列）
　　　　　过增元（清华大学）
　　　　　何雅玲（西安交通大学）
　　　　　梁新刚（清华大学）
　　　　　廖　强（重庆大学）
　　　　　刘　伟（武汉理工大学）
　　　　　王如竹（上海交通大学）
　　　　　严俊杰（西安交通大学）
　　　　　张　兴（清华大学）

出版委员：（按姓氏音序排列）
　　　　　白　皓（北京科技大学）
　　　　　戴传山（天津大学）
　　　　　李凤臣（哈尔滨工业大学）
　　　　　汪双凤（华南理工大学）
　　　　　王　迅（天津大学）
　　　　　王世学（天津大学）
　　　　　魏进家（西安交通大学）
　　　　　张　鹏（上海交通大学）
　　　　　张信荣（北京大学）

《JSME 机械工程类系列教材》
出版委员会

主席 宇高义郎 （横滨国立大学）
干事 高田一 （横滨国立大学）
顾问 铃木浩平 （首都大学东京）
委员 石棉良三 （神奈川工科大学）　　西尾茂文 （东京大学）
　　　　远藤顺一 （神奈川工科大学）　　花村克悟 （东京工业大学）
　　　　加藤典彦 （三重大学）　　　　　原　利昭 （新泻大学）
　　　　川田宏之 （早稻田大学）　　　　北条春夫 （东京工业大学）
　　　　喜多村直 （九州工业大学）　　　松冈信一 （富山县立大学）
　　　　木村康治 （东京工业大学）　　　松野文俊 （电气通信大学）
　　　　后藤　彰 （荏原综合研究所）　　圆山重直 （日本东北大学）
　　　　志泽一之 （庆应义塾大学）　　　三浦秀士 （九州大学）
　　　　清水伸二 （上智大学）　　　　　三井公之 （庆应义塾大学）
　　　　新野秀宪 （东京工业大学）　　　水口义久 （山梨大学）
　　　　杉本浩一 （东京工业大学）　　　村田良义 （明治大学）
　　　　武田行生 （东京工业大学）　　　森田信义 （静冈大学）
　　　　陈　玳珩 （东京理工大学）　　　森栋隆昭 （湘南工科大学）
　　　　辻　知章 （中央大学）　　　　　汤浅荣二 （武藏工业大学）
　　　　中村　元 （防卫大学校）　　　　吉泽正绍 （庆应义塾大学）
　　　　中村仁彦 （东京大学）

JSME 系列教材中文版序

当今世界全球化发展极为迅猛，无论是政治与经济，还是科学技术与文化等国际诸领域间的交流都日益紧密，与此相伴随的信息、资金、技术与人才的跨国界流动更是成为塑造未来世界的重要因素。科学技术是第一生产力，而科技发展的关键在于人才。所以人才的国际化培养对提高我国的改革开放水平，提升我国的国际竞争力，促进我国国民经济和科学技术的发展无疑是至关重要的。为适应此国际化的需求，我国的一些重点高校已将人才的国际化培养作为一项重要工作列入学校的中长期发展规划。就人才的国际化培养来讲，有多种可行的方式，如向国外派遣留学生、接受外国留学生，或者请外籍教师来华授课、派教师到国外讲学等。这些方式背后的实质目标是要求我们培养的学生和国际上主要国家的同类学生相比具有同等的知识水平和解决实际问题的能力。而认定学生是否具备了这种水平和能力的方法，主要是通过考试［如美国工程基础能力检定考试（FE）等］，或者是考查其所受教育的课程体系与内容。前者主要是针对作为个体的学生，而后者主要是针对作为教育机构的学校。

为逐步适应国际标准的技术人员教育认定制度，日本在1999年成立了"日本技术者教育认定机构"（JABEE），其与各类科学技术协会密切合作，进行技术人员教育制度的审查和认定，并通过加入华盛顿协议（Washington Accord, 1989.11）实现了与欧美主要国家间的相互承认，为日本的人才走向世界打开了大门。此外，为了配合技术教育认定，日本各高校在课程设置和教材选用上都作了改革。在系列改革中，一套与国际标准接轨，有目的地对大学本科生进行专门教育的教科书显得至关重要。在此背景下，日本机械工程学会编辑和出版了 JSME 系列教材。教材的编者队伍汇集了日本国内各相关领域的著名学者，实力雄厚。该系列教材可谓集大家之成，出版以来深受欢迎，其中《流体力学》一书已第9次印刷，销量已突破43 000册，在版本林立的工科专业课教材中堪称奇迹。

这样一套教科书对于正在全面进行工程教育改革，提升国际化水平的我国工程高等学科教育来说应是极具参考价值的。为此，北京大学出版社与 JSME 协商，组织了本系列教材的中文版编译出版工作。编译工作由北京大学、清华大学、天津大学等高校教师共同完成，他们均有长期在日从事相关领域学习或研究工作的经历且在各自专业领域多有建树。因此，我们非常高兴看到国内年轻的学者在引进国外优秀教材方面所作出的积极努力，相信本系列教材中文版的出版一定会有助于我国工程教育人才的国际培养并促进我国的高等工程教育国际化认证工作的发展。

以上一点感想聊以为序。

过增元

2013年6月

译者前言

流体力学不仅是描述自然界中物理现象的一门重要的基础科学，也是多数工科高等院校本科生尤其是机械类学生必修的一门基础课。

日本机械工程学会（JSME）为了提高机械类高等院校学生的基础知识水平，参考了国际技术工作者教育认定制度（如日本 JABEE、美国 FE 等认证考试要求），并希望从学会的角度展示机械工程类的大学教育标准，成立了一个由横滨国立大学 Yoshio Utaka 教授为主任的教科书出版委员会，负责组织编写和出版机械工程类本科生系列适用教材。该委员会于 2002 年开始陆续出版了《热力学》《传热学》和《流体力学》等系列教材。该系列教材的主要特点是：

（1）编者众多且皆为在各自研究领域有所成就的专家；

（2）内容经过众多编者反复讨论而最终成稿；

（3）图表配置在对应内容的页面边缘部分并采用双色印刷以方便阅读；

（4）主要专业术语均有英文注解并突出显示，使本书重点突出，便于对照学习；

（5）参考了美国 FE 考试要求（Fundamentals of Engineering Examination），采用了部分英文习题。

该系列教材近年来在日本国内陆续出版，一推出即受到读者广泛关注和欢迎。其中《流体力学》一书已 9 次印刷，累计发行超过 43 000 册。

2007 年底，该系列教科书《热力学》和《传热学》的主编日本东北大学 Shigenao Maruyama 教授同北京大学教授张信荣博士讨论了将《热力学》一书编译成中文版的想法。2008 年年初，横滨国立大学 Yoshio Utaka 教授又向天津大学教授王世学博士建议将该系列教材介绍给中国读者。其后经各方共同协商和准备，决定成立中方编译委员会统一编译日本机械学会这套机械工程系列教材，并由北京大学出版社统一予以出版。由于原教材是面向日本国内的，部分讲解资料和习题采用了日本的行业标准和习惯。为了适应中国高校的教学特点，方便中国读者学习和使用本教材，编译者在征得日本机械学会的同意后对原书部分文字和图片内容作了修订和重新编辑。

本书由清华大学祝宝山、北京大学张信荣和天津大学王世学负责组织编译和校订。章节编译工作方面，第 1 章和第 7 章由北京大学张信荣，第 2 章和第 9 章由天津大学王世学，第 3 章和第 8 章由清华大学祝宝山，第 4 章由天津大学王迅，第 5 章由哈尔滨工业大学李凤臣，第 6 章由西安交通大学魏进家，第 10 章由上海交通大学张鹏，第 11 章由清华大学王宏等分别负责。祝宝山同时承担了全书的统稿和校正工作。另外，北京大学博士研究生陈林和清华大学李凯也参与了本书的校对整理与协调工作，他们同北京大学出版社胡伟哗编辑一道努力，为本书的顺利出版付出了辛勤的汗水。

在本书的编译过程中也得到了日本机械学会教科书出版委员会以及日本东北大学 Shigenao Maruyama 教授，神奈川工科大学 Ryozo Ishiwata 教授等的关心指导和大力支持，在此我们表示衷心的感谢。

另外，我们还要感谢北京大学出版社的大力支持和帮助。

编译委员会

2013 年 6 月

序　言

JSME 系列教材是针对大学本科生的，以机械工程学入门必修课内容为出发点，涵盖机械工程学的基本内容，并涉足技术人员认定制度所发行的教科书。

自 1988 年日本出版事业相关规定修改以后，日本机械工程学会得以直接编辑并出版发行教科书，但系统地囊括机械工程学各个领域的书籍至今未有出版。这是因为已有大量的同类书籍出版，如本会所出版的《机械工程学便览》《机械实用便览》等在机械科学中都可以作为教材、辅助教材来使用。然而，随着全球化的发展，技术人员认证系统的重要性愈加突出，因此与国际标准接轨，须有目的地对大学本科生进行专门教育。本科教育环境急剧变化，与此对应的各个大学进行了教育内容方面的改革，也产生了出版与之相应的教科书的需求。

在这种背景下，我们策划出版了本系列教材，其特点如下：

(1) 此系列教材是日本机械工程学会为在大学中示范机械工程学教育标准而编写的教科书。

(2) 有助于在机械工程学教育中保持从入门到作为必修科目的学习连贯性，提高大学本科生的基础知识能力。

(3) 考虑到应对国际标准的技术人员教育认定制度［日本技术人员教育认定机构(JABEE)］、技术人员认证制度［美国工程基础能力检定考试（FE），技术人员一次性考试等］，在各教材中引入相关的技术英语。

此外，在编辑、执笔过程中，为实现上述特点，采取了以下措施：

(1) 采用了较多的编写者共同商议式的策划与实施。

(2) 集结了各领域的全部力量，尽可能地优质低价出版。

(3) 在页面的一侧使用图表、双色印刷等以方便阅读。

(4) 参考美国的 FE 考试［工程学基础能力检定考试（Fundamentals of Engineering Examination)］习题集，设置了英语习题。

(5) 配合各教科书出版了相应的习题集。

本出版分科委员会特别注意致力于编辑、校正工作，努力发行具有学会特色的优质书籍。具体来说，各领域的出版分科委员会以及编写小组都采用集体负责制，实施多数人商议校正制度，最后由各领域资深校阅者负责校正工作。

经过所有同人的共同努力，本系列教材得以成功出版。在此，向为出版出谋划策的出版事业全会、编撰理事，出版分科委员会的各位委员，承担出版、策划、实施及最终定稿的各领域出版分科委员会的各位委员，特别是在短时间内按照教科书的特点在形式上进行修改直至最终定稿的各位编者，再次表达诚挚的谢意。此外，向本会出版集团积极担当出版业务的各位同人真诚致谢。

本系列教材若能有助于提高机械工程类学生的基础知识与能力，同时被更多的大学作为教材使用，为技术人员教育贡献绵薄之力，将会是我们的荣幸。

社团法人：日本机械工程学会
JSME 系列教材出版分科会
主任：宇高义郎
2002 年 6 月

前　言

流体力学是一门研究气体和液体的力学科学。流动现象和技术所涉及的范围非常广，并且与诸多领域的科学技术相关联。因此，在日本机械学会的21个部门中，流体工学部门是会员最多的主干部门之一。可以看出，流体力学在工程力学，甚至在整个科学技术领域中占有十分重要的地位。

对于力学系的学生以及从事力学相关专业的技术人员来说，流体力学是非常重要的基础学科之一。但是，以空气和水等为代表的许多流体都是透明且没有固定形状的，既看不见也摸不着。于是，这就给人们留下了"流体力学让人难以理解"的印象。的确，乍看之下，流体力学所涉及的都是一些不可思议、难以预测的现象。但是，正是这些未知的东西赋予了流体力学强大的魅力。解开看不见的物体背后未知的现象，并将之应用于科学技术中，这是一项充满成就感的工作，也是科技发展的重要动力。虽然流体力学有一定难度，但只要我们对其基本内容有所理解，便有可能将其灵活地运用到许多技术领域中去。希望本书能对读者有所帮助。

本书的作者都是流体力学方面的专家，他们不仅活跃在日本机械学会，同时也在其他学会以及各类社会活动中扮演着重要的角色。他们在繁忙的工作中抽出宝贵的时间，满怀热情写下了这本书。为了降低本书的价格，各位作者以统一的格式进行创作，甚至自己准备了本书的插图。在他们的努力下，本书收纳了大量简明易懂的插图。另外，出于国际化的考虑，本书例题和各章节末的练习题近半数采用了英文。

由于编辑工作的延迟，本书的出版从企划开始花费了4年的时间。在这里，对在此期间全力付出的作者们、校对者们，以及给予诸多帮助的各方人士，表示衷心的感谢。

JSME系列教材出版小组委员会
《流体力学》教材
主编　石绵良三
2005年2月

────────《流体力学》　编者·出版小组委员会委员────────

编者·委员	石绵良三	（神奈川工科大学）	第1章、第2章、编辑
委员	后藤　彰	（（株）荏原综合研究所）	校对
编者	酒井康彦	（名古屋大学）	第3章
编者	高见敏弘	（冈山理科大学）	第6章
编者	平原裕行	（埼玉大学）	第10章、第11章
编者	古川雅人	（九州大学）	第5章
编者	水沼　博	（首都大学东京）	第8章
编者	望月　修	（东洋大学）	第4章
编者	山本　诚	（东京理科大学）	第7章、第9章
综合校对	黑川淳一	（横浜国立大学）	

目 录

第1章 流体的性质与分类(Properties of Fluids) 1
1.1 概论(introduction) 1
1.1.1 流体力学的定义(what is fluid mechanics) 1
1.1.2 本书的使用方法(how to use this book) 2
1.2 流体的基本性质(properties of fluids) 3
1.2.1 密度和比重(density and specific weight) 3
1.2.2 粘度和运动粘度(viscosity and kinematic viscosity) 3
1.2.3 体积弹性模量和压缩率(bulk modulus of elasticity and compressibility) 5
*1.2.4 表面张力(surface tension) 5
1.3 流体的分类(classification of fluids) 6
1.3.1 粘性流体和非粘性流体(viscous and inviscid fluid) 6
1.3.2 牛顿流体和非牛顿流体(Newtonian and non-Newtonian fluids) 7
1.3.3 可压缩流体和不可压缩流体(compressible and incompressible fluids) 8
1.3.4 理想流体(ideal fluid) 8
1.4 单位与量纲(units and dimensions) 9
1.4.1 单位制(systems of units) 9
*1.4.2 量纲(dimension) 10
习 题 11

第2章 流体流动基础(Fundamentals of Fluid Flow) 13
2.1 表征流体流动的物理量(properties of fluid flow) 13
2.1.1 速度和流量(velocity and flow rate) 13
*2.1.2 流体的加速度(acceleration of flow) 14
2.1.3 压力和切应力(pressure and shear stress) 15
*2.1.4 流线、脉线、迹线(stream line, streak line and path line) 15
*2.1.5 流体的变形与旋转(deformation and rotation of fluid) 16
2.2 流动分类(classification of flows) 18
2.2.1 定常流动与非定常流动(steady and unsteady flows) 18
2.2.2 均匀流动与非均匀流动(uniform and non-uniform flows) 18
2.2.3 涡(vortex) 18
2.2.4 层流和湍流(laminar and turbulent flows) 19
2.2.5 多相流(multi-phase flow) 20
习 题 21

第 3 章　流体静力学(Fluid Statics) ········· 23

3.1　静止流体中的压力(pressure in a static fluid) ········· 23
 3.1.1　压力和各向同性(pressure and its isotropy) ········· 23
 *3.1.2　欧拉平衡方程式(Euler's equilibrium equation) ········· 24
 3.1.3　重力场中的压力分布(pressure distribution in the gravity field) ········· 26
 3.1.4　压力计(manometer) ········· 29

3.2　作用在面上的流体静压力(hydrostatic forces on surfaces) ········· 33
 3.2.1　作用在平面上的力(force on flat surfaces) ········· 33
 3.2.2　作用在曲面上的力(force on curved surfaces) ········· 35

3.3　浮力和浮体的稳定性(buoyancy and stability of floating bodies) ········· 36
 3.3.1　阿基米德原理(Archimedes' principle) ········· 36
 *3.3.2　浮体的稳定性(stability of floating bodies) ········· 37

3.4　相对平衡状态下的压力分布(pressure distribution in relative equilibrium) ········· 39
 3.4.1　直线运动(linear motion) ········· 40
 3.4.2　强制涡(forced vortex) ········· 40
 习　题 ········· 42

第 4 章　准一维流动(Quasi-one-dimensional Flow) ········· 47

4.1　连续方程(continuity equation) ········· 47
4.2　质量守恒定律(conservation of mass) ········· 49
4.3　能量方程(energy equation) ········· 52
4.4　贝努利方程(Bernoulli's equation) ········· 55
 习　题 ········· 61

第 5 章　动量定理(Momentum Principle) ········· 67

5.1　质量守恒定律(conservation of mass) ········· 67
5.2　动量方程(momentum equation) ········· 70
5.3　动量矩方程(moment-of-momentum equation) ········· 80
 习　题 ········· 84

第 6 章　管内流动(Pipe Flows) ········· 89

6.1　管流摩擦损失(friction loss of pipe flows) ········· 89
 6.1.1　流体的粘性(viscosity of fluid) ········· 89
 6.1.2　管流摩擦损失(friction loss of pipe flow) ········· 89

6.2　直圆管内流动(straight pipe flow) ········· 90
 6.2.1　进口段流动(inlet flow) ········· 90
 6.2.2　圆管内层流(laminar pipe flow) ········· 91
 6.2.3　圆管内湍流(turbulent pipe flow) ········· 93

6.3　扩散、收缩管内流动(divergent and convergent pipe flows) ········· 100

目 录

6.3.1 管路各种损失 (losses in piping system) ········· 100
6.3.2 截面积突变的管路 (pipes with abrupt area change) ········· 101
6.3.3 截面积渐变的管路 (pipes with gradual area change) ········· 102
6.3.4 具有节流装置的管路 (pipes with throat) ········· 103
6.4 弯管内的流动 (curved pipe flow) ········· 104
6.4.1 肘形弯头与弧形弯头 (elbow and bend) ········· 104
6.4.2 弯管 (curved pipe) ········· 105
6.4.3 分叉管 (branch pipe) ········· 106
6.5 矩形管内的流动 (rectangular duct flow) ········· 107
习 题 ········· 108

第7章 物体绕流 (Flow around a Body) ········· 113
7.1 阻力与升力 (drag and lift) ········· 113
7.1.1 阻力 (drag) ········· 113
7.1.2 升力 (lift) ········· 116
7.2 圆柱绕流和卡门涡 (flow around a cylinder and Karman vortex) ········· 119
7.3 圆柱绕流的锁定现象 (lock-in phenomena of flow around a cylinder) ········· 121
习 题 ········· 122

第8章 流体运动方程式 (The Equations of Fluid Motion) ········· 125
8.1 连续方程 (continuity equation) ········· 125
8.2 粘性准则 (viscosity law) ········· 127
8.2.1 压力与粘性应力 (pressure and viscous stress) ········· 127
8.2.2 变形速率 (strain rate) ········· 128
8.2.3 本构方程式 (constitutive equation) ········· 130
8.3 纳维尔-斯托克斯方程式 (Navier-Stokes equations) ········· 132
8.3.1 动量守恒定律 (conservation of momentum) ········· 132
8.3.2 纳维尔-斯托克斯方程式的近似解 (approximation of Navier-Stokes equations) ········· 134
8.3.3 边界条件 (boundary conditions) ········· 136
8.3.4 移动和旋转坐标系 (moving and rotating coordinate system) ········· 136
8.4 欧拉方程式 (Euler's equations) ········· 140
习 题 ········· 141

第9章 剪切流 (Shear Flows) ········· 147
9.1 边界层 (boundary layer) ········· 147
9.1.1 边界层理论 (boundary layer theory) ········· 147
9.1.2 边界层方程 (boundary layer equation) ········· 148
9.1.3 边界层沿流动方向的变化 (downstream change of boundary layer) ········· 151
9.1.4 雷诺平均与雷诺应力 (Reynolds average and Reynolds stress) ········· 153

9.1.5　湍流边界层的平均速度分布(mean velocity profile in turbulent boundary layer) …… 154

9.1.6　边界层的分离和边界层控制
(boundary layer separation and boundary layer control) ……………… 155

9.2　射流、尾迹、混合层(jet, wake and mixing layer) ……………………………… 157

习　题 ……………………………………………………………………………………… 159

第10章　势　流(Potential Flow) ……………………………………………………… 161

10.1　势流的基本公式(fundamental equations of potential flow) ………………… 161

10.1.1　复数的定义(definition of complex number) ………………………… 161

10.1.2　理想流体的基本方程(fundamental equations of ideal flows) …… 162

10.2　速度势(velocity potential) ……………………………………………………… 163

10.3　流函数(stream function) ………………………………………………………… 164

10.4　复势(complex potential) ………………………………………………………… 165

10.5　基本的二维势流(fundamental two-dimensional potential flows) …………… 166

10.5.1　均匀流(uniform flows) ………………………………………………… 166

10.5.2　点源和点汇(source and sink) ………………………………………… 167

10.5.3　涡(vortex) ……………………………………………………………… 168

10.5.4　偶极子(doublet) ………………………………………………………… 168

10.6　圆柱绕流(flow around a circular cylinder) …………………………………… 169

10.7　儒科夫斯基变换(Joukowski's transformation) ……………………………… 172

习　题 ……………………………………………………………………………………… 174

第11章　可压缩流体的流动(Compressible Flow) …………………………………… 177

11.1　根据马赫数的流动分类(flow regimes with Mach number) ………………… 177

11.2　可压缩流动的基本方程式(fundamental equations for compressible flow) … 179

11.2.1　热力学关系式(thermodynamic equations) ………………………… 179

11.2.2　声速(sound velocity) …………………………………………………… 181

11.2.3　连续方程(continuity equation) ………………………………………… 182

11.2.4　运动方程(equation of motion) ………………………………………… 182

11.2.5　动量方程(momentum equation) ……………………………………… 183

11.2.6　能量方程(energy equation) …………………………………………… 184

11.2.7　流线与能量方程(streamlines and energy equation) ……………… 185

11.3　等熵流动(isentropic flow) ……………………………………………………… 187

11.4　激波关系式(shock wave relations) …………………………………………… 192

11.4.1　激波的发生(shock wave generation) ………………………………… 192

11.4.2　正激波的关系式(normal shock wave relations) …………………… 193

习　题 ……………………………………………………………………………………… 196

附　录 ……………………………………………………………………………………… 199

第1章

流体的性质与分类

（Properties of Fluids）

1.1 概论（introduction）

1.1.1 流体力学的定义（what is fluid mechanics）

流体力学研究的"流体"指的是气体和液体，流体具有可以自由变换形状的特征。流体运动的状态被称作"流动"，分析研究流体的力学平衡以及运动的学科就是流体力学。

观察我们身边的环境，可以发现我们生活在空气之中，并与水有着密不可分的联系。同时，我们还被许多其他的流体包围着。正是因为地球上有水和空气，才会有生命的诞生和生物的进化。

流体和人类的联系是从人类诞生的那天就开始的。世界四大文明中的任何一个，都是在江河流域发展起来的，这并非偶然。在那之前，人们都是一边迁移，一边进行狩猎和采集等活动来维持生活的。然而，此后的人们开始了以农耕为基础的定居生活。河川带来了肥沃优质的土地，再加上灌溉技术的发展，农业生产力大幅提高，进而带来了人口的增加。乡镇和城市（图1.1）形成后，灌溉和防洪设施变得更加复杂化，还产生了建设下水道系统的需要。社会进一步发展后，人们建造运河，以船舶运输的方式来进行金属、木材、谷物等的贸易，加快了文明发展的步伐。若是没有河流的存在以及那些与流体相关的技术，可以说这些古代文明是不可能产生的。在此以后的以农耕为基础的文明之中，流体相关技术的传承主要是通过实践经验下的知识积累来实现的。

时间流转到18世纪，产业革命的兴起带来了以机械工业为中心的文明的高速发展。在此以后，流体成为了产生能量以及传递能量的重要媒介和手段。蒸汽机能够将热能转化为蒸汽中的能量，再进一步转化为机械能，这里的蒸汽便是一种流体。现在，在商用的发电系统中，大部分都是通过流体来发电的。在水力发电、火力发电、核电和风力发电中（图1.2），电能都是通过将流体的能量转化为机械能（发电机中轴旋转的动能）来实现的。

城市的上水道和下水道、城市中的煤气输送、石油输送、生产设备和引擎的送气和排气等利用管路来运送流体的实例，都属于流体力学的应用。不仅如此，与流体力学相关的科学技术所涉及的范围其实非常广。机械技术中非常重要的润滑技术、液压设备技术和气动设备技术等被应用在我们身边各种各样的机械当中。在交通运输工具当中，火箭和航天飞船（图1.3）、飞机和船舶等自不必说，铁路、高速列车（图1.4）和汽车等，在对高速度的追求中，如何降低空气阻力，如何防范气动噪声和振动等问题正越来越受到重视，而这些问题正是属于流体力学的范畴。在与建筑和土木相关的行业中，随着

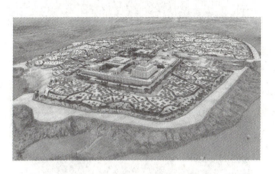

图 1.1 水孕育出了古代文明
（美索不达米亚的城市乌尔被水所包围）
（资料提供 大成建设（株））

图 1.2 流体承载着能量
（风力发电）
（资料提供 山形县庄内町）

图 1.3 流体力学的应用
（神舟十号飞船）

图1.4 流体力学的应用
(高速列车)

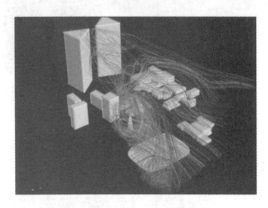

图1.5 流体力学的应用
(建筑物周围的空气流动)
[美国科罗拉多州立大学和ANSYS公司研究成果]

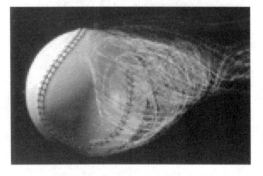

图1.6 流体力学的应用
(球和气流)
[资料提供 姬野龙太郎
(理化学研究所)]

建筑的变大和变高,出现了建筑物结构和相应工业、民用建筑内复杂流体流动(图1.5)和空调设备等相关的问题。另外,化学工程、医疗工程、生命工程、生物学、电子与电气工程和体育工程(图1.6)等诸多领域也都与流体力学密切关联。流体在日常生活中以及在工业上都和人类有着密切的联系,所以流体力学应用范围广泛,成为工程力学中重要的科目之一。在21世纪,由于环境和能源问题日益严峻,建立循环型社会成了重要的课题。水和大气的循环是其中重要的要素。与此同时,还有许多具有各种各样机能的流体,对它们的利用也非常重要。因此,流体力学将肩负史无前例的重要使命。

1.1.2 本书的使用方法 (how to use this book)

本书是为了大学生、高等专科生、短期大学学生以及其他社会人士等刚刚开始学习流体力学的初学者所写的入门书籍。所以,本书所讲述的知识从基础开始,涵盖了作为一位力学方面的技术人员所需的必要知识,可作为教科书,亦可用作自学的参考书。另外,本书还考虑到了应对考试的需要,适用于日本技术人员教育认定制度(Japan Accreditation Board for Engineering Education, JABEE)、美国基础工程考试(Fundamentals of Engineering Examination, FE考试),日本"技术士"第一次测试等各类考试。随着社会的全球化,本书为了符合国际标准,在练习题中采用了近一半的英文题目。

本书在作为大学本科阶段教科书时,标准的使用方法如下所述:

在学习流体力学前,最好能先学习1年与微积分有关的科目。特别是学习极限、泰勒级数、偏微分、线性积分和多重积分等知识,这些知识有助于理解流体力学中的数学推导。此外,向量分析的知识也会有所帮助,不过这只需在第2年随流体力学一同学习即可。

第2学年的上半学期,学习本书第1章到第4章。这些是流体力学中最为基础的内容,即使将来不以流体力学为专业,只要是机械工程相关专业的学生,也最好能够记住这些知识,因此为必修。

第2学年的下半学期,学习本书第5章到第8章。这些章节中的内容也是流体力学中的基础,对与相关力学专业有关的技术人员来说,也是很有必要学习的。对那些将来要从事与流体相关工作的人员来说,这部分也是应该了解的知识。另外,在各种资格证书考试中,这些知识也是必要的。以上这些是在1年的时间中应该学习的内容。

第9到第11章的内容可以有选择性地进行学习。对那些将流体力学作为专业,或者将来有志于从事与流体力学有密切关系的职业技术人员及进行相关研究的人员,这些内容也是必修的,建议在第3年中进行学习。在"第10章 势流"中,会用到复变函数的理论知识,最好能够提前学习。

以上所归纳的终究只是学习方式的一种。在实际学习中,学校可以依据相关科目的情况,改变课程的安排。对于注重基础的学习者来说可以跳过标有*(星号)的内容,敬请参考。

1.2 流体的基本性质(properties of fluids)

1.2.1 密度和比重(density and specific weight)

密度(density)是物质单位体积的质量。如图1.7所示,当某物质体积为V、质量为M时,该物质的密度ρ就是

$$\rho = \frac{M}{V} = \frac{(质量)}{(体积)} \tag{1.1}$$

其中,密度的单位是[kg/m^3]。密度是一个状态量,其数值需要通过物质的种类、温度以及压力来确定。

密度的倒数叫做**比容**(specific volume),以v表示如下:

$$v = \frac{1}{\rho} \tag{1.2}$$

另一方面,**比重**(specific weight)是物质单位体积的重量。这里的重量指的是重力的大小,也就是质量M乘以重力加速度g得到的Mg。如图1.7中,以γ表示比重,G表示重量,如下所示:

$$\gamma = \frac{G}{V} = \frac{(重量)}{(体积)} \tag{1.3}$$

从$G=Mg$的关系可以得到如下公式:

$$\gamma = \rho g \tag{1.4}$$

通常来讲,比重通常在工程单位制(参照1.4.1节)中使用,单位为[kgf/m^3]。

这里,我们考虑水的密度和比重。在一个标准大气压下,4℃时的水的密度是$\rho=1000\,kg/m^3$(图1.8)。严格地来讲,水的密度会根据温度和压强的变化而变化,但在实际应用中往往被当作定值,使用$\rho=1000\,kg/m^3$即可。将密度乘以重力加速度$9.81\,m/s^2$,得到水的比重为$\gamma=1000\,kgf/m^3$(工学单位制)$=9810\,N/m^3$(国际单位制)。表1.1中列出了常见流体的密度。

空气的质量为多少?

在日常生活中,也许我们并不会意识到空气的密度,实际上,空气存在质量,其密度也不为零。空气的密度会随着压力、温度和湿度的改变而改变。在一个标准大气压,20℃的环境下,干燥空气的密度为$\rho=1.205\,kg/m^3$。也就是说,$1\,m^3$的空气的质量大约为$1.2\,kg$(图1.9)。充有氦气的气球可以在空气中漂浮,就是因为周围空气的密度大于氦气的密度。

1.2.2 粘度和运动粘度(viscosity and kinematic viscosity)

粘性(viscosity)是流体固有的重要特性之一。它指的是:为了让流体产生变形,必须有与其变形速率相对应的力作用其上。比如,在搅拌粘性强劲的润滑油、麦芽糖等时,所需的力与搅拌水时相比要更大,从中我们可以知道前者的粘性较强。空气等气体也存在粘性,这正是存在空气阻力的原因。

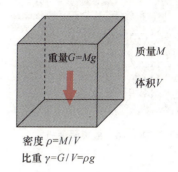

密度$\rho = M/V$
比重$\gamma = G/V = \rho g$

图1.7 物质的密度

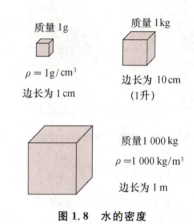

图1.8 水的密度

表1.1 常见流体的密度
(一个标准大气压下)

流体的种类	密度(kg/m^3)
水(20℃)	998.2
乙醇	789
海水	1010~1050
水银(20℃)	13 546
石油(照明用)	800~830
干燥空气(20℃)	1.205
二氧化碳(0℃)	1.977

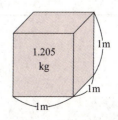

图1.9 空气的质量

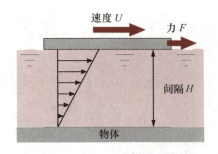

图 1.10　库埃特流动

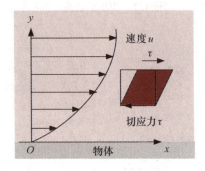

图 1.11　物体表面附近的流动

表 1.2　常见流体的粘度
（一个标准大气压下，20℃时）

流体的种类	粘度(Pa·s)
水	100.2×10^{-5}
乙醇	119.7×10^{-5}
水银	156×10^{-5}
干燥空气	1.82×10^{-5}
二氧化碳	1.47×10^{-5}

表 1.3　水和空气的运动粘度
（一个标准大气压下）

流体种类	运动粘度(m^2/s)
水(0℃)	1.792×10^{-6}
水(20℃)	1.004×10^{-6}
干燥空气(0℃)	13.22×10^{-6}
干燥空气(20℃)	15.01×10^{-6}

粘度（viscosity）是表示粘性强度的物理量，也被称作**粘性系数**（coefficient of viscosity）。

假设间隔距离为 H 的两块平行平板之间充满了液体，如图 1.10 所示，其中一块平板以 U 的速度平行移动，根据流体种类和平板移动速度的不同，移动平板所需要的力也会不同。粘性越大的流体，所需要的力也越大。因此可以根据在此时所需力的大小，来定义粘度。当平板速度较小时，流体的速度分布呈直线，称为**库埃特流动**（Couette flow）。假设施加在平板上的力为 F，其中一块平板的面积为 A，切应力为 τ（单位面积上受到的切应力 $=F/A$），在大多数的流体中 τ 与 U/H 成比例，这一点已经在实验中得到证明。于是

$$\tau = \mu \frac{U}{H} \qquad (1.5)$$

其中，比例常数 μ 被称为粘度，其大小取决于流体的种类、温度和压力，单位为 [Pa·s]。

一般情况下，物体表面附近流体的速度分布不一定是呈直线的，有时会像图 1.11 那样呈曲线分布。这时，流体受到的切应力 τ 为

$$\tau = \mu \frac{du}{dy} \qquad (1.6)$$

这里，u 为流速，y 为垂直于流动方向的坐标。du/dy 被称作**速度梯度**（velocity gradient），是与流体的变形速率相关的变量。式(1.6)表示切应力 τ 与变形速率成比例，它被称作**牛顿粘性定律**（Newton's law of friction）。

粘度 μ 除以密度 ρ 得到的量被称作**运动粘度**（kinematic viscosity）ν，其单位为 $[m^2/s]$。

$$\nu = \frac{\mu}{\rho} \qquad (1.7)$$

当考虑粘性对流动的影响时，常常会用到粘度 μ（与粘性有关）和密度 ρ（与质量有关）的比值，也就是运动粘度 ν。

表 1.2 和表 1.3 列出了具有代表性的流体的粘度和运动粘度的值。

【例题 1.1】 ＊＊＊＊＊＊＊＊＊＊＊＊＊＊＊＊＊

两块平板之间充满了水，间隔距离为 0.50 mm。如图 1.10 所示，上面的平板以一定的速度移动。若该平板是边长为 100 mm 的正方形，移动的速度为 20 mm/s，平板间的流动为库埃特流动，平板受到的水的阻力 F 为多大（水的温度为 20℃）？

1.2 流体的基本性质

【解】 根据表 1.2 可知,20℃时水的粘度为 $\mu=1.0\times10^{-3}\mathrm{Pa\cdot s}$。由式(1.5)可知切应力 τ 为

$$\tau=1.0\times10^{-3}(\mathrm{Pa\cdot s})\times\frac{20\times10^{-3}(\mathrm{m/s})}{0.5\times10^{-3}(\mathrm{m})}=4.0\times10^{-2}(\mathrm{Pa})$$

再乘上面积就可以算出力 F

$$F=4.0\times10^{-2}(\mathrm{Pa})\times\{0.100(\mathrm{m})\}^2=4.0\times10^{-4}(\mathrm{N})$$

****

1.2.3 体积弹性模量和压缩率 (bulk modulus of elasticity and compressibility)

对气体加压,其体积就会收缩;对液体和固体加压,尽管改变很小,但其体积也会变化。像这样体积随着压力的变化而发生变化的性质被称为**压缩性**(compressibility)。

如图 1.12 所示,假设某物质在压力 p 时的体积为 V,微微增加压力,压力变为 $p+\mathrm{d}p$,体积变为 $V+\mathrm{d}V(\mathrm{d}V<0)$。这时,只要压力变化是微小的,那么压力变化 $\mathrm{d}p$ 和体积变化 $\mathrm{d}V$ 之间就有如下的关系

$$\mathrm{d}p=-K\frac{\mathrm{d}V}{V} \tag{1.8}$$

其中,$\mathrm{d}V/V$ 被称作**膨胀率**(cubical dilatation),表示体积变化的比率。K 被称作**体积弹性模量**(bulk modulus of elasticity),单位为[Pa]。另外,K 的倒数 β 称为**压缩率**(compressibility),其表达式为

$$\beta=\frac{1}{K} \tag{1.9}$$

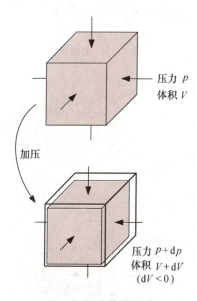

图 1.12 流体的压缩

体积弹性模量 K 越大,表示体积变化就越难。一般来说,与气体相比,液体的 K 较大,这表明,为了产生相同的体积变化,液体需要更大的压力变化。相反,压缩率 β 表示了体积变化的容易程度,一般来说气体比液体具有更大的 β 值。

*1.2.4 表面张力 (surface tension)

液体中,分子在凝聚力的作用下互相牵引,液体与其他气体或液体相接触时,其表面总是存在使其趋于收缩的力。这就好比被吹大的气球总是趋于缩小。像这样作用于流体的界面上的张力被称作**表面张力**(surface tension),每一个单位长度的力用[N/m]表示。在失重状态下的太空飞船中,漂浮的水滴呈球形,落在地板上的水滴隆起为半球形等现象,就是表面张力作用的结果。

表面张力的大小取决于相接触的流体。例如,20℃时与空气接触的液体的表面张力如表 1.4 所示。

表 1.4 常见液体的表面张力(20℃时)

液体/ 与之接触的流体	表面张力 (N/m)
水/空气	0.072
乙醇/氮气	0.022
水银/水	0.38

【例题 1.2】

将一细管如图 1.13 所示垂直于水面立起,管内的水面会比周围水面高(毛细现象)。水的密度为 ρ,管的内径为 d,表面张力为 T,水面与管壁接触处水面和管壁之间形成的角(接触角(contact angle))为 θ,重力加速度为 g。求水面上升的高度 h。

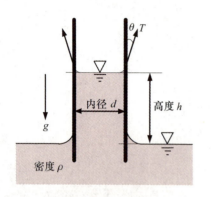

图 1.13 毛细现象

【解】 图 1.13 中,高为 h 的圆筒部分中的水所受到的重力与表面张力是平衡的,所以

$$\rho g \frac{\pi d^2}{4} h = \pi d T \cos\theta$$

可得

$$h = \frac{4T\cos\theta}{\rho g d}$$

1.3　流体的分类(classification of fluids)

1.3.1　粘性流体和非粘性流体 (viscous and inviscid fluid)

粘性(viscosity)是流体的重要性质之一。可以根据粘性的有无对流体进行分类。将有粘性的流体(粘度 $\mu \neq 0$)称作**粘性流体**(viscous fluid),没有粘性的流体(粘度 $\mu = 0$)称作**非粘性流体**(inviscid fluid)。

接近绝对零度(2.17 K 以下)的液态氦是没有粘性的,处于超流体状态。除此之外,所有现实中存在的液体都具有粘性,严格地讲都是粘性流体。但是,在实际应用中,会根据粘性影响的大小将流体进行分类。那些粘性较大,必须考虑其粘性影响的流体就被称为粘性流体,而粘性影响很小,几乎可以被忽略的流体就被当作非粘性流体来处理。

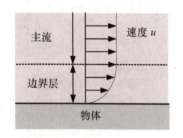

图 1.14　物体周围的流动

例如,如图 1.14 所示,绕物体周围的流动中,在物体表面附近,粘性的影响较大,所以此处流体要当作粘性流体来处理。离开物体一定距离的区域,粘性的影响较小,该处的流体可以当作非粘性流体来处理。我们经常会遇到类似的例子,对同一流体以不同方式对粘性进行处理。忽略粘性的好处是,它会使数学运算变得相对简单。

虽然表示粘性的物理量是粘度或者运动粘度,但真正决定粘性对流体影响力的是**雷诺数**(Reynolds number),它是一个无量纲量。以 ν 表示流体的运动粘度,U 表示流体的特征速度(作为基准的速度),L 表示流体所在空间的特征长度(作为基准的尺寸),雷诺数 Re 的定义可以用下式来表示

$$Re = \frac{UL}{\nu} \tag{1.10}$$

雷诺数 Re 是惯性力和粘性力的比值,其值越大,粘性的影响就越小。

对于在几何上相似的两个流动,当雷诺数相等时,粘性力和惯性力的比例就相等,两个流动状态即为相似。两个流动的流线也会相似,可以说它们本质上就是同一个流动。这被称作雷诺相似定律(Reynolds' law of similarity)。在进行模型实验等研究时,常常会让模型与原型的雷诺数相一致(图1.15)。

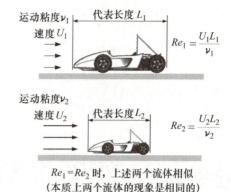

$Re_1 = Re_2$ 时,上述两个流体相似
(本质上两个流体的现象是相同的)

图 1.15 雷诺相似定律

1.3.2 牛顿流体和非牛顿流体 (Newtonian and non-Newtonian fluids)

在粘性流体中可以根据牛顿粘性定律是否成立再进行分类。也就是说,在流体中由粘性所引起的切应力 τ 和速度梯度 du/dy 的关系有成比例的和不成比例的两种。那些牛顿粘性定律成立的流体,我们将其称为**牛顿流体**(Newtonian fluid)。空气、水以及一些油类等都属于这一类。另一方面,那些牛顿粘性定律不成立的流体被称作**非牛顿流体**(non-Newtonian fluid)。

图 1.16 被称作流动曲线,它表示切应力和速度梯度之间的关系。通过原点的直线表示的是牛顿流体,直线的斜度表示粘度,流动曲线不通过原点的流体,也就是那些不是牛顿流体的流体,都算作非牛顿流体。从图可知,非牛顿流体有许多种类。具体分类如下:

宾厄姆流体(Bingham fluid)和**塑性流体**(plastic fluid)。在速度梯度为 0 时(也就是变形速度无穷小时),其切应力也不为 0,这样的流体能够保持其初始的形状。粘土、沥青等就属于这一类。

拟塑性流体(pseudoplastic fluid)。在速度梯度为 0 时切应力也为 0,因此,流体也无法保持其形状。但是,该种流体的速度梯度小时粘度较大,且随着速度梯度的变大粘度变小。高分子溶液和高分子熔体等都是拟塑性流体。

膨胀性流体(dilatant fluid)。与拟塑性流体相反,它具有粘度随着速度梯度的变大而变大的性质。将沙子和水以适当比例混合后得到的流体就属于这一类。

像这样的非牛顿流体种类极其多样,根据其不同性质需要不同的数学处理。但是,本书仅仅将讲解的范围限定在最基本的流体——牛顿流体上。

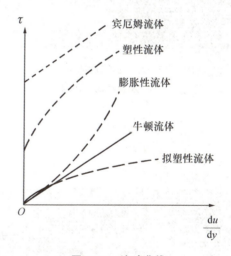

图 1.16 流动曲线

我们身边的非牛顿流体

鲜奶油、软膏、牙齿抛光膏、鞋油、豆沙等属于宾厄姆流体,可以保持其形状。生鸡蛋、鳗鱼粘液、水溶淀粉、血液均是假塑性溶剂,搅拌得越快,其粘度就会越小。

1.3.3 可压缩流体和不可压缩流体(compressible and incompressible fluids)

从压缩性的角度来考虑对流体进行分类。需要考虑压缩性影响的流体,我们称之为**可压缩流体**(compressible fluid)。另一方面,流体压缩性的影响很小时,几乎可以忽略其压缩性,这样的流体被称作**不可压缩流体**(incompressible fluid)。

虽然表示流体压缩性的物理量是体积弹性模量 K 或者是压缩率 β,但是,对流体压缩性影响起决定性作用的是**马赫数**(Mach number) M。马赫数 M 是流体的代表速度 U 和**声速**(sound velocity) a 的比值:

$$M = \frac{U}{a} \tag{1.11}$$

马赫数可用上式来定义。其中,声速 a 可通过该流体体积弹性模量 K 和密度 ρ 进行计算,如下式:

$$a = \sqrt{\frac{K}{\rho}} \tag{1.12}$$

马赫数 M 的大小可以用来判断压缩性的影响。$M<0.3$(大约)时,压缩性的影响较小,通常可以将流体近似为不可压缩性流体。$M>0.3$(大约)时,一般需要考虑流体的压缩性,将其当作可压缩性流体。速度超过声速时($M \geq 1$),压缩性的影响将会非常显著,并产生**激波**(shock wave)这样的剧烈变化。因此,$M>1$ 的流动被称作**超声速流动**(supersonic flow)(如图 1.17 所示),$M<1$ 的流动被称作**亚声速流动**(subsonic flow)(如图 1.18 所示)。

压缩性的影响并不是直接由该流体的体积弹性模量 K(或者是压缩率 β)来决定的。同一种流体在速度改变时可能成为可压缩流体或不可压缩流体,流体可压缩与否,则对它的处理方式就不同。

图 1.17 超声速流动的例子
(协和式超音速客机,M≈2)

【**例题 1.3**】 **********************

在一个标准大气压、常温的环境下,空气仍可被当作不可压缩性流体处理的最大速度是多大?

【**解**】 在温度为 t [℃],一个标准大气压的干燥空气中,声速 a [m/s]为
$$a = 331.45 + 0.607t$$

在常温下,使马赫数 M 到达 0.3 时的速度约为 100 m/s。于是,只要空气的速度低于约 100 m/s,就可以忽略其压缩性,当作不可压缩性流体来处理。

****

图 1.18 亚声速流动的例子
(以 100 km/h 的速度飞驰的汽车,
M≈0.08)

1.3.4 理想流体(ideal fluid)

不具有粘性和压缩性的流体被称作**理想流体**(ideal fluid)。在理想流体中,由于不存在粘性,因此不会存在能量损失和阻力,这与现实中存在的流体的情况是矛盾的。

以物体表面附近的流体为例,比较理想流体和现实中的流体,结果如图 1.19 所示。图(a)表示理想流体的情况。物体表面流体的流动并没有受到粘性所引起的切应力的影响。另一方面,图(b)为现实中存在的流体。由于粘性的影响,物体表面上的流速为 0,同时,表面附近的流速较缓慢,形成了被称作**边界层**(boundary layer)的区域(参照第 9.1 节)。边界层的外侧被称作**主流**(main flow),由于受到的粘性影响较小,可以近似为理想流体。一般来说,边界层是一层薄薄的流层,因此,可以认为流场中的大部分流体是理想流体,而对理想流体进行的分析是比较容易的。

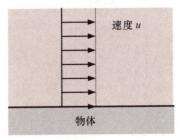

(a) 理想流体

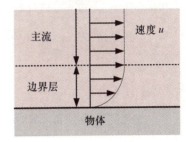

(b) 现实中的流体

图 1.19 物体表面附近的流动

1.4 单位与量纲(units and dimensions)

1.4.1 单位制(systems of units)

单位是在描述物理量时必不可少的。虽然世界上存在许多不同的单位系统,但是 SI (International System of Units, 国际单位制)是国际性的标准单位系统,已逐渐在国际上统一使用。本书中原则上使用的是国际单位制(以下简称 SI)。

SI 是由表 1.5 所示的 7 个基本单位的组合来表示所有物理量单位的体系。在流体力学中,常常会用到的基本单位是:表示长度的[m]、表示质量的[kg]和表示时间的[s]。将它们组合起来,就形成了表示面积的[m²]、表示速度的[m/s]和表示力的[N]=[kg m/s²]等单位。

另一方面,在工学相关行业中,**工程单位制**(Gravitational Units,也称重力单位制)也常常被使用。工程单位制以表示长度的[m]、表示力的[kgf]以及表示时间的[s]为基本单位。它与 SI 的关系如下:

力　　1 kgf = 9.81 N

上式中,1 kgf 表示质量为 1 kg 的物体所受到的重力大小。但是,重力加速度的大小会因为地点的改变而改变,而且随着宇宙探测开发活动的增多,重力本身已经不再是绝对的了。因此,工程单位制的使用频率正在慢慢地降低。

在欧美国家,常常会使用英国单位制(British Gravitational Units,简称 BG 单位制,English Units)。例如,表示长度时使用[ft](foot),表示力时使用[lbf](pound)。英国单位制与 SI 的关系为:

长度　　1 ft = 0.304 8 m　　(1 ft = 12 inch)

力　　　1 lbf = 4.448 2 N

质量　　1 lbm = 0.453 6 kg,1 slug = 14.593 9 kg　(lbm 为表示质量的 pound)

温度差　1 K = 1.8°F　或者　1 K = 1.8°R　(°R 表示 Rankine)

一些主要的换算关系请参见书末附录。

目前来看,像这样种类繁多的单位系统在实际应用当中正在被逐渐统一,使用国际单位制的趋势越来越明显。

表 1.5　SI 的基本单位

量	名称	标记
长度	米	m
质量	千克	kg
时间	秒	s
电流	安培	A
热力学温度	开尔文	K
物质量	摩尔	mol
发光强度	坎德拉	cd

【例题 1.4】 ✳✳✳✳✳✳✳✳✳✳✳✳✳✳✳✳✳✳✳

有两个外观完全相同的球。其中一个质量为 1 kg，另一个为 10 kg。为了区分这两个球，在地球上只需用手将它们拿起来就可以立刻分辨。那么，在无重力状态的太空船中，应该如何分辨这两个球呢？

【解】 在无重力状态下，两球的重量同样都是 0 kgf，也就是没有重量。但是由于在质量上有 1 kg 与 10 kg 的差异，只需试着使它们运动起来，就能简单地分辨出它们了。也就是说，根据牛顿运动方程，为了给它们相同的加速度，所需要的力就具有 10 倍的差异。

✳✳✳✳✳✳✳✳✳✳✳✳✳✳✳✳✳✳✳

*1.4.2 量纲 (dimension)

如 1.4.1 节所述，SI 的基本思想是用 7 个基本单位的组合来表示所有物理量单位。其中，基本单位的基本量以长度 [L]、质量 [M]、时间 [T]、温度 [Θ] 来表示，这些基本量被称作**量纲** (dimension)。

通过组合这些基本量，可以来表示其他物理量的量纲。例如，面积为 $[L^2]$，速度为 $[LT^{-1}]$，力为质量与加速度的乘积 $[LMT^{-2}]$。

一般情况下，表示物理现象的公式，无论在何种单位体系下都是成立的。像这样，公式的成立与否与所采用单位制无关的方程式被称作**完全方程式** (complete equation)。现在，有 n 个物理量 A_1、A_2、$\cdots$、A_n，其关系可以由如下的完全方程式来表示

$$f(A_1, A_2, \cdots, A_n) = 0 \tag{1.13}$$

该方程式由 m 个基本单位构成。根据**白金汉 π 定理** (Buckingham's π theorem)，式 (1.13) 可化为 $(n-m)$ 个无量纲量数 π_1、π_2、$\cdots$、π_{n-m} 的关系式

$$F(\pi_1, \pi_2, \cdots, \pi_{n-m}) = 0 \tag{1.14}$$

其中，无量纲量数 π_1、π_2、$\cdots$、π_{n-m} 可以用 $m+1$ 个以下的物理量指数乘积来表示，称作 π 数。

与公式 (1.13) 相比，公式 (1.14) 这样的无量纲量的关系式更加具有一般性，经常会被使用。不过，就算是同一现象，对于 π 数的选择方法也是多种多样的，因此需要通过实验等手段来确定哪一种组合方式是最优的。

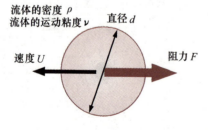

图 1.20 流体中运动的小球

【例题 1.5】 ✳✳✳✳✳✳✳✳✳✳✳✳✳✳✳✳✳✳✳

在密度为 ρ、运动粘度为 ν 的流体当中，直径为 d 的小球以 U 的速度运动 (图 1.20)。小球受到的来自流体的阻力为 F。通过与此现象相关的 5 个物理量 ρ、ν、d、U、F，求出 π 数。

【解】 在本题中出现的基本单位量纲为长度 [L]、质量 [M]、时间 [T]。从中可以得到的 π 数有两个，以

$$\pi = \rho^\alpha \nu^\gamma d^\delta U^\varepsilon F^\varepsilon$$

表示。为了使 π 数无量纲，只需要将 [L]、[M]、[T] 的次数为 0。也就

是说,对于[L]: $-3\alpha+2\beta+\gamma+\delta+\varepsilon=0$
  对于[M]: $\alpha+\varepsilon=0$
  对于[T]: $-\beta-\delta-2\varepsilon=0$

满足上述条件的指数 α、β、γ、δ、ε 的组合有多组。整理上述公式,可以得到:

$\alpha=-\varepsilon$

$\beta=-\delta-2\varepsilon$

$\gamma=\delta$

只需给定 δ 和 ε 值,剩下的 α、β、γ 也就可以得到了。

例如,为了求出不包含力 F 的无量纲量,我们令 $\varepsilon=0$,再令 $\delta=1$,就有 $\alpha=0,\beta=-1,\gamma=1$,可以求出一个无量纲量 $\pi_1=Ud/\nu$。这正是雷诺数 Re(参照式(1.10))。

计算另一个包含力 F 的无量纲量,令 $\varepsilon=1$。δ 的设定方法有很多,根据实验,一般来讲,力 F 大约与速度的二次方(U^2)成比例,于是我们令 $\delta=-2$。于是,可得 $\alpha=-1,\beta=0,\gamma=-2$。这样可求得另一个无量纲量 $\pi_2=F/\rho U^2 d^2$。为了赋予该值一定物理意义,通常我们会乘上一系数,将其变为 $C_D=F/\{(\rho U^2/2)(\pi d^2/4)\}$,称作阻力系数。根据 π 定理,我们可以知道 C_D 是 Re 的函数,也就是 $C_D=f(Re)$。

****

===== 习 题 ====================

【1.1】 某一种油,每升的质量为 0.965 kg,运动粘度为 $1.03\times10^{-3}\,\mathrm{m^2/s}$。试计算该油的密度和粘度。

【1.2】 If the viscosity of oil is 0.0230lbf-sec/ft², what is its viscosity in Pa·s? If its kinematic viscosity is 0.0132ft²/s, what is its density in lbm/ft³ and kg/m³?

【1.3】 在标准大气压、20℃的情况下,假设水的体积弹性模量不变,为 2.06GPa($1\mathrm{GPa}=10^9\,\mathrm{Pa}$)。那么,为了使水的体积减少 0.1%,需要增加多大的压力?

【1.4】 To what height will 20℃ water rise in a 1.0-mm-diameter open glass tube when the contact angle is approximately 0°?

【1.5】 为了研发汽车,使用尺寸为原型车 1/5 的模型进行空气动力学实验。为了让车体周围的流动和原型车相似,我们希望模型和原型的雷诺数相一致。已知模型和原型所在空气的状态(压力、温度)相同,在模型实验中,需要相当于原型几倍大的风速?

【1.6】 What is the speed of sound in 20℃ water if the bulk modulus is $2.22\times10^9\,\mathrm{Pa}$?

【1.7】 计算水最大在多大流速下可仍然能被当做不可压缩性流体。

【1.8】 In the [MLT] system, what is the dimensional representation of (1) energy, (2) surface tension, (3) viscosity, and (4) bulk modulus?

【1.9】 设钟摆运动的周期为 T。可以忽略空气阻力时,影响周期的主要因素为钟摆的绳子长度 L 和重力加速度 g。利用量纲分析的方法计算 π 数,并进一步推导出周期 T 与 $\sqrt{L/g}$ 成比例。

【答案】

【1.1】 从式(1.1)中的定义可知,密度 ρ 为 $965\,\text{kg/m}^3$。

从式(1.7)可知,粘度 μ 为 $0.994\,\text{Pa}\cdot\text{s}$。

【1.2】 The viscosity is $\mu = 1.101(\text{Pa}\cdot\text{s})$.

The density is $\rho = 56.06(\text{lbm/ft}^3) = 898.0(\text{kg/m}^3)$.

【1.3】 从式(1.8)可知,$2.06\times 10^6\,\text{Pa}$。

【1.4】 From example 1.2, 29.4 mm.

【1.5】 根据雷诺相似定律,要使得模型和原型车的雷诺数相同,模型的周围的风速应该是原型的 5 倍。

【1.6】 Since $\rho = 998.2(\text{kg/m}^3)$, $a = \sqrt{\rho/K} = 1.49\times 10^3 (\text{m/s})$.

【1.7】 只需使得马赫数在大约 0.3 以下即可。在 20℃、一个标准大气压的环境下,需要保证流速在大约 450 m/s 以下。(声速为 1491 m/s,马赫数为 $M = 0.3$ 时的速度为 447 m/s。)

【1.8】 (a) ML^2/T^2;(b) M/T^2;(c) M/LT;(d) M/LT^2。

【1.9】 如果令周期 T 的量纲为 1,$\pi = g^x L^y T$,可以得到 $\pi = T\sqrt{g/L}$。由于 $F(\pi) = 0$,于是有 $\pi = T\sqrt{g/L} = $ 常数。所以,$T = k\sqrt{L/g} = $ 常数(k 为常数)。

第 1 章参考文献

[1] Daugherty, R. L., *Fluid Mechanics with Engineering Applications*, Eighth Edition(1985).

[2] 石綿良三,流体力学入門(2000),森北出版.

[3] Massey, B. and Ward-Smith, J., *Mechanics of Fluids*, Seventh Edition (1998), Stanley Thornes Ltd.

[4] 日本機械学会,流れのふしぎ(2004),講談社.

[5] 大橋秀雄,流体力学(1)(1982),コロナ社.

[6] Sabersky, R. H., Acosta, A. J., Hauptmann, E. G. and Gates E. M., *Fluid Flow, A First Course in Fluid Mechanics*, Fourth Edition (1999).

[7] 白倉昌明,大橋秀雄,流体力学(2)(1969),コロナ社.

[8] White, F. M., *Fluid Mechanics*, Fourth Edition (1999), McGraw-Hill.

第 2 章

流体流动基础

(Fundamentals of Fluid Flow)

2.1 表征流体流动的物理量(properties of fluid flow)

2.1.1 速度和流量(velocity and flow rate)

所谓**速度**(velocity)是指单位时间内的移动距离,因其具有方向性,故为向量。速率或流速仅仅考虑向量的大小,故为标量(图 2.1)。速度、速率的单位都用[m/s]。

所谓**流量**(flow rate)是指单位时间内通过某一截面的流体体积,是一标量(图 2.1)。单位为[m³/s],有时也称为体积流量。与此相对应,单位时间内通过的流体质量称为**质量流量**(mass flow rate)。

研究流体运动有两种方法,即**拉格朗日描述方法**(Lagrangian method of description)和**欧拉描述方法**(Eulerian method of description)。所谓拉格朗日描述方法是指着眼于某个流体粒子,追踪其运动轨迹,研究位置、速度和压力等变化的方法。使用该方法时,流体的速度 v 表示如下

$$v(t;x_0,y_0,z_0,t_0) \tag{2.1}$$

也就是说,着眼于 t_0 时刻位于点 (x_0,y_0,z_0) 的流体粒子,将其速度 v 表示成 t 的函数。x_0,y_0,z_0,t_0 是表征流体粒子的必要信息。质点运动也用同样方法处理,但不需要表征物体的信息,速度 v 仅表示成时刻 t 的函数。

另一方面,欧拉描述方法则固定观测点,研究通过观测点的流体的速度和压力。若令观测点的坐标为 (x,y,z),时刻为 t,则速度为

$$v(x,y,z,t) \tag{2.2}$$

因为在流体运动中追踪特定的流体粒子比较难,通常使用欧拉描述方法研究流体。

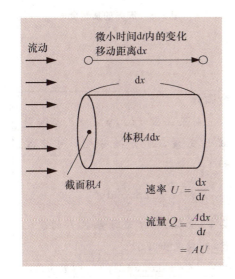

图 2.1 速度和流量

交通量的测量

在测量交通量时,测量员数着通过测量点的汽车数(图 2.2),这是基于欧拉描述的测量方法,固定观测点。如果采用拉格朗日描述方法,测量员先选定一辆汽车,然后一直追踪这辆汽车。拉格朗日描述方法得到的信息量与观测的投入相比很少,不是一个有效的方法。流体的测量也一样,若要获得整体的流动特性,欧拉方法具有绝对优势。

图 2.2 交通量的测量

*2.1.2 流体的加速度(acceleration of flow)

加速度是粒子速度的时间变化率,其着眼于一个粒子,是基于拉格朗日描述方法的物理量。但是,如前所述,因流体力学中使用欧拉描述方法,加速度也必须用欧拉描述方法来表述。

计算图 2.3 中 t 时刻通过点 A 的流体粒子加速度。令点 A 处的速度

$$\bm{v}_A = \bm{v}(x, y, z, t) \tag{2.3}$$

微小时间间隔 dt 后该粒子通过点 B,此时其速度为

$$\bm{v}_B = \bm{v}(x+dx, y+dy, z+dz, t+dt) \tag{2.4}$$

其中,dx, dy, dz 分别是在 dt 时间间隔内粒子在各方向上的移动量,为一微小量。如分别用 u, v, w 表示在 x, y, z 各个方向上的速度,则有 $dx = u\, dt, dy = v\, dt, dz = w\, dt$。

加速度 $\bm{a}$ 可用函数的全微分求得如下:

$$\bm{a} = \lim_{dt \to 0} \frac{\bm{v}(x+dx, y+dy, z+dz, t+dt) - \bm{v}(x, y, z, t)}{dt}$$

$$= \lim_{dt \to 0} \frac{1}{dt}\left(\frac{\partial \bm{v}}{\partial t} dt + \frac{\partial \bm{v}}{\partial x} dx + \frac{\partial \bm{v}}{\partial y} dy + \frac{\partial \bm{v}}{\partial z} dz\right)$$

$$\bm{a} = \frac{\partial \bm{v}}{\partial t} + u\frac{\partial \bm{v}}{\partial x} + v\frac{\partial \bm{v}}{\partial y} + w\frac{\partial \bm{v}}{\partial z} \tag{2.5}$$

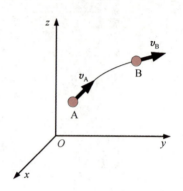

图 2.3 流体的加速度

全微分

对某函数 $f(x, y)$,如 dx, dy 是微小变量,则全微分 df 可定义如下:

$$df = \frac{\partial f}{\partial x} dx + \frac{\partial f}{\partial y} dy$$

其中,全微分 df 表示函数 f 的变化量,其意义如下:

$$df = f(x+dx, y+dy) - f(x, y)$$

式中,第 1 项 $\partial \bm{v}/\partial t$ 称为**局部加速度**(local acceleration),对应于非定常流动(流动随时间而变化)引起的速度变化部分;第 2~4 项 $u(\partial \bm{v}/\partial x) + v(\partial \bm{v}/\partial y) + w(\partial \bm{v}/\partial z)$ 称为**对流加速度**(convective acceleration),对应于流体粒子移动引起的速度变化部分。两者相加可求得流体的加速度,也称为**物质加速度**(substantial acceleration)。

简便起见,实际加速度有时表示如下

$$\bm{a} = \frac{D\bm{v}}{Dt} \tag{2.6}$$

其中

$$\frac{D}{Dt} = \frac{\partial}{\partial t} + u\frac{\partial}{\partial x} + v\frac{\partial}{\partial y} + w\frac{\partial}{\partial z} \tag{2.7}$$

D/Dt 称为**物质导数**(substantial derivative 或者 material derivative),表示流体物理量的时间变化率。

【**例题 2.1**】 ❋❋❋❋❋❋❋❋❋❋❋❋❋❋❋❋❋❋❋❋❋

在一个二元不可压缩流动中,x, y 方向的速度分量分别用 u, v 表示,求此时 x 方向、y 方向的加速度 a_x 和 a_y。

$$u = ax, v = -ay \quad (a\ \text{为常数})$$

【解】 根据式(2.5),求其 x,y 分量,即为 a_x 和 a_y。

$$a_x=\frac{\partial u}{\partial t}+u\frac{\partial u}{\partial x}+v\frac{\partial u}{\partial y}=ax\times a+(-ay)\times 0=a^2x$$

$$a_y=\frac{\partial v}{\partial t}+u\frac{\partial v}{\partial x}+v\frac{\partial v}{\partial y}=ax\times 0+(-ay)\times(-a)=a^2y$$

可见该流动不随时间变化,流体粒子因和主流一起移动而产生加速度(图2.4)。

****

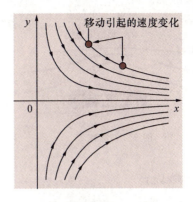

图2.4 不随时间变化的流动也存在加速度(例题2.1)

2.1.3 压力和切应力(pressure and shear stress)

压力(pressure)是指作用在单位面积上的垂直于该平面的压缩力,是一个标量。考虑某种物质(固体、流体均可)中作用在如图2.5中所示的微元体上的力,在微元面 ΔA 上作用压缩力 ΔN 时,压力 p 可由下式求得,

$$p=\frac{\Delta N}{\Delta A} \tag{2.8}$$

压力的单位为[Pa]。天气预报等使用的[hPa](百帕)是 $100\,\mathrm{Pa}$。

切应力(shear stress)是作用于单位面积上的平行于该平面的应力。图2.5中平行于微元面 ΔA 方向的力(剪切力)ΔT 产生作用时,切应力 τ 可由下式求得,

$$\tau=\frac{\Delta T}{\Delta A} \tag{2.9}$$

其单位与压力相同,用[Pa](帕)表示。

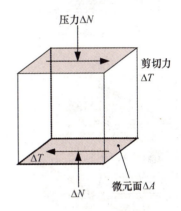

图2.5 压力和剪切力

*2.1.4 流线、脉线、迹线(stream line, streak line and path line)

表示流体流动的线有流线、脉线和迹线。流动一般无法用肉眼观察,有时通过**流动可视化**(flow visualization)使之能够用眼睛看到,这是一种通过某种方法使流动可视的技术。比如,在流体中加入烟雾或固体粒子一类追踪流动轨迹的东西(叫做示踪粒子)。此时,必须判断得到的线是上述中的哪一个,具有何种物理意义。

流线(stream line)是指某一瞬间的速度矢量的包络线,即平滑地连接各点速度矢量的线,在各个点上速度矢量和流线的方向是一致的(图2.6)。若速度为 $v=(u,v,w)$,流线的微小线段为 $(\mathrm{d}x,\mathrm{d}y,\mathrm{d}z)$,则根据两个矢量方向相同有如下关系成立

$$\frac{\mathrm{d}x}{u}=\frac{\mathrm{d}y}{v}=\frac{\mathrm{d}z}{w} \tag{2.10}$$

这是流线的条件关系式。

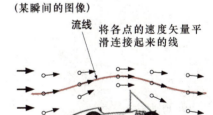

图2.6 流线

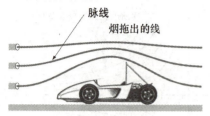

图 2.7 脉线

图 2.8 迹线

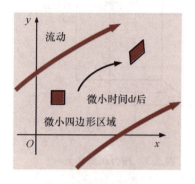

图 2.9 流体的运动

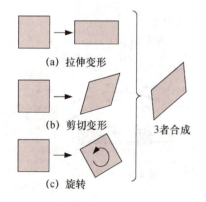

图 2.10 流体的变形和旋转

泰勒展开的近似

对函数 $f(x,y)$，若 $\mathrm{d}x$ 是微小量，则有如下近似

$$f(x+\mathrm{d}x,y)\approx f(x,y)+\frac{\partial f}{\partial x}\mathrm{d}x$$

脉线（streak line）是指通过空间某固定点的流体质点连成的线（图 2.7）。比如，从烟囱连续冒出的烟拖出的线就是脉线。

迹线（path line）是指某个流体粒子流过的路线（图 2.8）。比如，和空气平均密度相等的气球随风移动，则气球的移动轨迹就是迹线。

如果流动是定常的，则流线、脉线和迹线完全一致；而在非定常（流动随时间变化而变化）的情况下，上述三种线会呈现不同的形式。因此，进行流动可视化时，必须认真区别所得到的线是哪种线。

*2.1.5 流体的变形与旋转（deformation and rotation of fluid）

流体运动有各种各样的形态，但无论多么复杂的流动，其运动均可用简单的运动组合表示。如图 2.9 所示，在流动中选取一个微小的四边形区域，考虑该区域的流体运动时会如何变形。

如图 2.10 所示，流体的运动可以分解成所谓的拉伸变形、剪切变形、旋转变形等三种基本运动。(a) 中的**拉伸变形**（elongation）是指两点间的长度变化，(b) 中的**剪切变形**（shear deformation）是指正交的两个边形成的角度变化，(c) 中的**旋转**（rotation）是指没有变形时的刚体旋转。下面，分别介绍上述两种变形以及旋转。

1. 拉伸变形（elongation）

如图 2.11 所示，考虑 x 方向上仅仅相隔微小距离 $\mathrm{d}x$ 的两点 A，B 之间的拉伸。两点的 x 方向速度不同，两点间将产生拉伸。取点 A 的 x 方向速度分量为 $u(x,y,z)$，根据泰勒展开，点 B 的速度分量为 $u+(\partial u/\partial x)\mathrm{d}x$。经过微小时间 $\mathrm{d}t$，两点间的拉伸可求得如下：

$$\left(u+\frac{\partial u}{\partial x}\mathrm{d}x\right)\mathrm{d}t - u\,\mathrm{d}t = \frac{\partial u}{\partial x}\mathrm{d}x\,\mathrm{d}t \tag{2.11}$$

若用 $\dot\varepsilon_x$ 表示单位时间内的拉伸变形，则将式 (2.11) 用原来的长度 $\mathrm{d}x$ 和时间 $\mathrm{d}t$ 相除即可得

$$\dot\varepsilon_x = \frac{\partial u}{\partial x} \tag{2.12}$$

$\dot\varepsilon_x$ 称为 x 方向的**拉伸应变率**（elongational strain rate）。

同样，若 y 方向、z 方向的速度分量分别为 v,w，其各自方向上的拉伸应变率 $\dot\varepsilon_y,\dot\varepsilon_z$ 可表示为

$$\dot\varepsilon_y = \frac{\partial v}{\partial y} \tag{2.13}$$

$$\dot\varepsilon_z = \frac{\partial w}{\partial z} \tag{2.14}$$

2. 剪切变形(shear deformation)

剪切变形是正交两边夹角的变化。考虑图 2.12 所示的微型四角形 $ABCD$ 的变化，令点 A 的 y 方向速度为 v，则 x 方向上与其相隔 dx 的点 B 的 y 方向速度为 $v+(\partial v/\partial x)dx$。微小时间 dt 后线段 AB 的角度变化(逆时针旋转为正)为

$$\left\{\left(v+\frac{\partial v}{\partial x}dx\right)dt - v\,dt\right\} \times \frac{1}{dx} = \frac{\partial v}{\partial x}dt \tag{2.15}$$

同样，线段 AD 的角度变化为

$$\left\{\left(u+\frac{\partial u}{\partial y}dy\right)dt - u\,dt\right\} \times \frac{1}{dy} = \frac{\partial u}{\partial y}dt \tag{2.16}$$

将式(2.15)和式(2.16)合并一起计算可求得角 $\angle DAB$ 的减小量。更进一步，将角度减小量用时间 dt 除，可求得单位时间内的角度变化量，即**剪切应变率**(shearing strain rate)。若用 $\dot{\gamma}_{xy}$ 表示，则为

$$\dot{\gamma}_{xy} = \frac{\partial v}{\partial x} + \frac{\partial u}{\partial y} \tag{2.17}$$

同样，yz 平面内、zx 平面内的剪切应变率 $\dot{\gamma}_{yz}$，$\dot{\gamma}_{zx}$ 表示如下

$$\dot{\gamma}_{yz} = \frac{\partial w}{\partial y} + \frac{\partial v}{\partial z} \tag{2.18}$$

$$\dot{\gamma}_{zx} = \frac{\partial u}{\partial z} + \frac{\partial w}{\partial x} \tag{2.19}$$

3. 旋转(rotation)

旋转是不伴随变形的刚体旋转。考察图 2.13 所示的微型四角形 $ABCD$ 的变化，根据式(2.15)，微小时间 dt 内线段 AB 的角度变化量是 $(\partial v/\partial x)dt$，线段 AD 的角度变化量，若以逆时针为正，则使式(2.16)冠以负号，即 $-(\partial u/\partial y)dt$。两式相加并除以时间 dt，可求得单位时间的变化量 ω_z 为

$$\omega_z = \frac{\partial v}{\partial x} - \frac{\partial u}{\partial y} \tag{2.20}$$

注意，ω_z 是围绕 z 轴的旋转角速度的 2 倍，称为围绕 z 轴的**涡量**(vorticity)。

同样，若围绕 x 轴、y 轴的涡量为 ω_x，ω_y，则分别是各自角速度的 2 倍，可由下两公式求得

$$\omega_x = \frac{\partial w}{\partial y} - \frac{\partial v}{\partial z} \tag{2.21}$$

$$\omega_y = \frac{\partial u}{\partial z} - \frac{\partial w}{\partial x} \tag{2.22}$$

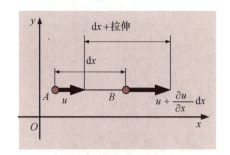

图 2.11　拉伸变化

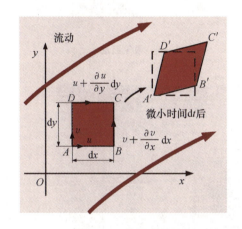

图 2.12　剪切变形

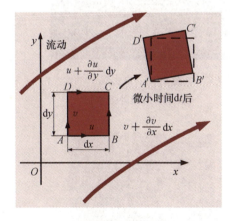

图 2.13　旋转

2.2 流动分类(classification of flows)

2.2.1 定常流动与非定常流动(steady and unsteady flows)

定常流动(steady flow)是指不随时间变化的流动;与此相对,非定常流动(unsteady flow)是指随时间变化而变化的流动。

非定常流动包括振动流动和过渡流动。所谓振动流动,是指像水面上产生的波或血液流动那样速度和压力等周期性变化的流动。所谓过渡流动,是指从某种流动状态向另外一种状态迁移变化过程中的流动,比如把水龙头打开,水开始流出时的流动等。

2.2.2 均匀流动与非均匀流动(uniform and non-uniform flows)

均匀流动(uniform flow)是指如图 2.14 所示,速度向量不依位置变化而变,维持为常量的流动(即速度大小和方向不变)。另一方面,非均匀流动(non-uniform flow)是指速度向量随位置变化而变化的流动。因此,位置发生变化,速度大小发生变化,或者流动方向发生变化的流动均是非均匀流动。

图 2.14 均匀流动

2.2.3 涡(vortex)

涡(vortex)是指在某点周围旋转的流动,也叫旋转流动。旋转流中最具代表性的是自由涡(free vortex)和强制涡(forced vortex)。

自由涡是流体的周向速度 v_t 反比于其距旋转中心半径 r 的旋转流动,该涡产生时没有外部能量的输入。

$$v_t \propto \frac{1}{r} \tag{2.23}$$

拔掉浴槽或者水池的塞子让水流出时形成近似的自由涡流。图 2.15 是把水装入饮料瓶中,然后将其倒过来时水流的情形,形成近似的自由涡流。

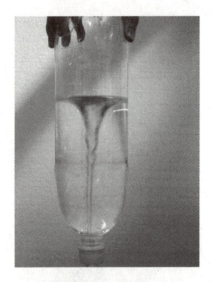

图 2.15 自由涡
(从塑料瓶向外排水)

强制涡是流体周向速度 v_t 正比于旋转半径 r 的旋转流动,

$$v_t \propto r \tag{2.24}$$

容器里注入液体,若使容器整体旋转,则形成强制涡。因此,强制涡产生时有外部能量的输入。图 2.16 给出的是装有水的塑料瓶用线吊起来,将线拧上劲之后松开手,塑料瓶旋转的情况。塑料瓶中的水也旋转形成强制涡,水面形状为旋转的抛物面(参看 3.4.2 节,可证明形成旋转抛物面)。

自由涡中心的速度为无穷大,因此,完全的自由涡在自然界中是不存在的。自然界中见到的多数涡是中心附近为强制涡,外侧为自由涡的兰肯组合涡(Rankine's compound vortex)。若自由涡与强制涡的边界半径为 r_0,则有

$r < r_0$ 时,为强制涡

$r > r_0$ 时,为自由涡

图 2.16 强制涡
(旋转盛水塑料瓶)

台风、龙卷风、涡潮等都是这种组合涡的例子。

【例题 2.2】 ✱✱✱✱✱✱✱✱✱✱✱✱✱✱✱✱✱✱✱✱✱

xy 平面内存在以原点为中心，以角速度 ω 逆时针旋转的强制涡，求其拉伸应变率、剪切应变率和涡度。

【解】 一般来讲，所计算的值随位置而变，因此计算点 (x,y) 处的值（极坐标 (r,θ) 处）。x、y 方向的速度分量为 u、v，则有

$$u = -r\omega\sin\theta = -\omega y$$

$$v = r\omega\cos\theta = \omega x$$

x、y 方向的拉伸应变率 $\dot{\varepsilon}_x$、$\dot{\varepsilon}_y$ 可分别由式(2.12)和式(2.13)求得

$$\dot{\varepsilon}_x = \frac{\partial u}{\partial x} = \frac{\partial}{\partial x}(-\omega y) = 0$$

$$\dot{\varepsilon}_y = \frac{\partial v}{\partial y} = \frac{\partial}{\partial y}(\omega x) = 0$$

剪切应变率 $\dot{\gamma}_{xy}$ 由式(2.17)计算

$$\dot{\gamma}_{xy} = \frac{\partial v}{\partial x} + \frac{\partial u}{\partial y} = \frac{\partial}{\partial x}(\omega x) + \frac{\partial}{\partial y}(-\omega y) = \omega - \omega = 0$$

涡度 ω_z 根据式(2.20)可得

$$\omega_z = \frac{\partial v}{\partial x} - \frac{\partial u}{\partial y} = \frac{\partial}{\partial x}(\omega x) - \frac{\partial}{\partial y}(-\omega y) = \omega + \omega = 2\omega$$

由上述计算可以确认，强制涡是一种既没有拉伸变形也没有剪切变形，仅仅存在旋转的流动，涡度是旋转角速度 ω 的 2 倍。

✱✱✱✱✱✱✱✱✱✱✱✱✱✱✱✱✱✱✱✱✱

2.2.4 层流和湍流(laminar and turbulent flows)

流动有**层流**(laminar flow)和**湍流**(turbulent flow)两种流态。1883 年**雷诺**(O. Reynolds)通过实验发现，流动是层流还是湍流可以用无量纲数**雷诺数**(Reynolds number,式(1.10))来判定。若管内径为 d，截面平均流速（流量/截面面积）为 v，流体的运动粘度为 ν，则雷诺数 Re 定义如下：

$$Re = \frac{vd}{\nu} \tag{2.25}$$

雷诺让水在管内流动，并在管中心注入着色液体，研究液体的扩散形式。实验结果表明，$Re <$ 约 2 300 时，着色液体几乎不扩散基本呈一条线流动，形成所谓层流的流动（图 2.17(a)）。与此相对，$Re >$ 约 4 000 时，几乎在所有的情况下，着色液体都扩散到整个管内，形成所谓湍流的流态（图 2.17(b)）。两种流态的本质区别是有没有速度波动。在湍流中，速度的方向和大小一直在变化，这种变化的结果使流体好像被搅拌着一样。另外，在雷诺数范围约 2 300 $< Re <$ 约 4 000 时，流动处于层流和湍流共存的不稳定状态，该区域称为**转捩区域**(transition region)。将从层流开始向湍流转捩的雷诺数（管内流时为 2 300）称为**临界雷诺数**(critical Reynolds number)，流道的形状不同，该值也有差

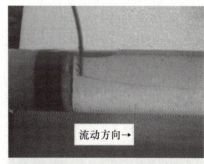

(a)层流

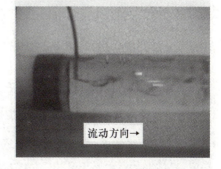

(b)湍流

图 2.17 雷诺实验

异。有时即使 $Re>$ 约 4 000,但流动紊乱较少,也能保持层流状态。一般工程中的流动可以认为是有紊乱的湍流。

燃气热水器等是通过管外加热使管内水流温度升高。这时若管内的流动处于湍流状态,是极为有利的。若处于湍流状态,靠近管壁处被加热的水因速度波动迅速扩散至整个管内,可以在短时间内高效地将水加热。同样,湍流也被广泛地利用在其他的热交换器中。

若从微观层面来看,因其速度不断变化,严格来讲,湍流是非定常流动。但多数情况下,考虑时间平均速度,若时间平均速度值一定,则流动可以作为定常流动来处理。

【例题 2.3】 ✳✳✳✳✳✳✳✳✳✳✳✳✳✳✳✳✳✳✳✳✳

内径 150 mm 的圆管内流过 20℃、1 个大气压的空气,为使流动保持为层流,流量控制在多少合适?其中,空气密度为 1.205 kg/m³,粘度为 1.810×10^{-5} Pa·s。

【解】 因流动为管内流动,其临界雷诺数为 2 300。
保持为层流应满足如下条件

$$Re = \frac{vd}{\nu} < 2\,300$$

若流量为 Q,管内径为 d,密度为 ρ,动力粘度为 μ。考虑到平均流速 $v = 4Q/\pi d^2$,运动粘度 $\nu = \mu/\rho$,则有

$$Q < \frac{2\,300\,\mu\pi d}{4\rho}$$

$$= \frac{2\,300 \times 1.810 \times 10^{-5}(\text{Pa·s}) \times 3.14 \times 0.150(\text{m})}{4 \times 1.205(\text{kg/m}^3)} = 0.004\,07(\text{m}^3/\text{s})$$

因此,流量小于 0.004 07 m³/s 即可。

✳✳✳✳✳✳✳✳✳✳✳✳✳✳✳✳✳✳✳✳✳

2.2.5 多相流(multi-phase flow)

多相流(multi-phase flow)是指包含有气相、液相、固相其中两相或两相以上的流动。与此相对应,仅含有一种相的流动称为**单相流**(single-phase flow)。根据不同的组合,多相流有气液二相流、固气二相流、固液二相流等几种。

空化(cavitation)是一种有代表性的多相流。随着液体压力的降低,液体中含有的气相成分变成气泡析出,在流体中,如液体压力进一步降至**饱和蒸汽压**(saturated vaper pressure)以下,液体蒸发,大量的气泡就会产生和成长,这种现象称为空化。空化会伴随有振动及噪声。空化产生的气泡因压力增加而溃灭消失时,会产生非常大的压力,有时会引起损伤机器壁面的**空蚀**(erosion)。

图 2.18 是一简单的空化实验。准备一根透明的塑料管,用管箍将其牢牢固定在水龙头上,然后放水。如图所示,用橡皮套绑着的一次性筷子和手指将塑料管弄扁,使其流道面积变小,若增大流量,会听见"嘶

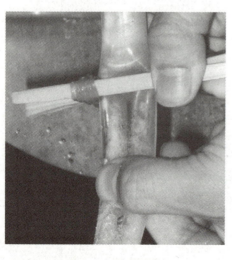

图 2.18 空化现象

嘶"的声音,水变白变浊。这是因为水流中发生空化,小气泡的出现使得水看起来发白。在流道狭窄的地方,流速变大而压力降低(动能增加的部分来自压力势能的降低,详细内容请参考 4.4 节的贝努利方程),水就会开始空化。

> **船快速行进的极限**
>
> 欲让船加速,即使让螺旋桨高速旋转也有速度极限。流体的流动具有速度越增大、压力越下降的特性(参考 4.4 节)。提高螺旋桨的转数,螺旋桨周围的流速增加,压力很快降到饱和蒸汽压下,就会发生空化。在这种状态下,因有气泡存在,螺旋桨的推力会迅速减少。因此,只是单纯地让螺旋桨高速旋转,在提高船速上是有极限的。

===== 习 题 =====================

【2.1】 A velocity field is given by
$$u = -Ay, \quad v = Ax, \quad w = 0.$$
Find the acceleration at the point (x, y, z).

【2.2】 在某二维流动中,x 方向、y 方向的速度分量分别为 $u = A$,$v = B$(A、B 为常速)。求表示流动流线的方程。

【2.3】 平板间距为 H,其间为库埃特流动,一片平板以速度 U 运动。平板的运动方向为 x 轴,与平板垂直的方向为 y 轴时,求 x、y 方向的拉伸应变率、剪切应变率和涡量。

【2.4】 举例说明非定常均匀流动是何种流动。

【2.5】 A two-dimensional velocity field is given by
$$u = -\frac{Ay}{x^2 + y^2}, \quad v = \frac{Ax}{x^2 + y^2}$$
where A is a constant. What is this flow called? Develop expressions for (1) the acceleration and (2) the vorticity.

【2.6】 Compute and plot the streamlines for the flow of Problem【2.5】.

【2.7】 水以平均流速 15.0 m/s 流过内径 100mm 的圆管。水的运动粘度为 1.004×10^{-6} m²/s 时,求其雷诺数。另外,判断该流动是层流还是湍流。

【2.8】 What is the Reynolds number of air flowing at 10.0 ft/s through a 3-inch-diameter pipe if its density is 0.075 2 lbm/ft³ and its viscosity is 0.380×10^{-6} lbf·s/ft²?

【答案】

【2.1】 From Eq.(2.5), $a_x = -A^2 x$, $a_y = -A^2 y$, $a_z = 0$.
Therefore, $a = (-A^2 x, -A^2 y, 0)$.

【2.2】 根据式(2.10),$(1/A)\mathrm{d}x = (1/B)\mathrm{d}y$。
两边积分得,$x/A = y/B + C$(C 是积分常数)。
因此,$y = (B/A)x + C'$ ($C' = BC$,为任意常数),是斜率为 B/A 的直线群。

【2.3】 $u = (U/H)y, v = 0$,根据式(2.12)、式(2.13)、式(2.17),以及式(2.20)分别得到 $\dot{\varepsilon}_x = 0, \dot{\varepsilon}_y = 0, \dot{\gamma}_{xy} = U/H, \omega_z = -U/H$。

【2.4】 流动随时间变化(非定常),但各个时刻与位置无关。在同一方向以相同速度流动(均一)的流动。比如,流场整体进行均一往复运动的情况等。

【2.5】 (1) From Eq.(2.5), $a_x = -A^2 x/(x^2+y^2)^2$,
$a_y = -A^2 y/(x^2+y^2)^2$.
$|a| = A^2/(\sqrt{x^2+y^2})^3$.

(2) From Eq.(2.20), $\omega_z = 0$.
Therefore, this flow is a free vortex.

【2.6】 From Eq.(2.10), $-\left(\dfrac{x^2+y^2}{Ay}\right)\mathrm{d}x = \left(\dfrac{x^2+y^2}{Ax}\right)\mathrm{d}y$
$x\mathrm{d}x = -y\mathrm{d}y$.
By integration, $\dfrac{x^2}{2} = -\dfrac{y^2}{2} + C$ (C is a constant).
Hence, the streamlines are represented by $x^2 + y^2 = R^2$ (a family of circles), where $R = \sqrt{2C}$.

【2.7】 根据式(2.25),$Re = 1.49 \times 10^6$。雷诺数远高于 4 000,可认为流动为湍流。

【2.8】 From Eq.(2.25), $Re = 1.54 \times 10^4$.

第 2 章 参考文献

[1] Daugherty, R. L., *Fluid Mechanics with Engineering Applications*, Eighth Edition (1985).

[2] 石綿良三,流体力学入門 (2000),森北出版.

[3] Massey, B. and Ward-Smith, J., *Mechanics of Fluids*, Seventh Edition (1998), Stanley Thornes Ltd.

[4] 日本機械学会,流れのふしぎ (2004),講談社.

[5] 大橋秀雄,流体力学(1) (1982),コロナ社.

[6] Sabersky, R. H., Acosta, A. J., Hauptmann, E. G. and Gates E. M., *Fluid Flow, A First Course in Fluid Mechanics*, Fourth Edition (1999).

[7] 白倉昌明,大橋秀雄,流体力学(2) (1969),コロナ社.

[8] White, F. M., *Fluid Mechanics*, Fourth Edition (1999), McGraw-Hill.

第 3 章

流体静力学

（Fluid Statics）

3.1 静止流体中的压力（pressure in a static fluid）

3.1.1 压力和各向同性（pressure and its isotropy）

流体静止时，作用在流体中任意面上的力仅有垂直方向的力，没有剪切方向的力。现在，假设流体中某一点处的微元面面积为 ΔA，作用在该面元上垂直方向的力为 ΔF，则有下式，该极限值

$$p = \lim_{\Delta A \to 0} \frac{\Delta F}{\Delta A} \tag{3.1}$$

为作用在该面元上的**压强**（intensity of pressure）或该点上的**压力**（pressure）。

压力的单位在 SI 单位制中为帕斯卡[Pa]，$Pa = N/m^2 = kg/ms^2$。[除此之外，还可记作 kgf/cm^2、mmH_2O 或 mmAq（毫米水柱）、mmHg（毫米汞柱）、atm（标准大气压）、at（工学大气压）、bar（巴）等。]

另外，静止流体中任意一点上的压力在任何方向上均相等，压力仅为位置的函数。该特性被称作压力的**各向同性**，可按如下方式加以证明。

如图 3.1 所示，设在密度为 ρ 的静止流体中有边长为 dx、dy、dz 的四面微元体（infinitesimal tetrahedron）$PABC$。作用在该流体部分上的力包括垂直作用在四个面的压力和重力。坐标系采用直角坐标系（笛卡儿坐标系），使四面体的边 PA、PB、PC 分别平行于 x、y、z 轴，z 轴垂直向上。另外，点 P 的坐标为 (x, y, z)。定义压力 p_x、p_y、p_z 为沿 x、y、z 轴方向作用的压力，p 为垂直作用于面积为 dA 的斜面 ABC 之上的压力，α、β、γ 为斜面 ABC 的法线与 x、y、z 轴的夹角。由斜面 ABC 在 x、y、z 三个轴方向上的投影可得出如下关系式

$$dA\cos\alpha = \frac{dydz}{2}, dA\cos\beta = \frac{dxdz}{2}, dA\cos\gamma = \frac{dxdy}{2} \tag{3.2}$$

由力的平衡条件，在 x、y、z 轴方向可分别得到

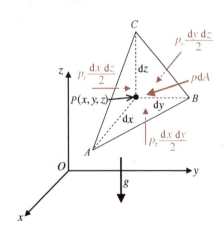

图 3.1 四面微元体的力学平衡

$$p_x \frac{\mathrm{d}y\mathrm{d}z}{2} - p\mathrm{d}A\cos\alpha = 0 \ (x \text{ 轴方向})$$
$$p_y \frac{\mathrm{d}x\mathrm{d}z}{2} - p\mathrm{d}A\cos\beta = 0 \ (y \text{ 轴方向})$$
$$p_z \frac{\mathrm{d}x\mathrm{d}y}{2} - p\mathrm{d}A\cos\gamma - \rho g \frac{1}{6}\mathrm{d}x\mathrm{d}y\mathrm{d}z = 0 \ (z \text{ 轴方向})$$
(3.3)

在 z 轴方向上，要考虑到流体的自重 $\rho g(1/6)\mathrm{d}x\mathrm{d}y\mathrm{d}z$。将式(3.3)和式(3.2)组合在一起，则有

$$p_x - p = 0, \ p_y - p = 0, \ p_z - p - \frac{\rho g \mathrm{d}z}{3} = 0$$

当四面微元体 ABC 收缩到一点时，其极限状况为 $\mathrm{d}z \to 0$，则有

$$p_x = p_y = p_z = p \tag{3.4}$$

因为所取的参数均为任意的，因此压力 p 对于点 P 在任何方向上的值均为常数(帕斯卡原理)。另外，点 P 的位置也为任意位置，由此得知静止流体中的压力是仅与位置相关的函数，也就是**点函数**(a point function)$p = p(x, y, z)$。

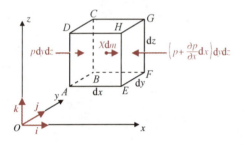

图 3.2　流体微元体的力学平衡

*3.1.2　欧拉平衡方程式(Euler's equilibrium equation)

在密度 ρ 为常数的静止流体中，有边长为 $\mathrm{d}x$、$\mathrm{d}y$、$\mathrm{d}z$ 的**平行六面体微元**(infinitesimal parallel hexahedron)(见图 3.2)。作用在该微元体上的**表面力**(surface force)必须与作用在微元体上的**体积力**(body force)达到静平衡状态。现设作用在流体微元体上单位质量的体积力为 $\boldsymbol{K} = \boldsymbol{i}X + \boldsymbol{j}Y + \boldsymbol{k}Z$，其中 $\boldsymbol{i}$、$\boldsymbol{j}$、$\boldsymbol{k}$ 分别为 x、y、z 方向上的单位向量。因此，X、Y、Z 为单位质量流体的质量力向量在 x、y、z 方向上的分量。作用在六面微元体的面 $ABCD$ 上的总压力为 $p\mathrm{d}y\mathrm{d}z$，作用在从距离面 $ABCD$ x 方向上 $\mathrm{d}x$ 处的面 $EFGH$ 上的总压力为 $[p + (\partial p/\partial x)\mathrm{d}x]\mathrm{d}y\mathrm{d}z$。另外，设六面体的质量为 $\mathrm{d}m$，则 x 方向上的全部体积力为 $X\mathrm{d}m = X\rho\mathrm{d}x\mathrm{d}y\mathrm{d}z$。由此可得，$x$ 方向上力的平衡条件为

$$p\mathrm{d}y\mathrm{d}z + X\rho\mathrm{d}x\mathrm{d}y\mathrm{d}z - \left(p + \frac{\partial p}{\partial x}\mathrm{d}x\right)\mathrm{d}y\mathrm{d}z = 0$$

由上式可得，$\partial p/\partial x = X\rho$。同样地，根据 y、z 方向上的力平衡条件可得 $\partial p/\partial y = Y\rho$，$\partial p/\partial z = Z\rho$。利用单位向量 $\boldsymbol{i}$、$\boldsymbol{j}$、$\boldsymbol{k}$ 可将上述算式总结为

$$\boldsymbol{i}\frac{\partial p}{\partial x} + \boldsymbol{j}\frac{\partial p}{\partial y} + \boldsymbol{k}\frac{\partial p}{\partial z} = \rho(\boldsymbol{i}X + \boldsymbol{j}Y + \boldsymbol{k}Z)$$

或者

3.1 静止流体中的压力

$$\nabla p = \rho \boldsymbol{K} \tag{3.5}$$

这里,$\nabla \equiv \boldsymbol{i}(\partial/\partial x) + \boldsymbol{j}(\partial/\partial y) + \boldsymbol{k}(\partial/\partial z)$,$\nabla p = \mathrm{grad}\, p$ 表示的是压力梯度向量。式(3.5)被称为**欧拉平衡方程式**(Euler's equilibrium equation)。将式(3.5)中的 x、y、z 分量分别乘以 $\mathrm{d}x$、$\mathrm{d}y$、$\mathrm{d}z$,合并之后可得

$$\frac{\partial p}{\partial x}\mathrm{d}x + \frac{\partial p}{\partial y}\mathrm{d}y + \frac{\partial p}{\partial z}\mathrm{d}z = \rho(X\mathrm{d}x + Y\mathrm{d}y + Z\mathrm{d}z)$$

该算式左侧为压力 p 的全微分,因此

$$\mathrm{d}p = \rho(X\mathrm{d}x + Y\mathrm{d}y + Z\mathrm{d}z) \tag{3.6}$$

另外,将式(3.5)在 x、y、z 方向上的平衡条件 $\partial p/\partial x = \rho X$,$\partial p/\partial y = \rho Y$,$\partial p/\partial z = \rho Z$ 进行偏微分,则下面公式成立。

$$\frac{\partial X}{\partial y} = \frac{\partial Y}{\partial x},\ \frac{\partial X}{\partial z} = \frac{\partial Z}{\partial x},\ \frac{\partial Y}{\partial z} = \frac{\partial Z}{\partial y} \tag{3.7}$$

上式表明质量力向量 $\boldsymbol{K}$ 是无旋的,即 $\mathrm{rot}\,\boldsymbol{K} = 0$。根据向量解析学(例如,Aris,R.(1962))可知,质量力 $\boldsymbol{K}$ 拥有标量势 $\Psi = \Psi(x,y,z)$ 的充要条件是其为无旋向量。也就是说,质量力可以表示为

$$X = -\frac{\partial \Psi}{\partial x},\ Y = -\frac{\partial \Psi}{\partial y},\ Z = -\frac{\partial \Psi}{\partial z} \tag{3.8a}$$

或向量形式

$$\boldsymbol{K} = -\nabla \Psi \tag{3.8b}$$

实际上,将式(3.8a)代入式(3.7),则很容易得到算式(3.7)成立。式(3.8a)或式(3.8b)可由欧拉平衡方程式(3.5)直接导出。因此流体处在静止的平衡状态时,作用在流体上的质量力有势。

将式(3.8a)代入式(3.6)可得到

$$\mathrm{d}p = -\rho\left(\frac{\partial \Psi}{\partial x}\mathrm{d}x + \frac{\partial \Psi}{\partial y}\mathrm{d}y + \frac{\partial \Psi}{\partial z}\mathrm{d}z\right) = -\rho\,\mathrm{d}\Psi$$

对上式进行积分后可得

$$p = -\rho\Psi + C \tag{3.9}$$

其中,C 为积分常数,p 和 Ψ 只是位置 $x = (x,y,z)$ 的函数,也就是说,若函数 $p(x,y,z)$、$\Psi(x,y,z)$ 在某一基准点 x_0 处的值为 p_0、Ψ_0,则 $p_0 = -\rho\Psi_0 + C$,于是 $p = p_0 - \rho(\Psi - \Psi_0)$。这说明**等压面**(isobaric surface)和**等势面**(equipotential surface)重合。

∇ 的定义和梯度

∇ 的定义

$$\nabla = \boldsymbol{i}\frac{\partial}{\partial x} + \boldsymbol{j}\frac{\partial}{\partial y} + \boldsymbol{k}\frac{\partial}{\partial z}$$

标量 $f(x,y,z)$ 的梯度

$$\mathrm{grad}\, f = \nabla f = \boldsymbol{i}\frac{\partial f}{\partial x} + \boldsymbol{j}\frac{\partial f}{\partial y} + \boldsymbol{k}\frac{\partial f}{\partial z}$$

另外,根据式(3.6)可知,在等压面上 $dp=0$,因此在等压面上的微线段向量 $ds=(dx,dy,dz)$ 和体积力向量 $\boldsymbol{K}$ 之间存在如下关系

$$Xdx+Ydy+Zdz=\boldsymbol{K}\cdot d\boldsymbol{s}=0 \tag{3.10}$$

这表明等压面与体积力向量相垂直(见图3.3)。

3.1.3 重力场中的压力分布(pressure distribution in the gravity field)

只受重力作用的静止流体中 $X=0, Y=0, Z=-g$,式(3.6)可表示为(g 为重力加速度)

$$dp=-\rho g dz \tag{3.11}$$

因为液体的密度 ρ 可视为常数,因此对式(3.11)积分,可得

$$p=-\rho g z+C$$

这里,C 为积分常数,$z=z_0$(液体表面)上的压力为 p_a。因此 $C=p_a+\rho g z_0$,也就是静止液体中的压力分布为

$$p=p_a+\rho g(z_0-z) \tag{3.12}$$

若以 p_a 为基准压力,也就是将 $p-p_a$ 改写为 p,并从液体表面沿垂直向下的方向测量距离,也就是深度设为 $h=z_0-z$,则可得

$$p=\rho g h \tag{3.13}$$

从上述关系式可知:压力与到液面的深度 h 成正比。另外,式(3.13)还表明压力可以用液柱的高度表示。在这个意义上,液柱的高度称为**水头**(head)。不同场合可采用 mmH_2O、$mmAq$、$mmHg$ 为压力单位。表示压力的方法有以完全真空状态为标准表示的**绝对压力**(absolute pressure)和以大气压为标准表示的**相对压力**(gage pressure)两种。标准大气的绝对压力(标准大气压)在 $g=9.80665\ m/s^2$ 的环境下,相当于高度为 760 mm 的 0℃ 水银柱所产生的压力(也就是 760 mmHg),工程单位为 $1.0332\ kgf/cm^2$,SI 单位为 101.325 kPa,物理学单位则为 1.01325 bar 或 1013.25 mbar,该标准气压的压力也简称为 **1 atm(1 个大气压)**,工程上通常也将 $1\ kgf/cm^2$ 的压力称作 **1 at(1 工程大气压)**,$1\ at=98.0665\ kPa=735.52\ mmHg$。式(3.12)中,若将 p_a 视为大气压,则式(3.13)意味着液体中的相对压力与从液面开始算起的深度 h 成比例。表3.1给出的是旧式压力单位和SI单位的换算表。

图3.4给出了大气压、绝对压力和相对压力之间的关系。所测压力低于大气压时,其差值(取正值)称为**负压**(negative pressure)或**真空相对压力**(vacuum gage pressure)。

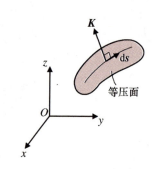

图 3.3 等压面和体积力向量的关系

表 3.1 压力的旧式单位和 SI 单位的换算表

旧式单位	换算为 SI 单位(Pa)
kgf/cm^2	9.80665×10^4
kgf/m^2	9.80665
mmHg	1.33322×10^2
mmH_2O	9.80665
mH_2O	9.80665×10^3
at(工程大气压)	9.80665×10^4
atm(标准大气压)	1.01325×10^5
bar(巴)	10^5
Torr(托)	1.33322×10^2

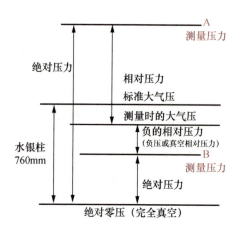

图 3.4 绝对压力和相对压力

3.1 静止流体中的压力

【Example 3.1】 ✳✳✳✳✳✳✳✳✳✳✳✳✳✳✳✳✳✳✳✳✳✳

Find the head h of water corresponding to an intensity of pressure p of 3×10^5 Pa. The density ρ of water is 10^3 kg/m³.

【Solution】 Since $p=\rho g h$,

Head of water $h=\dfrac{p}{\rho g}=\dfrac{3\times10^5}{10^3\times9.81}=30.6$ (m).

✳✳✳✳✳✳✳✳✳✳✳✳✳✳✳✳✳✳✳✳✳✳✳

【例题 3.2】 ✳✳✳✳✳✳✳✳✳✳✳✳✳✳✳✳✳✳✳✳✳✳

试求水面下 15 m 处的压力（相对压力）。另外，当水面压力为标准大气压时，绝对压力是多少？

【解】 取 ρg 的值为平均值，即采用 9 810 N/m³。从式（3.13）可得到相对压力 p 为

$$p=\rho g h=9\,810\times15=147\,150(\text{N/m}^2)=147.15(\text{kPa})$$

绝对压力 p_{abs} 为标准大气压 $p_a=101.325$ kPa 加上上述的相对压力 p，因此

$$p_{\text{abs}}=p_a+p=101.325+147.15=248.475(\text{kPa})\approx248(\text{kPa})$$

✳✳✳✳✳✳✳✳✳✳✳✳✳✳✳✳✳✳✳✳✳✳✳

【例题 3.3】 ✳✳✳✳✳✳✳✳✳✳✳✳✳✳✳✳✳✳✳✳✳✳

试求比重 $s=13.6$ 的水银达到相对压力 1.65 bar 的压力时所需的高度。另求若为水的情况下的高度，水的密度 ρ_w 为 1 000 kg/m³。

【解】 水银的密度为 $\rho=s\rho_w=13.6\times1000=13\,600$ kg/m³。另外，根据 1.65 bar $=1.65\times10^5$ Pa，则有

$$h=\frac{p}{\rho g}=\frac{1.65\times10^5}{13\,600\times9.81}=1.24(\text{m})$$

若为水的情况下，密度为水银的 1/13.6 倍，因此

$$h=\frac{1.24}{1/13.6}=16.9(\text{m})$$

✳✳✳✳✳✳✳✳✳✳✳✳✳✳✳✳✳✳✳✳✳✳✳

接下来考虑一下气体的情况。气体的密度 ρ 是与压力 p 相关的函数，因此，利用式（3.11）时无法假定 ρ 为常数而进行积分。但是，若假设气体为完全气体，气体在**等温状态**（isothermal state）或**绝热状态**（adiabatic state）下变化，则可以简单地进行积分。下面分别进行讨论。

等温条件下，基准高度处的压力、密度、绝对温度分别为 p_0、ρ_0 和 T_0；当高度为 z 时，分别为 p、ρ 和 $T(=T_0)$，则 $p/\rho=p_0/\rho_0=RT_0$。其中，R 为气体常数。根据式（3.11）可得

$$\mathrm{d}z = -\frac{\mathrm{d}p}{\rho g} = -\frac{p_0}{\rho_0 g}\frac{\mathrm{d}p}{p} = -\frac{RT_0}{g}\frac{\mathrm{d}p}{p}$$

对上式进行积分,可得

$$\int_0^z \mathrm{d}z = -\frac{RT_0}{g}\int_{p_0}^p \frac{\mathrm{d}p}{p}$$

于是

$$z = -\frac{RT_0}{g}\ln\left(\frac{p}{p_0}\right) \tag{3.14a}$$

因此

$$p = p_0 \mathrm{e}^{-\frac{gz}{RT_0}} \tag{3.14b}$$

在绝热条件下,ρ 和 p 之间存在 $p\rho^{-\kappa} = p_0\rho_0^{-\kappa} =$ 常数的关系。其中,κ 为**定压比热**(specific heat at constant pressure)C_p 和**定容比热**(specific heat at constant volume)C_v 之比 C_p/C_v,被称作**比热比**(specific-heat ratio)或**绝热指数**(adiabatic index)。对 $\mathrm{d}z = -\mathrm{d}p/(\rho g)$ 进行积分可得

$$z = -p^{\frac{1}{\kappa}}(g\rho_0)^{-1}\int_{p_0}^p p^{-\frac{1}{\kappa}}\mathrm{d}p = \frac{\kappa}{\kappa-1}\frac{p_0^{1/\kappa}}{\rho_0 g}(p_0^{\frac{\kappa-1}{\kappa}} - p^{\frac{\kappa-1}{\kappa}}) \tag{3.15a}$$

整理后,可得

$$p = p_0\left\{1-\left(\frac{\kappa-1}{\kappa}\right)\frac{\rho_0 gz}{p_0}\right\}^{\frac{\kappa}{\kappa-1}} = p_0\left\{1-\left(\frac{\kappa-1}{\kappa}\right)\frac{gz}{RT_0}\right\}^{\frac{\kappa}{\kappa-1}} \tag{3.15b}$$

式(3.14a)、(3.14b)和式(3.15a)、(3.15b)分别表示气体在等温变化或绝热变化下的高度和压力之间的关系。真实气体的情况下,对流层(地表到约 11km 高度处)的气温不是常数,高度每上升 100m,温度就会下降约 0.65K。另外,温度随高度下降的趋势比绝热变化的情况小。因此,一般将高度 $z[\mathrm{m}]$ 时大气的绝对温度 $T[\mathrm{K}]$ 近似表述为

$$T = T_0 - Bz \tag{3.16}$$

其中,T_0 为海平面处($z=0$)的绝对温度,$B = 6.5\times10^{-3}[\mathrm{K/m}]$。由完全气体的状态方程可得:$\rho = p/(RT) = p/\{R(T_0 - Bz)\}$,气体常数 R 在空气的情况下为 $R = 287[\mathrm{J/(kg\cdot K)}]$,代入式(3.11)进行积分后,可以得到精度较高的描述大气中压力 p 和高度 z 的近似关系式

$$p = p_a\left(1-\frac{Bz}{T_0}\right)^{g/(RB)} \tag{3.17}$$

这里,p_a 为海面上($z=0$)的大气压,$g/(RB) = 5.257$。

比热

物体的温度上升 1K 所需要的热量称为该物体的热容量 [J/K],单位质量的热容量称为比热 [J/(K·kg)]。

在压力一定的条件下加热时,比热称为**定压比热** C_p,在体积一定的条件下时,比热称为**定容比热** C_v。

对固体或液体,C_p 和 C_v 之间的差可以忽略,仅称比热。对气体一般定压比热比定容比热要大。

【Example 3.4】 **********************

If sea-level pressure is 101 350 Pa, compute the standard pressure at an altitude of 7 000 m, using (1) the accurate formula (3.17) and (2) an isothermal assumption at a standard sea-level temperature of 15℃ (=288.16 K). Is the isothermal approximation adequate?

【Solution】 (1) Use absolute temperature in the accurate formula, Eq. (3.17)

$$p = p_a \left(1 - \frac{0.006\,50 \times 7\,000}{288.16}\right)^{5.257} = 101\,350 \times 0.842\,1^{5.257}$$
$$= 101\,350 \times 0.405\,12 = 41\,059 (\text{Pa})$$

(2) If the atmosphere were isothermal at 288.16 K, Eq. (3.14b) would apply

$$p \approx p_a \exp\left(-\frac{gz}{RT}\right) = 101\,350 \times \exp\left(-\frac{9.81 \times 7\,000}{287 \times 288.16}\right)$$
$$= 101\,350 \times \exp(-0.830) \approx 44\,200 (\text{Pa})$$

This is 7.6 percent higher than the accurate result. The isothermal formula is inaccurate in the troposphere.

****

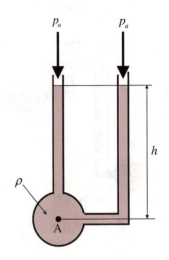

图 3.5 测压管压力计

3.1.4 压力计 (manometer)

通过测量液柱的高度来测量流体压力的测量仪器称作**液柱压力表**或**压力计**（manometer）。

1. 常用压力计 (simple manometer)

要测量的流体为液体,且在其压力较低的情况下,如图 3.5 所示,将液体容器与玻璃管适当连接,即可通过测量液体自身的高度 h 得知测点 A 处的压力。这种液柱压力计称作**测压管压力计**（piezometer）。液体的密度为 ρ 时,图中点 A 处的压力可由下式 p 得出

$$p = p_a + \rho g h \qquad (3.18)$$

其中,p_a 为液面压力,且与大气压相等,用相对压力 p 表示,即为 $\rho g h$。当 h 过高时,如图 3.6 所示,采用 **U 形管压力计**（U-tube manometer）,在 U 形玻璃管中注入密度较大的液体。当测量容器中是气体时,也可采用如图 3.6 所示的方法测量容器内压力。在图 3.6 所示的情况下,容器内点 A 处的压力 p_A 可以由如下方法求出。假设容器内的流体密度为 ρ_1,U 形管液体密度为 ρ_2,U 形管另一端与大气相连,压力为 p_a,图中点 B 处的压力为 $p_A + \rho_1 g h_1$,则点 C 处的压力为 $p_a + \rho_2 g h_2$。两者为作用在同一液面上的压力,所以必须相等,即

$$p_A + \rho_1 g h_1 = p_a + \rho_2 g h_2$$

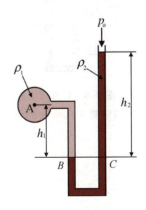

图 3.6 U 形管压力计

因此

$$p_A = p_a + g(\rho_2 h_2 - \rho_1 h_1) \tag{3.19}$$

这是容器内点 A 的绝对压力,相对压力则为 $p_A - p_a = g(\rho_2 h_2 - \rho_1 h_1)$。

2. 差压测压计(differential manometer)

如图 3.7(a)、(b)所示,仅计算 A、B 两点压力差的液柱仪器称作**差压测压计**(differential manometer)。图 3.7(a)中的差压计是当 U 形管内液体密度 ρ_s 比容器内的液体密度 ρ_1、ρ_2 大得多的情况下采用。点 A 和点 B 的压力差 $p_A - p_B$ 可按如下方式所求。因为点 C 上的压力为 $p_A + \rho_2 g h_2$,与其在同一水平位置上的点 D 上的压力为 $p_B + \rho_1 g h_1 + \rho_s g h$,两者相等。

$$p_A + \rho_2 g h_2 = p_B + \rho_1 g h_1 + \rho_s g h$$

因此

$$p_A - p_B = g(\rho_1 h_1 + \rho_s h - \rho_2 h_2) \tag{3.20}$$

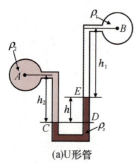

(a)U形管

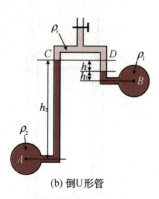

(b)倒U形管

图 3.7 差压测压计

图 3.7(b)是倒立的 U 形管,在其上部应封装密度比容器内的液体密度更小的流体(例如空气)。这时压力差为

$$p_A - p_B = g(\rho_2 h_2 - \rho_1 h_1 - \rho_s h) \tag{3.21}$$

【**例题** 3.5】＊＊＊＊＊＊＊＊＊＊＊＊＊＊＊＊＊＊＊＊＊

试求图 3.8 中的压力差 $\Delta p = p_A - p_B$。其中甘油、汽油和水银的密度分别为 $\rho_A = 1.255 \times 10^3$ kg/m³,$\rho_B = 868$ kg/m³,$\rho_s = 13.520 \times 10^3$ kg/m³。另外,重力加速度为 $g = 9.81$ m/s²。

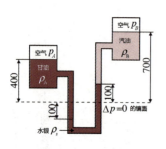

图 3.8 计算压力差
(例题 3.5,单位 mm)

【**解**】 根据式(3.20)可得

$$\begin{aligned}\Delta p &= p_A - p_B = g(\rho_B h_1 + \rho_s h - \rho_A h_2)\\ &= 9.81 \times \{868 \times (0.7 - 0.1) + 13\,520 \times (0.1 + 0.1) - 1\,255 \times\\ &\quad (0.1 + 0.4)\}\\ &= 25.5 \times 10^3 (\text{Pa}) = 25.5 (\text{kPa})\end{aligned}$$

＊＊＊＊＊＊＊＊＊＊＊＊＊＊＊＊＊＊＊＊＊

3. 微压压力计(micro manometer)

测量微小压力差的压力计称作**微压压力计**(micro manometer),微压压力计有各种样式。如图 3.9 所示的是**双液微压压力计**(two-liquid micro manometer),在截面面积为 a 的 U 形管上方分别装有截面积为 A 的足够大的容器。首先将密度 ρ_3 的液体注入到 0-0 水平线处,之后将密度为 ρ_2 的液体注入到 1-1 的水平线处。这两种液体极难混合,且两者的密度差很小。在容器上方加注密度为 ρ_1 的流体,如图 3.9 所示,分别有压力 p_A、p_B 作用在该液体上。这时若容器内的液面位置变化值为 Δy,作用在两个容器之上的压力差 $p_A - p_B$ 计算方法如下所述。

作用于点 C 处的压力为

$$p_A + \rho_1 g(h_1 + \Delta y) + \rho_2 g\left(h_2 + \frac{h}{2} - \Delta y\right)$$

另外，与点 C 处于相同高度的点 D 处的压力为

$$p_B + \rho_1 g(h_1 - \Delta y) + \rho_2 g\left(h_2 - \frac{h}{2} + \Delta y\right) + \rho_3 g h$$

点 C 处和点 D 处的压力相等，所以

$$p_A + \rho_1 g(h_1 + \Delta y) + \rho_2 g\left(h_2 + \frac{h}{2} - \Delta y\right)$$
$$= p_B + \rho_1 g(h_1 - \Delta y) + \rho_2 g\left(h_2 - \frac{h}{2} + \Delta y\right) + \rho_3 g h$$

因此

$$p_A - p_B = \rho_3 g h - \rho_2 g(h - 2\Delta y) - 2\rho_1 g \Delta y$$

考虑到体积不变 $2\Delta y A = h a$，将 Δy 消去后，可得

$$p_A - p_B = h\left\{\rho_3 g - \rho_2 g\left(1 - \frac{a}{A}\right) - \rho_1 g \frac{a}{A}\right\} \tag{3.22}$$

若 a/A 极小，将此项消去，则有

$$p_A - p_B = (\rho_3 - \rho_2) g h \tag{3.23}$$

根据此算式，ρ_3 和 ρ_2 之间的差越小，对于相同的压力差 $p_A - p_B$，h 的读数越被放大，压力计的精度就越高。

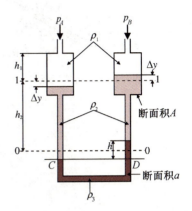

图 3.9 双液微压压力计

【Example 3.6】 **********************

In the two-liquid micrometer of Fig 3.9, calculate the pressure difference $p_A - p_B$, in pascals, when air is in the system, specific gravity of liquid $2 S_2 = 1.0$, specific gravity of liquid $3 S_3 = 1.10$, $a/A = 0.01$, $h = 10\,\mathrm{mm}$, $t = 20\,^\circ\mathrm{C}$, and the atmosphere pressure is 760 mmHg. Note that the density of pure water at standard conditions is $1\,000\,\mathrm{kg/m^3}$, the specific gravity of mercury is 13.6.

【Solution】 The density of air,

$$\rho_1 = \frac{p}{RT} = \frac{0.76 \times 13.6 \times 1\,000 \times 9.81}{287 \times (273 + 20)}$$
$$= 1.21\,(\mathrm{kg/m^3})$$

$$\rho_1 g \frac{a}{A} = 1.21 \times 9.81 \times 0.01 = 0.119\,(\mathrm{N/m^3})$$

$$\rho_3 g - \rho_2 g\left(1 - \frac{a}{A}\right) = 1\,000 \times 9.81 \times (1.10 - 0.99)$$
$$= 1\,080\,(\mathrm{N/m^3}).$$

Substituting into Eq. (3.22) gives,
$$p_A - p_B = 0.01 \times (1080 - 0.119) = 10.8 (Pa).$$

****

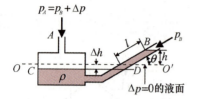

图 3.10 倾斜式气压计

图 3.10 所示的微压压力计被称作**斜管压力计**（inclined-tube manometer），通常被用于测量气体产生的微小压力。图中水平线 $O-O'$ 表示的是在倾斜压力计两侧的 A、B 之间没有压力差的情况下液面的高度。若在 A、B 之间存在压力差 $\Delta p = p_A - p_B$，容器内的液面下降 Δh，倾斜液柱的液面上升 h。作用在两侧的流体一般为气体，无视其重量造成的影响，则可由点 C 处和点 D 处的压力相等而得出

$$p_A = p_B + \rho g (h + \Delta h)$$

压力差可由下式计算

$$\Delta p = p_A - p_B = \rho g (h + \Delta h)$$

若容器和液柱截面积分别为 S、a，体积一定，$S\Delta h = al$。另外，由于 $h = l\sin\theta$，使用 l、θ 表示 Δh 和 h 来计算 Δp，则有

$$\Delta p = \rho g l \left(\sin\theta + \frac{a}{S} \right) \tag{3.24}$$

若设 $a/S \approx 0$，则

$$\Delta p \approx \rho g l \sin\theta \tag{3.25}$$

也就是说，θ 越小时，读数 l 越大，压力计的精度也就越高。

【例题 3.7】********************

采用图 3.10 所示的倾斜压力计测量压力。当没有外加压力 p_B，液面位移 $l = 40$ cm 时，压力差 Δp 是多少？注意，容器和液柱的直径分别为 20 cm 和 1 cm，倾斜管的倾斜度为 $\theta = 25°$。另外，压力计中的液体是比重为 0.79 的酒精。

【解】 压力差 Δp 由算式(3.24)可得

$$\Delta p = \rho g l \left(\sin\theta + \frac{a}{A} \right) = 0.79 \times 1000 \times 9.81 \times 0.4$$
$$\times \left\{ \sin 25° + \left(\frac{0.01}{0.2} \right)^2 \right\}$$
$$= 1320 (Pa) = 1.32 (kPa) [0.0134 (kgf/cm^2)]$$

****

3.2 作用在面上的流体静压力(hydrostatic forces on surfaces)

静止流体作用在壁面上的只有与该面垂直的压力,没有切应力。在设计液体储藏罐、大坝、水闸等时,计算由于压力引起的作用在壁面上力的大小、方向以及作用点是极为重要的。

3.2.1 作用在平面上的力(force on flat surfaces)

如图 3.11 所示,一与水平面之间夹角为 α 的倾斜壁面,假设面积为 A 的任意形状的平板为壁面的一部分,研究作用在平板上的力。壁面和液面的交线设为 x 轴,在其上取任意一点为原点 O,从原点 O 垂直于 x 轴沿着倾斜壁面作 y 轴。计算平板上的微元面 $\mathrm{d}A$ 上因为液体作用产生的垂直于平板的力,若从液面起的深度为 h,则该力可记为 $p\mathrm{d}A=(p_a+\rho g h)\mathrm{d}A$。这里,$p_a$ 为大气压。设平板的一侧与液体相接,另一侧与大气相接,则从大气一侧施加的作用在微元面上的力为 $p_a \mathrm{d}A$,作用在 $\mathrm{d}A$ 上的合力可以由两侧的压力差(也就是相对压力)来求出,即 $(p-p_a)\mathrm{d}A=\rho g h \mathrm{d}A$。所以,作用在平板上的总压力为

$$F=\int_A \rho g h \, \mathrm{d}A=\rho g \sin\alpha \int_A y \, \mathrm{d}A \tag{3.26}$$

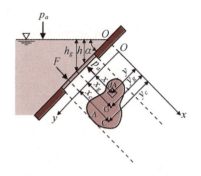

图 3.11 作用在平面壁面的全部压力

设从 x 轴到平板的形心(重心)G 处的距离为 y_g,由形心的定义可知

$$\int_A y \, \mathrm{d}A = y_g A \tag{3.27}$$

因此,式(3.26)又可改写为

$$F=\rho g A y_g \sin\alpha = \rho g h_g A = p_g A \tag{3.28}$$

这里,h_g 为从液面到形心的深度,p_g 表示为作用在形心处的相对压力。由式(3.28)可知,作用在静止液体中平板上的总压力为作用在该平板形心处的相对压力和平板面积的乘积。

下面计算总压力的**作用点(压力中心**,center of pressure)C 的位置。设总压力中心离 x 轴的距离为 y_c,由 x 轴周围的压力产生的扭矩平衡可知

$$y_c F = \int_A y \, \mathrm{d}F = \int_A y \rho g h \, \mathrm{d}A$$
$$= \rho g \sin\alpha \int_A y^2 \, \mathrm{d}A = \rho g I_x \sin\alpha \tag{3.29}$$

根据式(3.29),$\mathrm{d}F$ 为作用在微元面 $\mathrm{d}A$ 上的压力的合力,$I_x=\int_A y^2 \mathrm{d}A$ 为图形的绕 x 轴的**断面二次扭矩**(second moment of the area)。将 F 代入式(3.28),则可由下式求出 y_c

$$y_c = \frac{\rho g I_x \sin\alpha}{F} = \frac{I_x}{y_g A} \tag{3.30}$$

假设通过形心 G 与 x 轴平行的轴的断面二次扭矩为 I_{xg}，则存在 $I_x = I_{xg} + y_g^2 A$ 的关系，将其代入式(3.30)则得到

$$y_c = \frac{I_{xg}}{y_g A} + y_g \tag{3.31}$$

由此可知，总压力 F 与 y 轴和水平面所成的角 α 无关，从形心 G 沿着 y 方向仅有 $\frac{I_{xg}}{y_g A}$ 作用于下方的点 C。

下面求总压力中心的 x 坐标 x_c。通过计算绕 y 轴的力矩可得

$$x_c F = \int_A x \, dF = \rho g \sin\alpha \int_A xy \, dA$$

因此

$$x_c = \frac{\rho g \sin\alpha}{F} \int_A xy \, dA = \frac{I_{xy}}{y_g A} \tag{3.32}$$

其中，I_{xy} 为图形对 x 轴和 y 轴的断面惯性积(product of inertia of the area)。设通过 G 点，与 x 轴和 y 轴平行的绕轴的断面惯性积为 I_{xyg}，则存在 $I_{xy} = x_g y_g A + I_{xyg}$ 的关系，因此式(3.32)可变形为

$$x_c = \frac{I_{xy}}{y_g A} = x_g + \frac{I_{xyg}}{y_g A} \tag{3.33}$$

对在通过形心的 y 轴相平行的轴来说，图形是左右对称的，因此 $I_{xyg} = 0$。

表 3.2 给出了各种图形的面积特性。

表 3.2　各种图形的面积特性

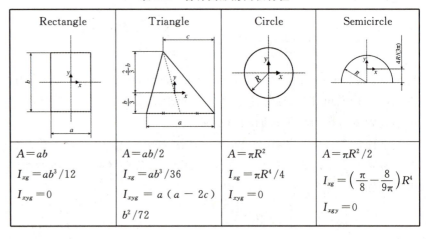

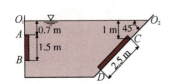

Fig 3.12　Total force and center of pressure on the flat areas (Example 3.8)

【Example 3.8】 ********************

Find the total force and the center of pressure due to the water acting on the areas shown in Fig 3.12.

(1) the 1 m by 1.5 m rectangular area AB

(2) the 1.5 m by 2.5 m triangular area CD (the apex of the triangle is at C)

【Solution】 (1) From Eq. (3.28), the total force

$$F = \rho g h_g A$$
$$= 1\,000 \times 9.81 \times (0.7 + 0.75) \times (1 \times 1.5)$$
$$= 21.3 \times 10^3 (\text{N})$$

This total force acts at the center of pressure which is at a distance y_c from axis O_1. From Eq. (3.31),

$$y_c = \frac{I_{xg}}{y_g A} + y_g = \frac{1 \times \frac{(1.5)^3}{12}}{1.45 \times (1 \times 1.5)} + 1.45 = 1.58(\text{m}) \text{ from axis } O_1.$$

(2) $\overline{O_2 C} = \sqrt{2} = 1.41\text{m}$. From the table 3.2, y_g of the centroid is given by

$$y_g = 1.41 + \frac{2}{3} \times 2.5 = 3.08(\text{m})$$

$$F = \rho g h_g A = 1\,000 \times 9.81 \times \frac{3.08}{1.41} \times \frac{1}{2} \times 1.5 \times 2.5 = 40.2 \times 10^3 (\text{N})$$

This force acts at a distance y_c from axis O_2 and is measured along the plane of the area CD

$$y_c = \frac{I_{xg}}{y_g A} + y_g = \frac{1.5 \times \frac{(2.5)^3}{36}}{3.08 \times 1.5 \times \frac{2.5}{2}} + 3.08 = 3.19 \ (\text{m})$$

from axis O_2.

* *

3.2.2 作用在曲面上的力(force on curved surfaces)

如图 3.13 所示,研究作用在液体中任意曲面 A 上的力。取液面上的任意点 O 为坐标系原点,在面上取 x、y 轴,垂直向下方取为 z 轴。设曲面上的微元面 dA 的单位法线向量为 $\mathbf{n}$,$\mathbf{n}$ 在 x、y、z 方向分量分别为 l、m、n。三个方向分量 l、m、n 分别表示向量 $\mathbf{n}$ 和 x、y、z 轴所成角度的余弦(方向余弦)。作用在 dA 上的压力向量为 $d\mathbf{F}$,在 dA 的深度为 z 时,$d\mathbf{F} = \rho g z dA \mathbf{n}$。设 dA 在 yz 面、zx 面、xy 面(液面)上的投影分别为 $dA_x = dAl$,$dA_y = dAm$,$dA_z = dAn$,则 $d\mathbf{F}$ 的 x、y、z 分量分别为

$$dF_x = \rho g z dAl = \rho g z dA_x, \quad dF_y = \rho g z dAm = \rho g z dA_y, \quad dF_z = \rho g z dAn = \rho g z dA_z$$

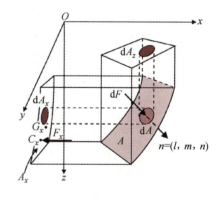

图 3.13 作用在曲面上的力

将这些分量进行积分,可求得作用在曲面 A 上的总压力的分量 F_x、F_y、F_z 为

$$\left.\begin{array}{l} F_x = \rho g \int_{A_x} z dA_x \\ F_y = \rho g \int_{A_y} z dA_y \\ F_z = \rho g \int_{A_z} z dA_z \end{array}\right\} \quad (3.34)$$

这里，A_x、A_y、A_z 分别表示曲面 A 在 yz 面、zx 面、xy 面的面积投影。由式(3.34)的第 1 式可知，F_x 与作用在 A_x 上的力相等。于是，根据与 3.2.1 节相同的证明，F_x 可用下式表示

$$F_x = \rho g z_g A_x \tag{3.35}$$

其中，z_g 为图形 A_x 形心的 z 坐标(从液面开始计算的深度)。另外，设 F_x 的压力中心的 y、z 坐标为 y_c、z_c，根据式(3.30)、式(3.32)可得

$$z_c = \frac{1}{z_g A_x} \int_{A_x} z^2 \mathrm{d}A_x, \quad y_c = \frac{1}{z_g A_x} \int_{A_x} zy \mathrm{d}A_x \tag{3.36}$$

利用曲面 A 在 zx 面上的投影 A_y，F_y 可用上述相同的方法进行计算。由式(3.34)的第 3 式可知，以曲面 A 为底面到液面高度所拥有的液柱的重量与 F_z 相等，F_z 通过液柱的重心。

3.3 浮力和浮体的稳定性
(buoyancy and stability of floating bodies)

3.3.1 阿基米德原理(Archimedes' principle)

在静止流体中的物体，受到大小与其所排开的流体重量相同的垂直向上的力，也就是**浮力**(buoyancy)。这被称作**阿基米德原理**(Archimedes' principle)，该原理说明如下。

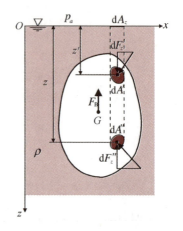

图 3.14 作用在液体中物体的力

例如，如图 3.14 所示，考虑浸没在密度为 ρ 的均匀液体中形状任意的物体。作用在物体上的压力可用如 3.2.2 节中所描述的作用在曲面上的压力的方法计算。为了计算作用在物体上的垂直方向的合力 F_B，设在垂直方向上有并排的二个微元面 $\mathrm{d}A'$ 和 $\mathrm{d}A''$。作用在微元面上的垂直方向的力分别为 $\mathrm{d}F'_z = (p_a + \rho g z')\mathrm{d}A_z$，$\mathrm{d}F''_z = (p_a + \rho g z'')\mathrm{d}A_z$，这里，$p_a$ 为液面的大气压，z' 和 z'' 分别为 $\mathrm{d}A'$ 和 $\mathrm{d}A''$ 处的液面深度，$\mathrm{d}A_z$ 为 $\mathrm{d}A'$ 和 $\mathrm{d}A''$ 在液面上的面积投影。$\mathrm{d}F'_z$ 和 $\mathrm{d}F''_z$ 的合力 $\mathrm{d}F$ 为垂直向上的，$\mathrm{d}F_z = \rho g(z''-z')\mathrm{d}A_z$。$(z''-z')\mathrm{d}A_z$ 为二个面元 $\mathrm{d}A'$ 和 $\mathrm{d}A''$ 之间的柱体体积。将 $\mathrm{d}F_z$ 对整个物体进行积分，可得到垂直向上的合力为

$$F_B = \rho g V \tag{3.37}$$

其中，V 为物体所排开的液体体积。

F_B 为平行且方向相同的力 $\mathrm{d}F_z$ 的合力。$\mathrm{d}F_z$ 与柱体的重量相同，因此其合力 F_B 是这些微小浮力 $\mathrm{d}F_z$ 的总和，所以 F_B 必须通过 $\mathrm{d}F_z$ 合成后的中心，也即是必须通过被排开的液体的中心。所排开液体的重心被称作**浮力中心**(center of buoyancy)，在液体的密度 ρ 均匀分布时，浮力中心与物体的体积 V 的重心 G 一致。另外需要注意的是浮力中心并非必须与物体的重心一致。

【Example 3.9】 ✳✳✳✳✳✳✳✳✳✳✳✳✳✳✳✳✳✳✳✳

A block of concrete weighs 100 lbf in air and weighs only 70 lbf when immersed in fresh water (specific weight of water $\gamma_w = 62.4\,\text{lbf}/\text{ft}^3$). What is the average specific weight of the block?

【Solution】 From a balance between the apparent weight, the buoyant force and the actual weight, we obtain,

$$70 + F_B - 100 = 0, \quad F_B = 30\,(\text{lbf}).$$

Solving gives the volume of the block V as $30/62.4 = 0.481\,\text{ft}^3$.

Therefore, the average specific weight of the block is,

$$\gamma_{\text{block}} = \frac{100\,(\text{lbf})}{0.481\,(\text{ft}^3)} = 208\,(\text{lbf}/\text{ft}^3).$$

✳✳✳✳✳✳✳✳✳✳✳✳✳✳✳✳✳✳✳✳

*3.3.2 浮体的稳定性(stability of floating bodies)

像船一样漂浮于液面的物体被称作**浮体**(floating body)。图 3.15(a)所示的是浮体静止的情况。其中,浮体的重量为 W,重力的作用点(重心)为 G,浮力为 F_B,浮力中心为 C,若 G 和 C 在同一垂直线上,根据力的平衡可得 $F_B = W$。在这种情况下,通过 G 和 C 的垂直线叫浮轴,被液面所切割的假想的浮体断面叫做**浮面**(waiter-plane area)。另外,从浮面到物体最底部的深度叫做**吃水**(draft)。

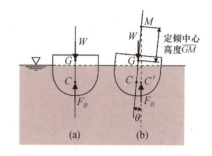

图 3.15 浮体的稳定条件

如图 3.15(b)所示,分析浮体处于平衡但是有倾斜且倾斜角度为 θ 的状态。浮力中心 C 移到 C',浮力 F_B 通过 C' 垂直向上方作用。新的浮力作用线与倾斜之前浮力线的交点 M 称作**定倾中心**(meta center),$\overline{GM}$ 称作**定倾中心高度**(metacentric height)。如图 3.15(b)所示,M 在 G 的上方,物体质量 W 和浮力 F_B 形成一个使浮体恢复到原有状态的转动力矩,浮体是**稳定**(stable)的。如果 M 在 G 的下方,转动力矩作用导致物体更加倾斜,则浮体**不稳定**(unstable)的。M 与 G 重合时则为**中立**(neutral)。另外,浮体的倾斜角 θ 改变的话,定倾中心 M 的位置也会移动。θ 趋近于 0 的极限情况的定倾中心叫做真定倾中心。

下面考虑倾角 θ 较小的情况下,计算定倾中心的高 $\overline{GM}$。假设图 3.16 为浮体由平衡状态倾斜了微小角度 $\delta\theta$ 的状态。与图 3.15 相同,图 3.16 中的 G 和 C 分别是浮体的倾角为 0 时该浮体的重心和浮心,另外,C' 表示倾斜后的浮力中心。设浮体倾斜前的浮力线(G 和 C 的连接线)和浮面的交点为原点 O,如图所示选取 x 轴和 y 轴,y 为浮体的旋转轴。因为浮体倾斜了 $\delta\theta$,图中 OBB' 所示的楔形部分下沉于液面之下,作用于该楔形部分的浮力随之增加。另外,反方向的 OAA' 的楔形部分浮起于液面之上,失去了浮力。在浮体倾斜之前的浮面上取一微元面 dA,该微元面到 y 轴的距离为 x。如图所示设楔形部分内部的微元体 $dV = x\delta\theta dA$,随着此部分的浮力增加,绕 y 轴的力矩为 $\rho g x^2 \delta\theta dA$。于是,楔形部分整体的浮力增减导致绕 y 轴产生的力矩如下式所述

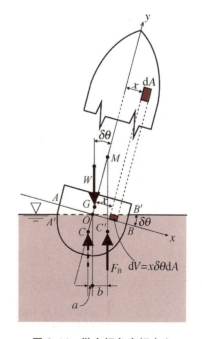

图 3.16 微小倾角定倾中心

$$\int_A \rho g x^2 \delta\theta \mathrm{d}A = \rho g \delta\theta \int_A x^2 \mathrm{d}A = \rho g \delta\theta I_y$$

这里，A 为浮面的面积，$I_y = \int_A x^2 \mathrm{d}A$ 为对应于浮面上 y 轴的断面二次扭矩。此扭矩和作用在点 C 上的浮力所产生的扭矩 $-F_B \cdot a$（a 为 CO 之间的水平距离）之和与发生倾斜时浮力所产生的扭矩 $F_B \cdot b$（b 为 OC' 之间的水平距离）必须相等。于是

$$\rho g \delta\theta I_y - F_B \cdot a = F_B \cdot b$$

因此

$$\rho g \delta\theta I_y = F_B (a+b) \tag{3.38}$$

另外，设浮体所排开液体体积为 V，则浮力为 $F_B = \rho g V$，因为倾角 $\delta\theta$ 较小，所以可得 $a+b = \overline{CM}\delta\theta$，将此代入式(3.38)可得

$$\rho g \delta\theta I_y = \rho g V \overline{CM} \delta\theta$$

所以

$$\overline{CM} = \frac{I_y}{V}$$

因此，定倾中心的高 $\overline{GM}$ 为

$$\overline{GM} = \frac{I_y}{V} - \overline{CG} \tag{3.39}$$

浮体在 $\overline{GM} > 0$ 时稳定，$\overline{GM} = 0$ 时中立，$\overline{GM} < 0$ 时不稳定。

【例题 3.10】 ******************

将断面为 5 cm×10 cm，长为 1 m 的四角木材，以 5 cm 的边为底浮于水上时

(1) 吃水是多少？
(2) 倾斜 2°时的扭矩是多少？
(3) 分析倾斜 2°时的稳定性。

设水的密度为 1000 kg/m³，四角木材的比重为 0.8，重力加速度的大小为 9.81 m/s²。

【解】 (1) 设吃水为 h[cm]，根据四角木材的重量 W 和浮力 F_B 相平衡，$W = F_B$，即

$$0.8 \times 5(\mathrm{cm}) \times 10(\mathrm{cm}) \times 100(\mathrm{cm}) = 1.0 \times 5(\mathrm{cm}) \times h \times 100(\mathrm{cm})$$

因此 $h = 8$(cm)

(2) $I_y = \int_A x^2 dA = 100 \int_{-2.5}^{2.5} x^2 dx = 100 \times \left[\frac{x^3}{3}\right]_{-2.5}^{2.5} = 1\,042\,(\text{cm}^4)$
$= 1.042 \times 10^{-5}\,(\text{m}^4)$

则扭矩为

$$\rho g \delta\theta I_y = 1\,000 \times 9.81 \times \frac{2\pi}{180} \times (1.042 \times 10^{-5})$$
$$= 3.567 \times 10^{-3}\,(\text{N}\cdot\text{m}) = 3.567 \times 10^4\,(\text{dyn}\cdot\text{cm})$$

(3) 四角木材的重心 G 从底部起的高为 $10(\text{cm})/2 = 5(\text{cm})$，四角木材的浮力中心 C 从底部起的高为 $h/2 = 8(\text{cm})/2 = 4(\text{cm})$，于是 $\overline{CG} = 5 - 4 = 1(\text{cm})$，
因此

$$\overline{GM} = \frac{I_y}{V} - \overline{CG} = \frac{1\,042}{5 \times 8 \times 100} - 1 = -0.740\,(\text{cm}) < 0$$

所以定倾中心的高度为距重心 G 起 $0.74\,\text{cm}$ 之下，浮体不稳定。

****

3.4 相对平衡状态下的压力分布
(pressure distribution in relative equilibrium)

容器中的流体与容器一同做匀加速运动或以一定角速度做旋转运动时，从固定在容器的坐标系来看，流体相对静止。此种状态被称作**相对平衡**（relative equilibrium），流体中各点的压力变化可以用与静力学分析方法同样的方法进行分析讨论。

现在，设流体与容器一同以一定的加速度 $\boldsymbol{a}$ 运动，在固定于容器的相对坐标系下，作用于流体的力的平衡条件可由式（3.5）中的体积力 $\boldsymbol{K}$（不运动时的 $\boldsymbol{K}$）加上惯性力 $-\boldsymbol{a}$ 而得出（注意 $\boldsymbol{K}$、$-\boldsymbol{a}$ 为单位质量力）。即

$$\nabla p = \rho(\boldsymbol{K} - \boldsymbol{a}) \tag{3.40}$$

与图 3.2 一样，采用直角坐标系，$\boldsymbol{a}$ 在 x、y、z 方向上的分量设为 a_x、a_y、a_z，压力变化 dp 与式（3.6）的推导方法相同，可表示为

$$dp = \rho\{(X - a_x)dx + (Y - a_y)dy + (Z - a_z)dz\} \tag{3.41}$$

将其进行空间积分，则可计算出流体中的压力分布。另外，因为在等压面上 $dp = 0$，设等压面上的微元线向量为 $d\boldsymbol{s} = (dx, dy, dz)$，则根据式（3.41）

$$(X - a_x)dx + (Y - a_y)dy + (Z - a_z)dz = (\boldsymbol{K} - \boldsymbol{a}) \cdot d\boldsymbol{s} = 0 \tag{3.42}$$

由上式可知，等压面垂直于向量 $\boldsymbol{K} - \boldsymbol{a}$。

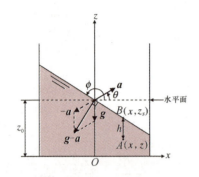

图 3.17 匀加速直线运动容器内的液体中的压力分布

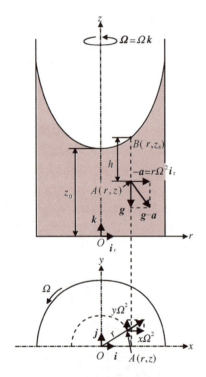

图 3.18 旋转容器内的液体压力分布以及液面形状

3.4.1 直线运动 (linear motion)

如图 3.17 所示,设盛放流体的容器在与水平面成 θ 角度的方向上以均匀加速度 a 运动。以容器底面的中心 O 为坐标系的原点,水平方向取为 x 轴,垂直向上方向取为 z 轴。向量 a 的大小设为 a,x、z 轴方向的加速度分量为 a_x、a_z,则可记作 $a=(a_x,0,a_z)=(a\cos\theta,0,a\sin\theta)$。加速度 a 引起单位质量的液体受到的惯性力为 $-a$。另外,液体受到垂直向下的重力 g 的作用,所以 $K=g=(0,0,-g)$。因此,液体压力变化可根据式(3.41)计算得到

$$dp=\rho\{-a_x dx-(g+a_z)dz\} \tag{3.43}$$

根据上式,液体中的压力变化与 y 方向无关,只与 x 和 z 方向相关。选取边界条件,在 $x=0$,$z=z_0$(液面高度)时,$p=p_a$(大气压),对式(3.43)进行积分计算,可得液体中任意点 $A(x,z)$ 处的压力为

$$p-p_a=\rho\{-a_x x+(g+a_z)(z_0-z)\} \tag{3.44}$$

在点 A 处上方液面上的点 $B(x,z_s)$ 处的压力 $p=p_a$,所以 $0=\rho\{-a_x x+(g+a_z)(z_0-z_s)\}$ 成立。设点 A 处从液面起计算的水深为 $h=(z_s-z)$,将其代入式(3.44),则点 A 处的相对压力 p_A 为

$$p_A=p-p_a=\rho g h\left(1+\frac{a_z}{g}\right) \tag{3.45}$$

由式(3.45)可知,做匀加速运动液体的压力比不运动情况下的压力 $\rho g h$ 要大。

另外,由于液面为等压面,将式(3.43)中的条件设为 $dp=0$,则可得 $dz/dx=-a_x/(g+a_z)=$const.,这表示液面的倾斜为定值。如图 3.17 所示,定义液面的倾角为 ϕ,可得

$$\tan\phi=-\frac{a_x}{g+a_z} \tag{3.46}$$

3.4.2 强制涡 (forced vortex)

如图 3.18 所示,对圆筒容器内的液体与圆筒一同绕着垂直轴以角速度 Ω 旋转时产生的**强制涡**(forced vortex,参考 2.2.3 节)进行研究。以圆筒容器的中心 O 为原点,在底面上选取 x、y 轴,垂直向上取为 z 轴。设 x、y、z 轴方向的单位向量为 i、j、k。将容器的旋转角速度用 $\Omega=\Omega k$ 来表示,则旋转所引起的半径方向的惯性力,也就是离心力为 $-a=-\Omega\times(\Omega\times r)=r\Omega^2 i_r$,$r$ 是大小为 r 的半径方向的位置向量,i_r 为半径方向的单位向量。离心力在直角坐标系中可表示为 $-a=(r\Omega^2(x/r),r\Omega^2(y/r),0)=(x\Omega^2,y\Omega^2,0)$。对于液体来说,与旋转运动无关,有重力 $K=g=(0,0,-g)$ 作为体积力作用在液体上。因此,液体中的压力变化 dp 可按式(3.41)计算

3.4 相对平衡状态下的压力分布

$$dp = \rho(x\Omega^2 dx + y\Omega^2 dy - g dz)$$

利用在 $x=0, y=0, z=z_0$（液面高度）处且 $p=p_a$（大气压）的边界条件进行积分，则液体中任意点 $A(r,z)$ 处的压力可表示为

$$p - p_a = \frac{\rho}{2}(x^2+y^2)\Omega^2 - \rho g(z-z_0) = \frac{\rho}{2}r^2\Omega^2 - \rho g(z-z_0) \tag{3.47}$$

在点 A 处垂直上方液面上的 $B(r, z_s)$ 点处，存在 $p=p_a$ 的条件

$$0 = \frac{\rho}{2}r^2\Omega^2 - \rho g(z_s - z_0)$$

所以液面形状为

$$z_s = z_0 + \frac{r^2\Omega^2}{2g} \tag{3.48}$$

（参考 2.2.3 节）。将式(3.48)代入式(3.47)，可得任意点 A 处的相对压力 p_A 为

$$p_A = p - p_a = \rho g(z_s - z) = \rho g h \tag{3.49}$$

这里，h 为从液面起计算的 A 点处深度。根据式(3.49)，可知 p_A 和静止流体的情况相同，只是深度 h 的相关函数。

【Example 3.11】************************

A liquid of specific gravity 1.2 is rotated at 100 rpm about a vertical axis. At one point A in the fluid 0.5 m from the axis, the pressure is 50 kPa. Find the pressure at a point B 3 m higher than A and 1.5 m from the axis. Note that the density of pure water at standard conditions is $1\,000\,\mathrm{kg/m^3}$.

【Solution】 From Eq. (3.47), the pressures for the two points are written as,

$$p_A - p_a = \frac{\rho}{2}r_A^2\Omega^2 - \rho g(z_A - z_0)$$

$$p_B - p_a = \frac{\rho}{2}r_B^2\Omega^2 - \rho g(z_B - z_0).$$

When the first equation is subtracted from the second,

$$p_B - p_A = \frac{\rho}{2}(r_B^2 - r_A^2)\Omega^2 - \rho g(z_B - z_A).$$

Then,

$$\Omega = 100(\mathrm{rpm}) \times 2\pi/60 = 10.47(\mathrm{rad/s}),$$
$$\rho g = 1\,000 \times 1.2 \times 9.81 = 11\,772(\mathrm{N/m^3}),$$

and $r_A = 0.5\,\mathrm{m}$, $r_B = 1.5\,\mathrm{m}$, $z_B - z_A = 3\,\mathrm{m}$. The values are substituted into the above equation,

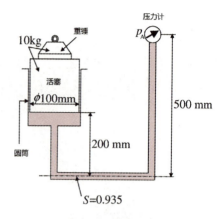

图 3.19(习题 3.2)

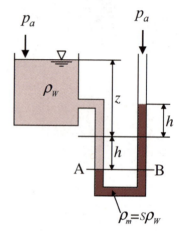

图 3.20 习题 3.3

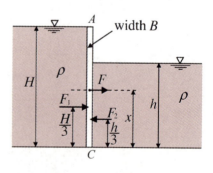

Fig 3.21 Problem 3.4

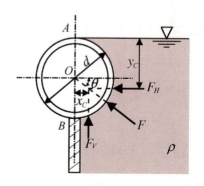

Fig 3.22 Problem 3.5

$$p_B - 50\,000(\text{Pa}) = \frac{1\,000 \times 1.2}{2} \times (1.5^2 - 0.5^2) \times 10.47^2 \\ - 1\,000 \times 1.2 \times 9.81 \times 3.$$

Hence,

$$p_B = 1.462 \times 10^5 (\text{Pa}) = 146.2 (\text{kPa}).$$

****

===== 习 题 =====

【3.1】 在开敞的水箱中,首先注入 1.5 m 高的水,之后再在其上注入比重 $s=0.9$ 的油 50 cm,这时,水箱底部的压力是多少？水的密度为 $\rho_w = 1\,000\ \text{kg/m}^3$,重力加速度的大小为 $g=9.81\ \text{m/s}^2$,压力采用相对压力表示。

【3.2】 如图 3.19 所示为压力计的标定装置。在圆筒和管中注满油,向圆筒施加一定的荷重,以此来调整压力计的指针。活塞和重锤的质量和为 10 kg 时,压力计所表示的相对压力数值是多少？设油的比重为 $s=0.935$,重力加速度为 $g=9.81\ \text{m/s}^2$。

【3.3】 如图 3.20 所示,在储水的水箱上安装内盛水银的 U 形管压力计。水箱的水面高度和压力计内的水银面平均高度之差为 z。设两边水银面的高度差为 $2h$。此时,z 和 h 的比值 z/h 是多少？设水银的比重为 $s=13.6$。

【3.4】 As shown in Fig 3.21, a vertical dock gate AC of width B has water at a depth of H on one side and to a depth of h on the other side. Find the total horizontal force F on the dock gate and the position x of its line of action from the bottom C.

【3.5】 The circular dam of the diameter d keeps water on one side(Fig 3.22). Find the magnitude and direction of the resultant force F due to the water per meter of its length.

【3.6】 如图 3.23 所示,利用浮力的原理,测量液体比重的仪器被称作波美比重计。在底部呈球状的中空玻璃筒的底部装入铅,将其置入要测量的液体之中,如图所示,比重计浮起,读取浮面上筒的刻度即可得知液体比重。现在,比重计浮在某种液体内,相对于浮在水中时,圆筒向上方浮动了 $h=30$ mm,该液体的比重 s 是多少？设比重计的质量 $m=3.0$ g,筒的直径 $d=4.0$ mm,水的密度 $\rho_w = 1\,000\ \text{kg/m}^3$。

【3.7】 A simple accelerometer can be made from a U-tube containing water as in Fig 3.24. When a car with the U-tube is accelerated from 30.0 km/h to 80.0 km/h in a 5 seconds in the horizontal direction (x-direction), find the difference h of the water levels.

第 3 章 习 题

【3.8】 As shown in Fig 3.25, the 45° V-tube is rotating about axis AO at the uniform angular velocity Ω. The tube contains the water and is open at A and closed at B. What angular velocity will cause the pressure to be equal at points O and B? For this condition, find the position and value of the minimum pressure in the leg OB.

【答案】

【3.1】 将水的高度记为 $h_{\text{water}}=1.5\,\text{m}$，油的高度记为 $h_{\text{oil}}=0.5\,\text{m}$。利用式(3.18)可得，底面上的相对压力 p 为

$$p = \rho_W g h_{\text{water}} + s \rho_W g h_{\text{oil}}$$
$$= 1\,000 \times 9.81 \times 1.5 + 0.9 \times 1\,000 \times 9.81 \times 0.5$$
$$= 1.91 \times 10^4\,(\text{Pa}) = 19.1\,(\text{kPa})$$

【3.2】 施加荷重后的圆筒内的压力为 p_s，则

$$p_s = 10(\text{kg}) \times 9.81(\text{m/s}^2)/[(\pi/4) \times \{0.1(\text{m})\}^2]$$
$$= 12\,500\,(\text{N/m}^2)$$

压力计所示相对压力为 p_A，则有

$$p_A = p_s - \rho g(0.5-0.2) = 12\,500 - 0.935 \times 1\,000 \times 9.81 \times (0.5-0.2)$$
$$= 9\,750\,(\text{Pa}) = 9.75\,(\text{kPa})$$

【3.3】 设水的密度为 ρ_W，水银的密度为 ρ_m，大气压为 p_a，重力加速度为 g。图 3.20 中的点 A 处的压力 p_A 为 $p_A = p_a + \rho_W g(z+h)$。点 B 处的压力 p_B 为 $p_B = p_a + \rho_m g \times 2h = p_a + s\rho_W g \times 2h$。点 A 和点 B 在同一水平面上，压力相等，即

$$p_a + \rho_W g(z+h) = p_a + s\rho_W g \times 2h$$

因此

$$\frac{z}{h} = 2s - 1$$

将 $s=13.6$ 代入，可得 $z/h = 2 \times 13.6 - 1 = 26.2$

【3.4】 In Fig 3.21, F_1 is the resultant force on the left-hand side and F_2 is the resultant force on the right-hand side. From Eq. (3.28), F_1 is calculated by

$$F_1 = \rho g A_1 h_g = \rho g \times BH \times \frac{1}{2}H = \frac{1}{2}\rho g BH^2$$

where $A_1 = BH$ is the area of the left-hand water face, and $h_g = H/2$ is the depth to the centroid of the left-hand water face. From Eq. (3.31), it is found that F_1 acts at $(1/3)H$ from the bottom. Similarly the resultant force on the right-hand side F_2 is given by $F_2 = (1/2)\rho g Bh^2$, and it acts at $(1/3)h$ from the bottom.

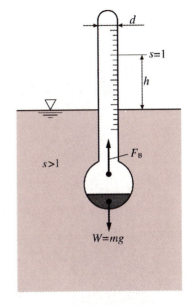

图 3.23 波美比重计(习题 3.6)

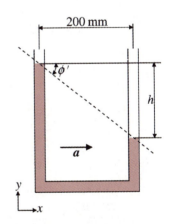

Fig 3.24 U-tube accelerometer (Problem 3.7)

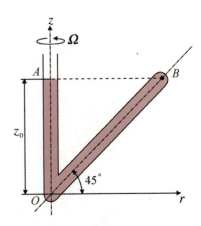

Fig 3.25 Problem 3.8

The total force is $F = F_1 - F_2 = (1/2)\rho g B(H^2 - h^2)$. Taking moments about the bottom of the gate C,

$$Fx = F_1 \times \frac{1}{3}H - F_2 \times \frac{1}{3}h$$

$$x = (H^2 + Hh + h^2)/\{3(H+h)\}.$$

【3.5】 The horizontal component F_H of the resultant force is calculated by

$$F_H = \rho g \times \text{area of } AB \times \text{depth to the centroid of } AB$$

$$= \rho g \times d \times 1 \times \frac{1}{2}d = \frac{1}{2}\rho g d^2$$

The vertical component F_V is given by

$$F_V = \rho g \times \text{volume of the right-hand semiclyndrical sector}$$

$$= \rho g \times \frac{\pi}{8}d^2 \times 1 = \frac{\rho g \pi d^2}{8}$$

Since the surface is a part of cylinder, the resultant force F will act through the center of cylinder O. If θ is the angle of inclination of F to the horizontal

$$\tan\theta = \frac{F_V}{F_H} = \frac{(1/8)\rho g \pi d^2}{(1/2)\rho g d^2} = \frac{\pi}{4}$$

$$\theta = 38.1°$$

【3.6】 比重计浮在水中时，设水柱的体积为 V，根据式 (3.37) 可得浮力 F_B 为 $F_B = \rho_w gV$。此时浮力 F_B 和重量 $W = mg$ 平衡，即

$$W = mg = \rho_w gV$$

因此，$V = m/\rho_w = 3.0 \times 10^{-3}/1\,000 = 3.0 \times 10^{-6}$ (m³)

当比重计浮在要测量的液体之中时，根据力的平衡

$$W = \rho_w gV = s\rho_w g\left(V - \frac{\pi}{4}d^2 h\right)$$

因此

$$s = \frac{1}{1-\left(\frac{\pi}{4}d^2 h/V\right)}$$

$$= \frac{1}{1-\left\{\frac{\pi}{4} \times (4.0 \times 10^{-3})^2 \times 30 \times 10^{-3}/(3.0 \times 10^{-6})\right\}}$$

$$= 1.14$$

【3.7】 The horizontal acceleration a_x is given by

$$a_x = \frac{dv_x}{dt} = \left(\frac{80.0 \times 10^3}{60 \times 60} - \frac{30.0 \times 10^3}{60 \times 60}\right) \times \frac{1}{5.0} = 2.78 \text{(m/s}^2\text{)}$$

The vertical acceleration $a_z = 0$.

From Eq. (3.46), the slope of surface is

$$\tan\phi = \tan(\pi - \phi') = -\frac{a_x}{g}$$

$$\frac{h}{0.2} = \tan\phi' = \frac{a_x}{g} = \frac{2.78}{9.81}$$

$$h = 0.0567 \text{(m)} = 56.7 \text{(mm)}.$$

【3.8】 From Eq. (3.47), the water pressure in the tube is given by

$$p - p_a = \frac{\rho}{2} r^2 \Omega^2 - \rho g(z - z_0) = \frac{\rho}{2} r^2 \Omega^2 - \rho g(r - z_0),$$

where z_0 is the depth of O and $z = r\tan 45° = r$. Since the pressure at O ($r=0$) is equal to the one at B ($r=z_0$),

$$\rho g z_0 = \frac{\rho}{2} z_0^2 \Omega^2, \qquad \Omega = \sqrt{\frac{2g}{z_0}}.$$

The condition of the minimum pressure is $dp/dr = \rho r \Omega^2 - \rho g = 0$.

So the radial coordinate of the position of the minimum pressure $r_{\min}$ is

$$r_{\min} = \frac{g}{\Omega^2}.$$

Substituting $\Omega = \sqrt{2g/z_0}$, $r_{\min} = g/(2g/z_0) = z_0/2$. The value of minimum pressure $p_{\min}$ is obtained as follows,

$$p_{\min} = p_a + \frac{\rho}{2} r_{\min}^2 \Omega^2 - \rho g(r_{\min} - z_0)$$

$$= p_a + \frac{\rho}{2}\left(\frac{z_0}{2}\right)^2 \times \frac{2g}{z_0} - \rho g\left(\frac{z_0}{2} - z_0\right)$$

$$p_{\min} = p_a + \frac{3}{4}\rho g z_0.$$

The position of $p_{\min}$ in the leg OB is at the distance of $(z_0/2)/\cos 45° = z_0/\sqrt{2}$ from O.

第3章 参考文献

[1] Aris, R., *Vectors, Tensors and the Basic Equations of Fluid Mechanics* (1962), p.65, Dover Publications, Inc.

[2] Bertin, J. J., *Engineearing Fluid Mechanics* (1984), Prentice-Hall, Inc.

[3] Douglas, J. F. and Matthews, R. D., *Solving Problems in Fluid Mechanics*, Vol. 1, Third Ed. (1986), Longman Group Ltd.

[4] 古屋善正，村上光清，山田豊，流体工学 (1974)，朝倉書店.

[5] Giles, R. V., *Theory and Problems of Fluid Mechanics and Hydraulics*. SI (metric) Ed. (1977), McGraw-Hill Book Company, Inc.

[6] 原田幸夫, 流体の力学 (1964), 槇書店.

[7] 笠原英司, 例題演習　水力学 (1960), 産業図書.

[8] Kaufmann, W., *Fluid Mechanics* (1963), McGraw-hill Book Company, Inc.

[9] 国清行夫, 木本知男, 長尾健, 演習　水力学 (1981), 森北出版.

[10] 中林功一, 伊藤基之, 鬼頭修己, 流体力学の基礎(1) (1993), コロナ社.

[11] Pnueli, D. and Gutfinger, C., *Fluid Mechanics* (1992), Cambridge University Press.

[12] Sabersky, R. H., Acosta, A. J. and hauptman, Z. G., *Fluid Flow—a First Course in Fluid Mechanics*, Third Ed. (1989), Macmillan Publishing Company.

[13] Streeter, V. L. and Wylie, E. B., *Fluid Mechanics*, Sixth Ed. (1975), McGraw-Hill, Inc.

[14] White, F. M., *Fluid Mechanics*, Fourth Ed. (1999), McGraw-Hill, Inc.

[15] 吉野章男, 菊山功嗣, 宮田勝文, 山下新太郎, 詳解　流体工学演習 (1989), 共立出版.

第 4 章

准一维流动

(Quasi-one-dimensional Flow)

4.1 连续方程 (continuity equation)

在流场中,通过一条封闭曲线的流线群所形成的管道称为**流管** (streamtube)。由 2.1.4 节中介绍的流线定义可知,流动不能横穿流线,所以,流体流过流管时,管内流体不会从流管中漏出,外部流体也不会渗入到流管内。

如图 4.1 所示,分析流管内的流动变量只是流动方向上坐标 x 的函数情况。图 4.1a 所示的等截面流管的流动称为一维流动 (one-dimensional flow),图 4.1b 所示流管的横截面积沿 x 方向发生变化的流动称为**准一维流动** (quasi-one-dimensional flow)。如图 4.2 所示的**文丘里管** (Venturi tube) 内的流动那样,在实际应用中遇到的流动,多数属于变截面的流动。因此,分析准一维流动更为实用。实际上,这样的流动应该是三维流动,但是若各变量在截面上均匀,那么就只需考虑它们沿 x 方向上的变化。此外,本章中假定变量不随时间变化,即为定常流动。在准一维流动中,横截面积 A、流速 U、压力 P、温度 T、密度 ρ 均为 x 的函数,可表示如下

$$A=A(x), U=U(x), p=p(x), T=T(x), \rho=\rho(x) \quad (4.1)$$

分析与消防管道相连的消防喷嘴内的流动(如图 4.3)。流体不能穿透消防管道和消防喷嘴壁面,即沿消防管道管壁没有流体流进和流出。取截面 1、2 的面积分别为 A_1、A_2,消防喷嘴出口的截面积为 A_{out}。若消防管道内流体为水,单位时间消防水枪流出的水量(流量)Q_{out} 可以由一定时间 t 内水从消防水枪没有泄漏地全部流到水桶中而得到的体积 V_{out} 求出。即

$$Q_{out} = \frac{V_{out}}{t} \quad (4.2)$$

Q_{out} 称为**体积流量** (volume flow rate) 或只称**流量** (flow rate)。因为消防水管中途没有水的流入、流出,所以相同流量的水也流过水管的截面 1 和 2。因此

$$Q_{out} = Q_1 = Q_2 \quad (\text{准一维流动、定常、不可压缩}) \quad (4.3)$$

(a) 一维流动

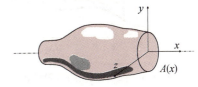

(b) 准一维流动

图 4.1 流管

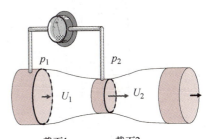

图 4.2 文丘里管内的流动

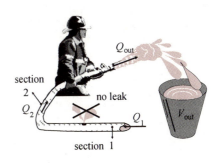

图 4.3 放水流量图

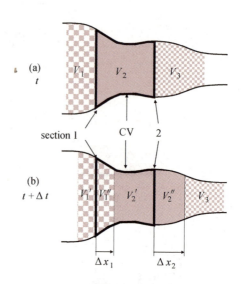

图 4.4 控制体(CV)内流体的流入与流出

图 4.5 流体中的微元体

为了将这些体积流量和流管上相应位置的截面面积联系起来,在某时刻 t 用粗线选取某区域并形成相应的上、下游区域(如图 4.4(a)所示),进而考察占据体积 V_1、V_2 和 V_3 的流体。体积 V_2 所占区域称为**控制体**(control volume),用 CV 表示。为了便于说明,本章中假定 CV 固定不动,其大小和形状也不随时间变化。此外,CV 内的各变量也处于定常状态。在上述条件下,当流体为水时,分析流入、流出 CV 的平衡状态。

经过时间 Δt 后,流体的状况如图 4.4(b)所示。体积为 V_1 的水的前半部分,也就是长度 Δx_1 的部分流入了 CV,占据了体积 V''_1。进而将 CV 内水的后半部分,也就是长度 Δx_2 的水挤出了控制体,其体积为 V''_2。

由于水不易被压缩,流入 CV 内的体积 V''_1 和流出的体积 V''_2 必然相等。否则,CV 的体积必然有 $V''_2 - V''_1$ 的变化。这与 CV 体积不变产生了矛盾。因此,$V''_1 = V''_2$。

在 CV 的入口截面 1 和出口截面 2 处,分析流入和流出 CV 的流体体积。首先,如图 4.5 所示,流体的截面积 A 不变,只移动微小距离 Δx。所以,流过 CV 截面 1 的水的体积 V''_1 等于截面积 A_1 和高度 Δx_1 的圆柱的体积,可表示如下

$$V''_1 = A_1 \Delta x_1 \tag{4.4}$$

因为体积流量是单位时间体积的变化,所以由微分定义可得

$$Q_1 = \frac{dV''_1}{dt} = \lim_{\Delta t \to 0} \frac{V''_1 - 0}{\Delta t} = \lim_{\Delta t \to 0} \frac{A_1 \Delta x_1}{\Delta t} = A_1 \frac{dx_1}{dt} = A_1 U_1 \tag{4.5}$$

其中,$U_1 = (dx_1/dt)$ 为水在截面 1 处的速度。由此可知,流入截面 1 的水的体积流量可以表示为截面 1 处的截面积和速度的乘积。同理可导出

$$Q_2 = A_2 U_2 \tag{4.6}$$

于是,由式(4.3)、式(4.5)和式(4.6)可得

$$A_{out}U_{out} = A_1 U_1 = A_2 U_2 \text{(准一维流动、定常、不可压缩)} \tag{4.7}$$

由于在各截面处截面面积和流速的乘积数值相等,所以,如果已知流量和喷管的出口面积,喷嘴出口处的流速可由方程(4.7)容易地求出。方程式(4.7)称为**连续方程式**(continuity equation)。虽然以上分析以水为例,但对于可忽略密度变化的流体,式(4.7)均成立。

由方程式(4.7)可知,如果体积流量一定,截面积越大,流过的水的流速越小;反之,截面积越小,流速越大。

4.2 质量守恒定律(conservation of mass)

与水这样密度变化小的流体不同,在许多场合不能忽视气体的密度变化。本节将分析在 1.3.3 节已介绍过的可压缩流体的定常流动。密度随位置 x 变化,但是在所考察的微元体($A\Delta x$)内,可认为密度均匀分布且为常数。质量是体积和密度的乘积。因此,将方程式(4.5)、式(4.6)两边分别乘上密度,可得

$$\begin{aligned}\dot{m}_1 &= \rho_1 Q_1 = \rho_1 A_1 U_1 \\ \dot{m}_2 &= \rho_2 Q_2 = \rho_2 A_2 U_2 \quad [\text{kg/s}]\end{aligned} \quad (4.8)$$

因为上式分别表示单位时间通过如图 4.4 所示的截面积 1、2 的流体的质量,所以 $\dot{m}_1$、$\dot{m}_2$ 被称为**质量流量**(mass flow rate)。如图 4.6 所示,实线表示控制体 CV,虚线表示流体所在区域,分析从二者重合的状态(图 4.6(a))到稍有流动后的状态(图 4.6(b))的变化。由 CV 的截面 1 流入和截面 2 流出的关系以及 CV 保持不变的假定,可得

$$\dot{m}_1 = \dot{m}_2 \quad (4.9)$$

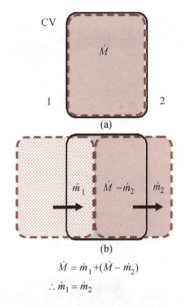

图 4.6 控制体内的质量变化

因此

$$\rho_1 A_1 U_1 = \rho_2 A_2 U_2 \quad (\text{准一维流动、定常、可压缩}) \quad (4.10)$$

因为上式对任意截面均成立,所以质量流量恒定。这被称为质量守恒定律。

尝试着从其他角度分析质量守恒定律。如图 4.6(b)所示,因为流体无间断地、连续地流入流出 CV,所以 CV 内的流体质量随时间的变化率必等于流入的质量流量与流出的质量流量之差。因此,若 CV 内的流体质量表示为 M,则有

$$\frac{DM}{Dt} = \dot{M} = \dot{m}_2 - \dot{m}_1 = \rho_2 A_2 U_2 - \rho_1 A_1 U_1 \quad (4.11)$$

因为 CV 不随时间和空间变化,并且没有其他流体的流入流出,所以对于 CV 内的均匀流体区域,质量不随时间变化,即 $\frac{DM}{Dt}=0$。因此,由式(4.11)可得

$$\rho_2 A_2 U_2 - \rho_1 A_1 U_1 = 0$$

上式与式(4.10)相同。

如果密度一定,$\rho_1 = \rho_2$,那么可消去式(4.10)中的 ρ,得出与式(4.7)相同的结果。也就是所谓体积流量一定,实际上在密度不变条件下,流体体积流量守恒也是质量守恒定律的表现形式。

图 4.7 从水管中放水

【例题 4.1】 ********************

如图 4.7 所示,有一根内径为 $d=2.0\,\mathrm{cm}$ 的水管,水以每分钟 9.0 L 的流量从出口流出。求出口处水的流速。

【解】 水管出口处的截面积 A 为

$$A=\pi\left(\frac{d}{2}\right)^2=\pi\times(0.02/2)^2=3.14\times10^{-4}\,(\mathrm{m}^2)$$

根据题意,体积流量为

$$Q=9.0\times10^{-3}/60=1.5\times10^{-4}\,(\mathrm{m}^3/\mathrm{s})$$

因此,由式(4.6)可得

$$U=\frac{Q}{A}=\frac{1.5\times10^{-4}}{3.14\times10^{-4}}=0.48\,(\mathrm{m/s})$$

****

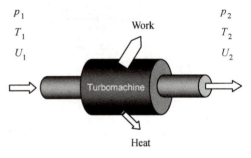

图 4.8 流体机械入口和出口的状态

【例题 4.2】 ********************

如图 4.8 所示,流体机械的入口和出口与直径为 10 cm 的管相连接。在入口截面(下标为 1)已给定了状态参数的空气,在流体机械中做功,一部分能量以热量的形式放出,所以出口截面(下标为 2)的状态发生了变化。求出口截面处的流速。

已知:入口截面:$p_1=10\,\mathrm{atm}$, $T_1=473\,\mathrm{K}$, $U_1=20\,\mathrm{m/s}$

出口截面:$p_2=1.0\,\mathrm{atm}$, $T_2=293\,\mathrm{K}$, $U_2=?\,\mathrm{m/s}$

【解】 若流体机械无泄漏,则入口和出口处应遵守式(4.10)所示的质量守恒定律。此外,假定空气为理想气体,则其密度、压力和温度应遵守理想气体状态方程。

$$\rho=\frac{p}{RT}$$

式中,R 是气体常数($=287\,\mathrm{J/(kg\cdot K)}$)。因为入口和出口直径相同,将 $A_1=A_2$ 代入式(4.10),得到

$$\frac{p_1U_1}{RT_1}=\frac{p_2U_2}{RT_2}$$

因此

$$U_2=\frac{p_1T_2}{p_2T_1}U_1=\frac{10\times293}{1\times473}\times20=124\,(\mathrm{m/s})$$

****

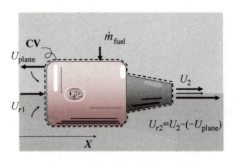

图 4.9 喷气式发动机的流动

【例题 4.3】 ********************

装载了如图 4.9 所示的喷气式发动机的航天飞机以 800 km/h 的速度飞行。发动机空气入口截面积为 $0.80\,\mathrm{m}^2$,射流喷出口的截面积为 $0.60\,\mathrm{m}^2$,飞行高空处的空气密度为 $0.74\,\mathrm{kg/m}^3$,燃烧气体的密度为

$0.50\,\mathrm{kg/m^3}$。该工况下不考虑喷气发动机的飞行速度时,气体喷出的速度是 $1\,000\,\mathrm{km/h}$,试求消耗燃料的质量流量。

【解】 与控制体一起以速度 U_{CV} 飞行的观察者,看到通过控制体表面的流体速度为 U 时,其相对速度为 U_{r} 可表示如下

$$U_{\mathrm{r}} = U - U_{\mathrm{CV}}$$

在本例题中,流动只沿一个方向进行,所以可将速度视为标量。大气静止,所以入口速度 U 为 $U_1=0$,出口速度是喷管的喷射速度,所以 $U_2=1\,000\,\mathrm{km/h}$。

如图 4.9 所示的本例题中,对于正在工作的发动机而言,控制体(CV)以航天飞机的飞行速度 U_{plane} 沿负方向(左侧)移动。因此,$U_{\mathrm{CV}}=-U_{\mathrm{plane}}$。在发动机的空气入口(各参数下标为 1),对应于 CV 的相对流入速度 U_{r1} 为

$$\begin{aligned}U_{r1} &= U_1 - U_{\mathrm{CV}} \\ &= 0-(-U_{\mathrm{plane}})=U_{\mathrm{plane}}\end{aligned} \quad (\mathrm{A})$$

同样,出口处(各参数下标为 2)的相对速度为

$$\begin{aligned}U_{r2} &= U_2 - U_{\mathrm{CV}} \\ &= U_2-(-U_{\mathrm{plane}})=U_2+U_{\mathrm{plane}}\end{aligned} \quad (\mathrm{B})$$

设燃料的质量流量为 $\dot{m}_{\mathrm{fuel}}$。根据质量守恒定律,流入发动机的空气的质量流量和燃料的质量流量之和等于燃气的质量流量,可得

$$\rho_1 A_1 U_{r1}+\dot{m}_{\mathrm{fuel}}=\rho_2 A_2 U_{r2} \quad (\mathrm{C})$$

根据题意,由式(A)和(B)可求得相对速度如下

$$\begin{aligned}U_{r1} &= U_{\mathrm{plane}}=800\times 10^3/3\,600=222 \\ U_{r2} &= U_2+U_{\mathrm{plane}}=(1\,000+800)\times 10^3/3\,600=500\end{aligned} \quad (\mathrm{m/s})$$

将 $A_1=0.8$,$\rho_1=0.74$,$U_{r2}=500$,$A_2=0.6$,$\rho_2=0.5$ 代入式(C),燃料质量流量可由下式求出

$$\begin{aligned}\dot{m}_{\mathrm{fuel}} &= \rho_2 A_2 U_{r2}-\rho_1 A_1 U_{r1} \\ &= 0.50\times 0.60\times 500-0.74\times 0.80\times 222 \\ &= 18.6(\mathrm{kg/s})\end{aligned}$$

以上计算结果转换为每小时的消耗量,约为 67 ton/h。使用 JP5 型航天燃料,其密度为 $814.8\,\mathrm{kg/m^3}$,容积为 200 l 的汽油桶,1 小时需 411 桶。因此,为了减少燃料费用,减小发动机的上、下游的质量流量差是非常必要的。

****

【例题 4.4】

用截面积为 A_j 的水龙头,以 30 l/min 的流速向如图 4.10 所示的截面为 $0.8 \times 1.0 \text{ m}^2$ 的浴缸内注水。试计算水深变化率和水深达到 0.7 m 时所需的时间。

【解】 由于水的注入,水深由 h 增加了 Δh。如图 4.10 中的插图所示,水深变化过程中对应的实际面积,是浴缸的截面积 A 与水龙头注水水流面积 A_j 之差。因此,此时的体积增量 ΔV 可表示为

$$\Delta V = (A - A_j)\Delta h$$

单位时间的体积变化增量为

$$Q = \lim_{\Delta t \to 0} \frac{\Delta V}{\Delta t} = \lim_{\Delta t \to 0} \frac{(A - A_j)\Delta h}{\Delta t} = (A - A_j)\frac{\mathrm{d}h}{\mathrm{d}t}$$

该值与水龙头流入的体积 $Q_j = A_j U_j$ 相等

$$(A - A_j)\frac{\mathrm{d}h}{\mathrm{d}t} = A_j U_j = Q_j$$

所以

$$\frac{\mathrm{d}h}{\mathrm{d}t} = \frac{Q_j}{A - A_j} \approx \frac{Q_j}{A}$$

考虑到 $A_j \ll A$,因此

$$\frac{\mathrm{d}h}{\mathrm{d}t} \approx \frac{Q_j}{A} = \frac{30 \times 10^{-3}/60}{0.8 \times 1} = 6.3 \times 10^{-4} \text{ (m/s)}$$

另外,注水直到浴缸内水深为 0.7 m 所需时间,可将上式积分求得。

$$\int_0^{0.7} \mathrm{d}h = \int_0^{t_1} 6.3 \times 10^{-4} \mathrm{d}t$$

$$[h]_0^{0.7} = 6.3 \times 10^{-4} [t]_0^{t_1}$$

因此,注水到 0.7 m 所需时间 t_1 为

$$t_1 = \frac{0.7}{6.3 \times 10^{-4}} = 1\,111 \text{ (s)}$$

$$\approx 19 \text{ (min)}$$

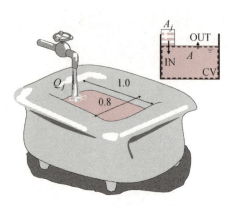

图 4.10 浴缸内水深的变化

4.3 能量方程 (energy equation)

考虑定常地流入、流出一个固定的控制体 CV 的流体能量平衡情况。如图 4.11 所示,考察虚线包围的流体区域和实线所示的 CV 重合的情况,CV 不随时间变化,并且在空间上是固定不变的。此时,与控制体重合的流体区域的能量随时间的变化与通过 CV 表面的流入、流出的能量之差相等。

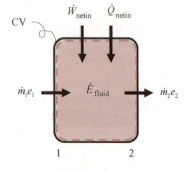

图 4.11 控制体内流体的能量平衡

4.3 能量方程

CV 内单位质量的流体具有的能量用 e 表示，e 等于**内能**(internal energy)u、**动能**(kinetic energy)$\frac{U^2}{2}$ 与**势能**(potential energy)gz 之和。即

$$e = u + \frac{U^2}{2} + gz \tag{4.12}$$

因此，CV 内流体的总能量 E_{fluid} 可表示为

$$E_{\text{fluid}} = \int_{\text{CV}} e\rho \mathrm{d}V \tag{4.13}$$

E_{fluid} 随时间的变化等于单位时间内通过 CV 表面流入的流体的能量 $\dot{m}_1 e_1$ 与从截面 2 流出的能量 $\dot{m}_2 e_2$ 之差。根据式(4.9)，代入 $\dot{m}_1 = \dot{m}_2 = \dot{m}$ 后，整理可得

$$\frac{DE_{\text{fluid}}}{Dt} = \dot{E}_{\text{fluid}} = \dot{m}_2 e_2 - \dot{m}_1 e_1 = \dot{m}(e_2 - e_1) \tag{4.14}$$

另外，对与 CV 重合的流体区域应用**热力学第一定律**(the first law of thermodynamics)，能量的变化可表示如下

$$\frac{DE_{\text{fluid}}}{Dt} = \dot{Q}_{\text{netin}} + \dot{W}_{\text{netin}} \tag{4.15}$$

也就是流体所具有的能量随时间的变化等于单位时间内由外界向 CV 输入的净热量 $\dot{Q}_{\text{netin}}$ 和净功量 $\dot{W}_{\text{netin}}$ 之和。

上式中，净热量 $\dot{Q}_{\text{netin}}$ 是由外界传递给 CV 内流体的热量与 CV 内流体向外界放出的热量之差。如图 4.12 所示，净热量 $\dot{Q}_{\text{netin}}$ 由某种方法产生的加热量 $\dot{Q}_{\text{volume}}$ 和所研究的流体区域边界上由于流体流动产生的摩擦热量 $\dot{Q}_f$ 组成，即

$$\dot{Q}_{\text{netin}} = \{(\dot{Q}_{\text{volume}})_{\text{in}} - (\dot{Q}_{\text{volume}})_{\text{out}}\} + \{(\dot{Q}_f)_{\text{in}} - (\dot{Q}_f)_{\text{out}}\} \tag{4.16}$$

另外，如图 4.13 所示，功是由水泵(pump)、送风机(fan)等旋转机械作为中介由外界传送给流体的功 $\dot{W}_{\text{shaft}}$、垂直作用在截面 1、2 的压力差所做的功 $\dot{W}_{\text{press}}$，以及平行于 CV 壁面的剪切力所做的功 $\dot{W}_{\text{shear}}$ 所组成。并且，如果流体同时对外界做功，那么这些功各自的差也就是净功量，可表示为

$$\dot{W}_{\text{netin}} = (\dot{W}_{\text{shaft}} + \dot{W}_{\text{press}} + \dot{W}_{\text{shear}})_{\text{in}} - (\dot{W}_{\text{shaft}} + \dot{W}_{\text{press}} + \dot{W}_{\text{shear}})_{\text{out}}$$

$$= (\dot{W}_{\text{shaft}} + \dot{W}_{\text{press}} + \dot{W}_{\text{shear}})_{\text{netin}} \tag{4.17}$$

若 CV 的壁面处于静止状态，则 $\dot{W}_{\text{shear}} = 0$。又因为压强是作用在单位面积上的力，如图 4.14 所示，作用在面积 A 上的力为 pA，且该截面处流体以速度 U 移动，所以单位时间压力所做的功为 pAU。截面 1 和 2 间的功差就是实际作用在流体上的功，因此可表示为

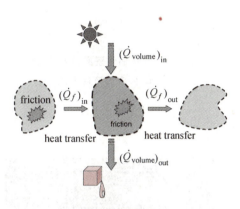

图 4.12 向控制体内流体输入的热量

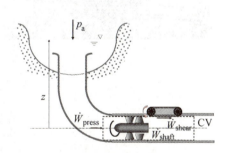

图 4.13 向控制体内流体传递的功量

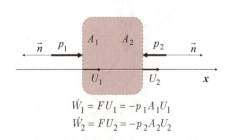

图 4.14 作用在控制体表面的压力所做的功

$$(\dot W_{\text{press}})_{\text{netin}} = \dot W_2 - \dot W_1$$
$$= -p_2 A_2 U_2 - (-p_1 A_1 U_1) \tag{4.18}$$

这里,沿着 CV 外法线方向的力为正,所以对指向流体内部方向的压力需添加负号,如图 4.15 所示。由此可得

$$\begin{aligned}\frac{DE_{\text{fluid}}}{Dt} &= \dot Q_{\text{netin}} + (\dot W_{\text{shaft}})_{\text{netin}} + (\dot W_{\text{press}})_{\text{netin}} \\ &= \dot Q_{\text{netin}} + (\dot W_{\text{shaft}})_{\text{netin}} - (p_2 A_2 U_2 - p_1 A_1 U_1) \\ &= \dot Q_{\text{netin}} + (\dot W_{\text{shaft}})_{\text{netin}} - \dot m\left(\frac{p_2}{\rho_2} - \frac{p_1}{\rho_1}\right)\end{aligned} \tag{4.19}$$

式中,左边的能量变化可由式(4.14)给出,将其代入式(4.19),可得

$$\dot m(e_2 - e_1) = \dot Q_{\text{netin}} + (\dot W_{\text{shaft}})_{\text{netin}} - \dot m\left(\frac{p_2}{\rho_2} - \frac{p_1}{\rho_1}\right) \tag{4.20}$$

两边同除以 $\dot m$,整理后可得

$$(e_2 - e_1) + \left(\frac{p_2}{\rho_2} - \frac{p_1}{\rho_1}\right) = q_{\text{netin}} + w_{\text{shaft}} \tag{4.21}$$

式中,$\quad q_{\text{netin}} = \dfrac{\dot Q_{\text{netin}}}{\dot m}, w_{\text{shaft}} = \dfrac{(\dot W_{\text{shaft}})_{\text{netin}}}{\dot m}$

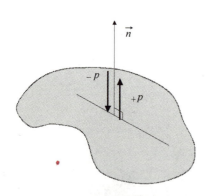

图 4.15 从控制体壁面向外的方向为正,向内的方向为负

它们分别表示单位质量流体的热量和功。式(4.21)是考虑了热量的输入、输出以及外界向流体做功(或流体向外界所做功)时流体的能量守恒方程的基本表达式。

流体的能量 e 用式(4.12)形式来表示,将它代入式(4.21),可得

$$(u_2 - u_1) + \left(\frac{p_2}{\rho_2} - \frac{p_1}{\rho_1}\right) + \left(\frac{U_2^2}{2} - \frac{U_1^2}{2}\right) + g(z_2 - z_1) = q_{\text{netin}} + w_{\text{shaft}} \tag{4.22}$$

另外,引入焓 $h = u + p/\rho$,式(4.22)改写成如下形式

$$(h_2 - h_1) + \left(\frac{U_2^2}{2} - \frac{U_1^2}{2}\right) + g(z_2 - z_1) = q_{\text{netin}} + w_{\text{shaft}} \tag{4.23}$$

式(4.23)是适用于可压缩流体的基本方程式。图 4.16 给出的是式(4.23)中各项的概念想象图。势能和动能是对应于流体粒子(冲击舟)的外部能量。内能和压力所做功的能量之和组成的焓是流体构成要素——分子(冲击舟内的人)所具有的振动能量或运动能量。此外,太阳提供了热能,水泵为流动提供了动力。

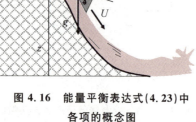

图 4.16 能量平衡表达式(4.23)中各项的概念图

【Example 4.5】 ✳✳✳✳✳✳✳✳✳✳✳✳✳✳✳✳✳✳✳✳✳

Steam enters a turbine with a velocity of 100 m/s and enthalpy, h_1, of 3 000 kJ/kg. The steam leaves the turbine as a mixture of vapor and liquid having a velocity of 25 m/s and an enthalpy of 2 000 kJ/kg. If the flow through the turbine is essentially adiabatic and the change in elevation of the steam is negligible, determine the work output involved per unit mass of steam through-flow.

【Solution】 Applying Eq. (4.23) to the steam in the turbine we get,

$$w_{\text{shaft in}} = h_2 - h_1 + \frac{U_2^2 - U_1^2}{2}.$$

Since $w_{\text{shaft out}} = -w_{\text{shaft in}}$, we obtain,

$$w_{\text{shaft out}} = h_1 - h_2 + \frac{U_1^2 - U_2^2}{2}.$$

Thus,

$$w_{\text{shaft out}} = 3\,000 - 2\,000 + \frac{\frac{100^2 - 25^2}{2}}{1\,000} = 1\,005 (\text{kJ/kg}).$$

✳✳✳✳✳✳✳✳✳✳✳✳✳✳✳✳✳✳✳✳✳

4.4 贝努利方程(Bernoulli's equation)

为了简化,本节只考察无粘性、不可压缩流体,即理想流体(ideal fluid),并且只考虑等熵变化(可逆的绝热变化)。由于无粘性,因而无摩擦,所以 $q_f = 0$。又因为绝热,与外界无热交换,所以 $q_{\text{volume}} = 0$。因此,$q_{\text{netin}} = 0$。并且,因为没有由摩擦引起的不可逆损失,以及考虑不可压缩流体,所以内能不变,$u_2 - u_1 = 0$。此外,没有流体机械等的输入功($w_{\text{shaft}} = 0$),流动所需的功只能由压力差产生。因此,无论何种原因,只要压力梯度存在,流体将处于流动状态。理想流体是不可压缩流体,密度一定($\rho = \text{const.}$)。因此,式(4.22)可简化为

$$\frac{1}{\rho}(p_2 - p_1) + \left(\frac{U_2^2}{2} - \frac{U_1^2}{2}\right) + g(z_2 - z_1) = 0$$

或者 　　　　　　[W/(kg/s)] 　　　　　　　(4.24)

$$\frac{p_1}{\rho} + \frac{U_1^2}{2} + gz_1 = \frac{p_2}{\rho} + \frac{U_2^2}{2} + gz_2 = 常数$$

可通过上述方程式中各项的单位对该形式的方程加以理解,式(4.24)给出了单位质量流量的能量守恒定律表达式。方程两边各项乘以 ρ,可得

$$(p_2 - p_1) + \left(\frac{\rho U_2^2}{2} - \frac{\rho U_1^2}{2}\right) + \rho g(z_2 - z_1) = 0$$

或者 \[Pa\] (4.25)

$$p_1 + \frac{\rho U_1^2}{2} + \rho g z_1 = p_2 + \frac{\rho U_2^2}{2} + \rho g z_2 = 常数$$

上式中各项均是压力的单位。这种表达形式称为贝努利方程式(Bernoulli's equation)。

此外,式(4.25)各项同除以 ρg,整理可得

$$\left(\frac{p_2}{\rho g} - \frac{p_1}{\rho g}\right) + \left(\frac{U_2^2}{2g} - \frac{U_1^2}{2g}\right) + (z_2 - z_1) = 0$$

或者 \[m\] (4.26)

$$\frac{p_1}{\rho g} + \frac{U_1^2}{2g} + z_1 = \frac{p_2}{\rho g} + \frac{U_2^2}{2g} + z_2 = 常数$$

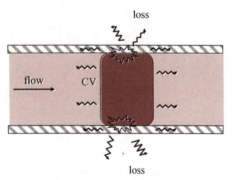

图 4.17 不能回收的摩擦热

上式中各项的单位变为[m],变为用水头(head)表示的能量平衡方程。这时,左边第一项称为压力水头(pressure head),第二项称为速度水头(velocity head),第三项称为位置水头(potential head)。它们的总和称为总水头(total head)。贝努利方程式(4.26)与连续方程式(4.7)一样都是研究流体非常有用的方程式。

贝努利方程也可以由理想流体的动量方程沿流线通过线积分导出,这将在 8.4 节(参考例题 8.4)加以介绍。因此,贝努利方程沿流线也是成立的。

不过,在前面的假定中给定,流体是无粘性、不可压缩的。所以,没有考虑图 4.17 所示的摩擦损失。因此,实际的流动会存在着差异。为了弥补此不足,考察如下情况。

对不可压缩流体,即 ρ 一定,应用式(4.22),可得

$$(u_2 - u_1) + \frac{1}{\rho}(p_2 - p_1) + \left(\frac{U_2^2}{2} - \frac{U_1^2}{2}\right) + g(z_2 - z_1) = q_{netin} + w_{shaft}$$

(4.27)

将内能项移到右边,可得

$$\frac{1}{\rho}(p_2 - p_1) + \left(\frac{U_2^2}{2} - \frac{U_1^2}{2}\right) + g(z_2 - z_1) = w_{shaft} - (u_2 - u_1 - q_{netin})$$

(4.28)

假定式(4.28)中 $w_{shaft} = 0$,与理想流体方程式(4.24)比较可知,存在着 $-(u_2 - u_1 - q_{netin})$ 项的差异。也就是两者的不同在于是否考虑了摩擦。因此,$(u_2 - u_1 - q_{netin})$ 是由于摩擦造成的损失也就是这部分是机

械能中没有被利用的能量,将其写作 loss。修改式(4.28),变为如下形式

$$\frac{1}{\rho}(p_2-p_1)+\left(\frac{U_2^2}{2}-\frac{U_1^2}{2}\right)+g(z_2-z_1)=w_{\text{shaft}}-\text{loss} \qquad (4.29)$$

若以水头形式表示,变为下式

$$\left(\frac{p_2}{\rho g}-\frac{p_1}{\rho g}\right)+\left(\frac{U_2^2}{2g}-\frac{U_1^2}{2g}\right)+(z_2-z_1)=\frac{w_{\text{shaft}}}{g}-\Delta h \qquad (4.30)$$

式中,Δh 为水头损失。为了便于使用,用产生损失的那部分流动的代表速度 U 来表示损失水头,Δh 可改写成为

$$\Delta h = \zeta \frac{U^2}{2g} \qquad (4.31)$$

式中,ζ 称为损失系数,损失系数 ζ 一般由实验确定(参考第6章)。

【例题 4.6】 ***********************

如图 4.18 所示,水平放置的内径 $d_1=10.0\ \text{cm}$ 的管与内径 $d_2=5.00\ \text{cm}$ 的管光滑地连接在一起,内径 d_1 的管内空气以流量 $4.71\ \text{m}^3/\text{min}$ 流动,连接部内径 d_1 侧的压力 $p_1=2.00\ \text{atm}$。试求连接部内径 d_2 侧的流速和压力。忽略摩擦损失,空气密度为 $1.23\ \text{kg/m}^3$。

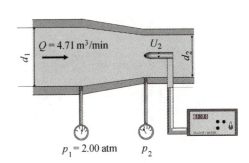

图 4.18 不同管径的管内流速

【解】 为加以区别,连接部上游截面处的各参数下标为 1,收缩的截面处各参数下标为 2。首先根据式(4.5),由截面 1 处的流量求出该截面处的平均流速。由于

$$Q_1=4.71/60=7.85\times10^{-2}\ (\text{m}^3/\text{s})$$

所以,$U_1=\dfrac{Q_1}{A_1}=\dfrac{Q_1}{\pi\left(\dfrac{d_1}{2}\right)^2}=\dfrac{0.0785}{\pi\left(\dfrac{0.1}{2}\right)^2}=10.0(\text{m/s})$

根据式(4.7),连接部内径 d_2 处的流速为

$$U_2=\frac{A_1}{A_2}U_1=\frac{\pi\left(\dfrac{d_1}{2}\right)^2}{\pi\left(\dfrac{d_2}{2}\right)^2}U_1=\frac{\pi\left(\dfrac{0.1}{2}\right)^2}{\pi\left(\dfrac{0.05}{2}\right)^2}\times10.0=40.0(\text{m/s})$$

另外,因为管路水平放置,所以 $z_1=z_2$。因此,根据式(4.25),连接部内径 d_2 侧的压力为

$$1.23\times\left(\frac{40.0^2}{2}-\frac{10.0^2}{2}\right)+(p_2-2.0\times101.3\times10^3)=0$$

$$p_2=2.02\times10^5(\text{Pa}),\text{或}\ p_2=1.99(\text{atm})$$

****

【Example 4.7】 ＊＊＊＊＊＊＊＊＊＊＊＊＊＊＊＊＊＊＊＊

A horizontal Venturi flow meter consists of a converging-diverging conduit as indicated in Fig 4.18. The diameters of cross sections (1) and (2) are 10.0 cm and 5.00 cm. Determine the volume flow rate through the meter if $p_1-p_2=0.01$ atm, the flowing fluid is air ($\rho=1.23\,\text{kg/m}^3$), and the loss per unit mass from (1) to (2) is negligibly small.

【Solution】 Since the change in elevation is negligible, $z_1-z_2=0$ in Eq. (4.25). From Eq. (4.5), the velocity at each section is expressed by the volume flow rate, Q, as follows.

$$U_1=\frac{Q}{A_1},\quad U_2=\frac{Q}{A_2}.$$

Substituting the above conditions into Eq. (4.25), we obtain,

$$Q^2=\frac{\dfrac{2}{\rho}(p_1-p_2)}{\dfrac{1}{A_2^2}-\dfrac{1}{A_1^2}}=\frac{\dfrac{\pi^2}{8\rho}(p_1-p_2)}{\dfrac{1}{d_2^4}-\dfrac{1}{d_1^4}}.$$

Thus,

$$Q=3.14\sqrt{\frac{\dfrac{1}{8\times1.23}(0.01\times1.013\times10^5)}{\dfrac{1}{0.05^4}-\dfrac{1}{0.1^4}}}$$

$$=8.23\times10^{-2}\,(\text{m}^3/\text{s}).$$

＊＊＊＊＊＊＊＊＊＊＊＊＊＊＊＊＊＊＊＊

图 4.19 汽车附近的流动

【例题 4.8】 ＊＊＊＊＊＊＊＊＊＊＊＊＊＊＊＊＊＊＊＊

如图 4.19 所示，汽车以 100 km/h 的速度行驶。计算作用在汽车前部正面处的压力相比周围压力的上升值。空气密度为 1.23 kg/m³。

【解】 以乘坐的汽车为坐标系，前面地点 1 处的空气流速 U_1 为

$$U_1=100\times10^3/3\,600=27.8\,(\text{m/s})$$

因为该位置的压力是大气压力，所以 $p_1=101\,300\,\text{Pa}$。汽车前部正面与流动直接碰撞，其速度变为 0（像这样速度变为 0 的点称为驻点）。因此，$U_2=0$。两个点在同一个水平面上，则 $z_1=z_2$。根据式 (4.25)

$$1.23\times\left(0-\frac{27.8^2}{2}\right)+(p_2-101\,300)=0$$

所以 $p_2=101\,775\,(\text{Pa})$

因此，与周围环境的压力（一个大气压）相比，压力只上升 475 Pa(101 775−101 300)。这相当于 1 m² 的平板上站着重约 48 kg 的人所产生的压力。

＊＊＊＊＊＊＊＊＊＊＊＊＊＊＊＊＊＊＊＊

4.4 贝努利方程

【例题 4.9】 ************************

水平放置的喷管将气体的流速从 4 m/s 增加到 200 m/s。求喷管前、后焓的变化。

【解】 气体通过喷管时没有热量的传入与传出，并且也无做功的存在，所以式(4.23)的右边全部为 0。此外，由于喷管是水平放置，所以 $z_2 - z_1 = 0$，因此，根据式(4.23)，焓的变化量为

$$h_2 - h_1 = -\left(\frac{U_2^2}{2} - \frac{U_1^2}{2}\right) = -\frac{(200^2 - 4^2)}{2} = -2.00 \times 10^4 \text{(J/kg)}$$

式中，负号表示通过喷管气体的焓减少了 2.00×10^4 J/kg。

****

【例题 4.10】 ************************

喷气式客机以每小时 200 km 的速度起飞时，求机翼上、下表面的速度比最低应是多少。喷气式客机的重量是 290 ton，主机翼的面积是 485 m²。假定空气的密度为 1.23 kg/m³，机翼下面的流速等于均匀来流的流速。

【解】 飞机定常航行时飞机的重量与向上的力(称为浮力)平衡(参照 7.1.2 节)。起飞时浮力 F_L 必须大于重量 W。浮力 F_L 可简单地认为是机翼下表面和上表面的压力差 $(p_1 - p_2)$ 乘以机翼面积 A。因此，

$$F_L = (p_1 - p_2)A = W$$

所以 $p_1 - p_2 = \dfrac{W}{A} = \dfrac{290 \times 10^3 \times 9.8}{485} = 5.86 \times 10^3 \text{(Pa)}$

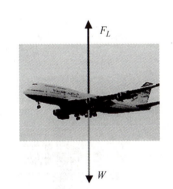

如图 4.20 所示，机翼上、下表面两个点严格地讲不是在同一条流线上，一般不能只用一个贝努利方程来评价。但是，对于通过两点的不同的流线，在其上游具有相同的流速，并且有相同的压力作为基准，所以两者的总能量相同。因此，即使在不同流线上，也可以比较式(4.25)中各项的变化。忽略机翼上、下表面的高度差，式(4.25)简化为

$$p_1 - p_2 = \frac{1}{2}\rho U_1^2 \left(\frac{U_2^2}{U_1^2} - 1\right)$$

所以 $\dfrac{U_2}{U_1} = \sqrt{1 + \dfrac{p_1 - p_2}{\frac{1}{2}\rho U_1^2}}$

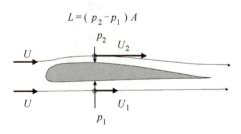

图 4.20 翼型周围绕流

因此，速度比为

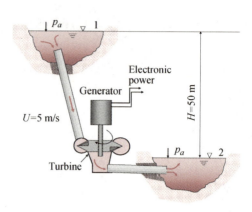

图 4.21 水轮发电机

$$\frac{U_2}{U_1} = \sqrt{1 + \frac{5.86 \times 10^3}{\frac{1}{2} \times 1.23 \times (200 \times 10^3 / 3\,600)^2}} = 2.02$$

****

【例题 4.11】********************

如图 4.21 所示，在水面高度差为 50 m 的两个湖之间安装了水轮发电机。水以 5.0 m/s 的速度从内径为 1.0 m 的管道流入水轮机。忽略摩擦损失，求该水轮机的输出功率。

【解】 根据式(4.30)，忽略摩擦损失。同时因为水轮机的 w_{shaft} 是由流体做功而得，所以添加上负号。在上游的湖面上取点 1，下游的湖面上取点 2，在这些位置上流速为 0，且忽略由于高度差造成的大气压力的不同，则单位质量流体所做的功可表示如下

$$w_{\text{shaft}} = g(z_1 - z_2) = gH = 9.81 \times 50 = 4.9 \times 10^2 \,[\text{W}/(\text{kg}/\text{s})]$$

该水轮机流入的质量流量为

$$\dot{m} = \rho A U = 998 \times \pi \left(\frac{1}{2}\right)^2 \times 5.0 = 3.9 \times 10^3 \,(\text{kg/s})$$

因此，功率 L 是

$$L = \dot{m} w_{\text{shaft}} = 3.9 \times 10^3 \times 50 \times 9.81 = 1.9 \times 10^6 \,(\text{W})$$

所以该水轮机的输出功率是 1.9 MW。

****

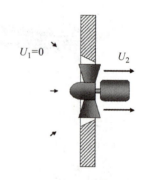

图 4.22 换气扇叶片周围的流动

【例题 4.12】********************

如图 4.22 所示，功率为 0.6 kW 的轴流风扇安装在墙壁中，将室内空气排到室外。空气排出口是直径为 0.3 m 的圆管，空气从排出口以 22 m/s 的速度排出，求该风机的效率。假定可以忽略风扇下游处旋转速度分量。

【解】 为表示区别，入口处下标为 1，出口处下标为 2。由于是从一大空间中吸入空气，所以入口处空气流速可视为 0。风扇上、下游处均为大气压力。因此，式(4.29)可简化为

$$w_{\text{shaft}} - \text{loss} = \frac{U_2^2}{2}$$

$$= \frac{22^2}{2} = 242 \,[\text{W}/(\text{kg/s})]$$

由于驱动风扇的电机的功率是 0.6 kW，所以

$$w_{\text{shaft}} = \frac{L}{m} = \frac{L}{\rho A_2 U_2}$$

$$= \frac{0.6 \times 10^3}{1.23 \times \pi \left(\frac{0.3}{2}\right)^2 \times 22} = 314 [\text{W}/(\text{kg/s})]$$

因此,风扇的效率为

$$\eta = \frac{w_{\text{shaft}} - \text{loss}}{w_{\text{shaft}}}$$

$$= \frac{242}{314} = 0.77$$

＊＊＊＊＊＊＊＊＊＊＊＊＊＊＊＊＊＊＊＊＊＊＊

===== 习 题 ================================

【4.1】 水箱与 A、B、C 三根管连接在一起。水从 A 和 B 两根管分别以每分钟 120 升和 180 升的流量流入,剩下的管 C 直径为 10 cm。若水箱内的水面保持恒定,求从管 C 流出水的平均速度。

【4.2】 分别流着水和比重为 0.8 的油的两支管通过 Y 型合流管连接在一起,合流后水和油的混合液体在同一根管中流动。水和油的流量分别为 $0.1\,\text{m}^3/\text{s}$ 和 $0.4\,\text{m}^3/\text{s}$,求混合后的流体平均密度。水的密度为 $1\,000\,\text{kg/m}^3$。

【4.3】 水槽的侧面有一个直径为 10 cm 的圆形孔口。圆孔的中心处水深 5 m,流量系数(=实际流量/忽略阻力时的流量)为 0.6,求从孔口中流出的水的流量。

【4.4】 空气在文丘里管内流动(如图 4.2)。截面 1 和 2 的直径分别为 200 mm 和 100 mm,压差计的读数 $p_1 - p_2 = 0.01\,\text{atm}$,求管内的空气流量。忽略截面 1 和 2 之间的损失,空气密度为 $1.23\,\text{kg/m}^3$。

【4.5】 高速列车以 270 km/h 的速度行驶,求第一车厢的前部(驻点)的压力上升了多少。空气密度为 $1.23\,\text{kg/m}^3$。

【4.6】 Water enters a tank through a pipe. At the pipe inlet, the inside diameter of the pipe is 2.0 cm and the absolute pressure is 4.0×10^5 Pa. The pipe is connected to the tank at the place 5.0 m above having 1.0 cm in diameter. When the flow speed at the pipe inlet is 2.0 m/s, find the flow speed and the pressure at the pipe exit.

【4.7】 水泵吸入的流量是 120 L/min。水泵入水管的直径为 10 cm，水泵出水管的直径为 5 cm。测得水泵入水管处压力是 100 kPa，水泵出水管处压力是 800 kPa。水为理想流体，忽略水泵进、出口高度差，并且水泵内流体温度不变，求该泵所需的功率。

【4.8】 流速为 30 m/s，焓为 4 000 kJ/kg 的蒸汽流入汽轮机，流速为 60 m/s，焓为 2 000 kJ/kg 的气液混合流体从汽轮机流出。汽轮机内部流动处于绝热状态，且忽略势能变化，求单位质量蒸汽所做的功。

【4.9】 Figure 4.2 shows a Venturi meter, which is used to measure flow speed in a pipe. The narrow part of the pipe is called the throat. Derive an expansion for the flow speed v_1 in terms of the cross-section areas A_1 and A_2 and the difference in pressure Δp.

【答案】

【4.1】 若水箱的水位保持恒定，则流入和流出的流量平衡。因此，若设管道 A、B、C 的流量分别是 Q_A、Q_B、Q_C，根据题意，有 $Q_C = Q_A + Q_B$

因为

$$Q_A = 120\,(\text{L/min}) = \frac{120 \times 10^{-3}}{60}\,(\text{m}^3/\text{s}) = 2.0 \times 10^{-3}\,(\text{m}^3/\text{s})$$

$$Q_B = 180\,(\text{L/min}) = \frac{180 \times 10^{-3}}{60}\,(\text{m}^3/\text{s}) = 3.0 \times 10^{-3}\,(\text{m}^3/\text{s})$$

所以

$$Q_C = 2.0 \times 10^{-3} + 3.0 \times 10^{-3} = 5.0 \times 10^{-3}\,(\text{m}^3/\text{s})$$

此外，管道 C 的截面积为 A，平均流速为 U 时，体积流量 Q_C 为

$Q_C = AU$

因为管径为 0.1 m，所以截面积 $A = (0.1/2)^2 \pi$，利用上面得出的流量关系式，可得

$$Q_C = 5.0 \times 10^{-3} = \left(\frac{0.1}{2}\right)^2 \pi \times U$$

因此，管 C 的平均流速为

$$U = \frac{5.0 \times 10^{-3}}{(0.1/2)^2 \pi} = 0.64\,(\text{m/s})$$

【4.2】 应用质量守恒定律。由题意可知，水的密度为 1 000 kg/m³，油的密度为 800 kg/m³，因此由体积流量可分别求出各自的质量流量

$$\dot{m}_w = \rho Q_w = 1\,000 \times 0.1 = 100\,(\text{kg/s})$$

$$\dot{m}_a = 0.8\rho Q_a = 0.8 \times 1\,000 \times 0.4 = 320\,(\text{kg/s})$$

可由混合后的质量得出混合后流体的密度

$$\dot{m}_r = \dot{m}_w + \dot{m}_a = 100 + 320 = \rho_M(Q_w + Q_a) = \rho_M \times (0.1 + 0.4)$$

因此

$$\rho_M = \frac{420}{0.5} = 840 (\text{kg/m}^3)$$

【4.3】 设水槽的水面与从圆孔流出的水流表面具有相同的大气压力，在两者之间应用贝努利方程，可得出从圆孔流出的水流速度为

$$v = \sqrt{2gH}$$

式中，H 是水槽表面和圆孔中心之间的距离。

流量 Q 可由此速度和流量系数 C 得出

$$Q = C\left(\frac{d}{2}\right)^2 \pi v$$

由已知量，可得

$$Q = 0.6 \times \left(\frac{0.1}{2}\right)^2 \pi \times \sqrt{2g \times 5} = 0.047 (\text{m}^3/\text{s})$$

【4.4】 流量为 Q，截面 1 的面积为 $A_1(=(d_1/2)^2\pi)$，截面 2 的面积为 $A_2(=(d_2/2)^2\pi)$。在截面 1 和 2 处各自的流速分别为 $v_1 = Q/A_1, v_2 = Q/A_2$。由于无垂直方向上的高度差，将速度关系式代入贝努利方程，可得

$$\frac{p_2 - p_1}{\rho g} + \frac{1}{2g}\left\{\left(\frac{Q}{A_2}\right)^2 - \left(\frac{Q}{A_1}\right)^2\right\} = 0$$

因此

$$Q = \sqrt{\frac{2(p_1 - p_2)A_1^2 A_2^2}{\rho(A_1^2 - A_2^2)}}$$

将 $A_1 = (0.2/2)^2\pi = 0.031, A_2 = (0.1/2)^2\pi = 7.9 \times 10^{-3}$ 和题中已知量代入上式，可得

$$Q = \sqrt{\frac{2 \times (0.01 \times 101.3 \times 10^3) \times 0.031^2 \times (7.9 \times 10^{-3})^2}{1.23 \times (0.031^2 - (7.9 \times 10^{-3})^2)}}$$
$$= 0.33 (\text{m}^3/\text{s})$$

【4.5】 可以通过在高速列车上建立相对坐标系求得。在贝努利方程(4.26)中，因为没有高度差，新干线前部为驻点，所以压力为 p_0，相对速度为 0。上游的相对速度为 U、压力为 p，因此可得

$$p_0 - p = \frac{\rho U^2}{2}$$

因此，将已知数据代入上式，可得

$$p_0 - p = \frac{1.23 \times (270 \times 10^3 / 3\,600)^2}{2} = 3\,459 (\text{Pa})$$

换算为大气压力是 0.034 atm。

【4.6】 Let point 1 be at the pipe inlet and point 2 at the pipe exit. The speed v_2 at the pipe exit is obtained from the continuity equation, Eq. (4.7):

$$v_2 = \frac{A_1}{A_2} v_1 = \left(\frac{2.0}{1.0}\right)^2 \times 2.0 = 8.0 (\text{m/s})$$

We take $z_1 = 0$ at the inlet and $z_2 = 5.0$ m at the pipe exit. We are given p_1 and v_1; we can find p_2 from Bernoulli's equation (4.26):

$$\begin{aligned} p_2 &= p_1 - \frac{\rho}{2}(v_2^2 - v_1^2) - \rho g (z_2 - z_1) \\ &= 4.0 \times 10^5 - \frac{1}{2} \times 1\,000 \times (64 - 4.0) - 1\,000 \times 9.81 \times (5-0) \\ &= 3.2 \times 10^5 (\text{Pa}) \end{aligned}$$

【4.7】 为加以区别，设水泵入口处的参数下标为 1、出口下标为 2。由流量得出入口和出口处速度分别为

$$v_1 = \frac{Q}{\pi d_1^2 / 4} = \frac{120 \times 10^{-3}/60}{\pi \times 0.1^2 / 4} = 0.255 (\text{m/s})$$

$$v_2 = \frac{Q}{\pi d_2^2 / 4} = \frac{120 \times 10^{-3}/60}{\pi \times 0.05^2 / 4} = 1.02 (\text{m/s})$$

将以上数值和已知量代入式(4.29)，可得

$$\begin{aligned} w_{\text{shaft}} &= \frac{p_2 - p_1}{\rho} + \left(\frac{v_2^2}{2} - \frac{v_1^2}{2}\right) \\ &= \frac{800 \times 10^3 - 100 \times 10^3}{1\,000} + 0.490 \\ &= 700 (\text{W}/(\text{kg/s})) \end{aligned}$$

质量流量为 ρQ，因此，该水泵所需功率为

$$\begin{aligned} L = \rho Q w_{\text{shaft}} &= 998 \times (120 \times 10^{-3}/60) \times 700 \\ &= 1.4 \times 10^3 (\text{W}) \end{aligned}$$

【4.8】 在式(4.23)中，因为绝热，所以 $q_{\text{neitin}} = 0$；且因为忽略势能变化，则 $z_2 - z_1 = 0$。将已知量代入式(4.23)，可得

$$\begin{aligned} w_{\text{shaft}} &= (2\,000 \times 10^3 - 4\,000 \times 10^3) + \left(\frac{60^2}{2} - \frac{30^2}{2}\right) \\ &= (-2\,000 \times 10^3) + 1\,350 \\ &= -2.0 \times 10^6 (\text{W}/(\text{kg/s})) \end{aligned}$$

因为功为负号，可知流体对汽轮机做功。

【4.9】 We apply Bernoulli's equation to the wide (point 1) and narrow (point 2) parts of the pipe, with

$$z_1 = z_2 : p_1 + \frac{\rho v_1^2}{2} = p_2 + \frac{\rho v_2^2}{2}.$$

From the continuity equation, $v_2 = (A_1/A_2) v_1$. Substituting this and rearranging, we get

$$p_1 - p_2 = \frac{\rho v_1^2}{2}\left(\frac{A_1^2}{A_2^2} - 1\right)$$

Because A_1 is greater than A_2, v_2 is greater than v_1 and pressure p_2 in the throat is less than p_1. A net force to the right accelerates the fluid as it enters the throat, and a net force to the left slows it as it leaves. Combining the above results and solving for v_1, we get

$$v_1 = \sqrt{\frac{2\Delta p}{\rho(A_1^2/A_2^2 - 1)}}$$

第 4 章 参考文献

[1] Anderson, Jr., J. D., *Fundamentals Aerodynamics* (1984), McGraw-Hill.
[2] 望月修・丸田芳幸, 流体音工学入門 (1996), 朝倉書店.
[3] 望月修, 図解流体工学 (2002), 朝倉書店.
[4] White, F. M., *Fluid Mechanics* (1986), McGraw-Hill.

第 5 章

动量定理

（Momentum Principle）

5.1 质量守恒定律(conservation of mass)

在讨论动量定理之前，首先针对流场中任意选取的**控制体**（control volume）来描述质量守恒定律。在第 4.1 节中讨论的是针对准一维流动的质量守恒定律，而这里，如图 5.1 中虚线所示，是在流场中选取任意形状的、在空间中位置一定的控制体来考察。假设在 t 时刻该控制体（虚线）内的流体，在 $t+\Delta t$ 时刻流动到图中双点划线位置。虚线包围的控制体以 CV 来表示，t 时刻该控制体内流体质量以 $m_{CV}(t)$ 表示。$t+\Delta t$ 时刻双点划线包围的区域用 FV 表示，该区域内流体质量为 $m_{FV}(t+\Delta t)$。如果流场与外界没有质量交换，则控制体 CV 内的流体在向区域 FV 流动的过程中保持质量守恒，即下式成立

$$m_{FV}(t+\Delta t)=m_{CV}(t) \tag{5.1}$$

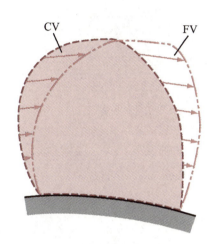

图 5.1 控制体(CV)与流体流动区域(FV)

另外，如图 5.2 所示，控制体 CV 的边界线（虚线）及区域 FV 的边界线（双点划线）交叉所形成的两个区域分别用 1 和 2 来表示，在 $t+\Delta t$ 时刻这两个域内的流体质量分别表示为 $m_1(t+\Delta t)$ 和 $m_2(t+\Delta t)$。于是，在 $t+\Delta t$ 时刻区域 FV 内的流体质量可表示为

$$m_{FV}(t+\Delta t)=m_{CV}(t+\Delta t)-m_1(t+\Delta t)+m_2(t+\Delta t) \tag{5.2}$$

由式(5.1)和式(5.2)，可得

$$m_{CV}(t+\Delta t)-m_{CV}(t)=m_1(t+\Delta t)-m_2(t+\Delta t) \tag{5.3}$$

因此

$$\lim_{\Delta t \to 0}\left[\frac{m_{CV}(t+\Delta t)-m_{CV}(t)}{\Delta t}\right]=\lim_{\Delta t \to 0}\left[\frac{m_1(t+\Delta t)}{\Delta t}\right]-\lim_{\Delta t \to 0}\left[\frac{m_2(t+\Delta t)}{\Delta t}\right] \tag{5.4}$$

将上式左边写成微分形式：

$$\lim_{\Delta t \to 0}\left[\frac{m_{CV}(t+\Delta t)-m_{CV}(t)}{\Delta t}\right]=\frac{\partial m_{CV}}{\partial t}$$

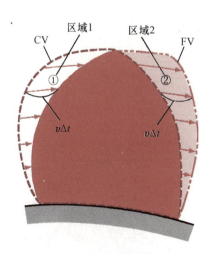

图 5.2 控制体与流体流入区域①及流出区域②

需要注意的是，由于控制体 CV 在空间上是固定的，因此对时间的微分应取偏微分。另外，在 $t+\Delta t$ 时刻，区域 1 和 2 中的流体质量 $m_1(t+\Delta t)$ 和 $m_2(t+\Delta t)$ 在 Δt 时间内流过控制体 CV 的边界，分别为流入和流

出的质量。如果单位时间内流入控制体和流出控制体的质量分别用$\dot{m}_{\text{in}}$和$\dot{m}_{\text{out}}$表示,式(5.4)右边两项则分别变成

$$\lim_{\Delta t \to 0}\left[\frac{m_1(t+\Delta t)}{\Delta t}\right]=\dot{m}_{\text{in}}, \quad \lim_{\Delta t \to 0}\left[\frac{m_2(t+\Delta t)}{\Delta t}\right]=\dot{m}_{\text{out}}$$

因此,式(5.4)可表示为

$$\frac{\partial m_{\text{CV}}}{\partial t}=\dot{m}_{\text{in}}-\dot{m}_{\text{out}} \qquad (\text{非定常、可压缩}) \tag{5.5}$$

式(5.5)所表示的物理意义是:控制体内流体的质量随时间的变化率,等于单位时间内通过控制体边界流入的流体质量$\dot{m}_{\text{in}}$与流出的流体质量之差。这就是对应于空间位置固定的任意控制体均成立的**质量守恒定律**(conservation of mass)。

对于定常流动,因控制体内质量不随时间变化,从式(5.5)可得如下形式的质量守恒定律

$$\dot{m}_{\text{in}}=\dot{m}_{\text{out}} \qquad (\text{定常、可压缩}) \tag{5.6}$$

如4.1节中针对准一维流动所讨论的那样,在定常流动中,对任意控制体流入与流出的**质量流量**(mass flow rate)$\dot{m}$相等。另外,如果流体不可压缩,由于密度为常数,质量守恒定律可采用**体积流量**(volume flow rate)$Q=\dfrac{\dot{m}}{\rho}$,用如下公式来表示

$$Q_{\text{in}}=Q_{\text{out}} \qquad (\text{定常/非定常、不可压缩}) \tag{5.7}$$

如第4章所述,该式是描述质量守恒定律的方程式,又称为**连续方程式**(continuity equation)。

使用密度ρ与速度向量v,还可以对质量守恒定律的公式(5.5)做进一步变换。如图5.3所示,控制体CV内部的微元体dV内的流体质量为ρdV。因此,控制体内的全部流体质量m_{CV}可由控制体的体积分来表示

$$m_{\text{CV}}=\int_{\text{CV}}\rho dV \tag{5.8}$$

另一方面,在控制体CV的边界上,通过微元面dA流出控制体的流体质量$d\dot{m}$可由下式求得

$$d\dot{m}=\rho v \cdot n dA \tag{5.9}$$

这里,如图5.3所示,n为微元面dA的外法向单位向量,标量积$v \cdot n$为垂直于该微元面的速度分量$|v|\cos\theta$。由于流体从控制体流出时为正值,流入时为负值,$v \cdot n dA$即为通过微元面流出控制体的体积流量。因此,$\rho v \cdot n dA (=d\dot{m})$就是通过控制体边界上微元面的质量流量,流出时取正值,流入时取负值。根据上面的分析,对式(5.9)在控制

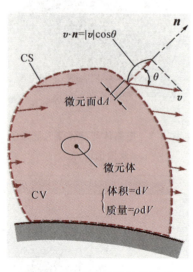

图5.3 控制体内流体的质量以及从边界流出的流体

5.1 质量守恒定律

体全部边界 CS 上进行面积分,即从控制体的边界上流出和流入流体的质量流量之差 $\dot{m}_{\text{out}} - \dot{m}_{\text{in}}$ 可用下式所示

$$\dot{m}_{\text{out}} - \dot{m}_{\text{in}} = \int_{\text{CS}} \rho \boldsymbol{v} \cdot \boldsymbol{n} \, \text{d}A \tag{5.10}$$

根据式(5.8)和式(5.10),质量守恒定律式(5.5)可变换为

$$\frac{\partial}{\partial t} \int_{\text{CV}} \rho \, \text{d}V = -\int_{\text{CS}} \rho \boldsymbol{v} \cdot \boldsymbol{n} \, \text{d}A \quad \text{(非定常、可压缩)} \tag{5.11}$$

另外,对于不可压缩流体,由于其密度不随时间和空间变化,非定常流动与定常流动没有区别,上式左边恒等于零,因此

$$\int_{\text{CS}} \boldsymbol{v} \cdot \boldsymbol{n} \, \text{d}A = Q_{\text{out}} - Q_{\text{in}} = 0 \quad \text{(定常/非定常、不可压缩)}$$

也就是说,只要是不可压缩流体,无论是非定常流动还是定常流动,式(5.7)所表示的流量关系总是成立的。

在图 5.4 中,对上述的质量守恒定律做一归纳总结。

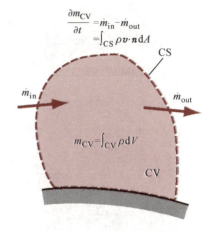

图 5.4 质量守恒定律

【例题 5.1】 ＊＊＊＊＊＊＊＊＊＊＊＊＊＊＊＊＊＊＊＊＊

如图 5.5 所示,不可压缩流体在内径为 R 的圆管内以体积流量 Q 做定常流动,且流动为轴对称,其速度只有圆管轴向的分量,速度分布为管壁上为 0、管中心轴上为最大值的旋转抛物面形状。试用体积流量 Q 和内半径 R 来表示圆管中心轴上的最大速度 U。

【解】 由于是轴对称流动,速度分布为旋转抛物面形状,所以某一截面上的速度分布可表示为

$$u = U \left\{ 1 - \left(\frac{r}{R} \right)^2 \right\} \tag{A}$$

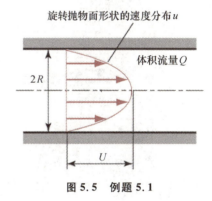

图 5.5 例题 5.1

其中,U 为中心轴上的最大速度,r 为距离中心轴的半径。由于流动定常、流体不可压缩,根据式(5.7)可知,通过圆管任意截面的体积流量 Q 相等,即

$$Q = \int_0^R u \cdot 2\pi r \, \text{d}r = 2\pi U \int_0^R \left\{ 1 - \left(\frac{r}{R} \right)^2 \right\} r \, \text{d}r = \frac{\pi}{2} R^2 U$$

可得最大速度 U 的表达式为

$$U = \frac{2Q}{\pi R^2} \tag{B}$$

＊＊＊＊＊＊＊＊＊＊＊＊＊＊＊＊＊＊＊＊＊

5.2 动量方程 (momentum equation)

由牛顿第二定律可知,质量为 m 的物体受到外力 $\boldsymbol{F}$ 作用并以速度 $\boldsymbol{v}$ 运动时,其运动方程可表示为

$$m\frac{d\boldsymbol{v}}{dt} = \boldsymbol{F} \tag{5.12}$$

其中,外力 $\boldsymbol{F}$ 及速度 $\boldsymbol{v}$ 为向量。上式还可表示为

$$\frac{d}{dt}(m\boldsymbol{v}) = \boldsymbol{F} \tag{5.13}$$

也就是说,"**动量** (momentum) $m\boldsymbol{v}$ 在单位时间内的变化量等于物体所受到的**外力** (external force) $\boldsymbol{F}$"。流体流动也遵循这一**动量方程** (momentum equation)。

对流动中的任意流体微团应用上述动量方程。如图 5.6 所示,虚线形成的控制体 CV 在空间上固定不变,考虑 t 时刻控制体内的流体微团,该流体微团在 $t+\Delta t$ 时刻移动到双点划线表示的区域 FV 处。t 时刻流体微团(控制体 CV 内的流体)拥有的动量为 $\boldsymbol{M}_{CV}(t)$,$t+\Delta t$ 时刻流体微团(区域 FV 内的流体)的动量为 $\boldsymbol{M}_{FV}(t+\Delta t)$。因此,所追踪的这部分流体微团的动量随时间的变化率[式(5.13)的左端]可表示为

$$\frac{d}{dt}(m\boldsymbol{v}) = \lim_{\Delta t \to 0}\left[\frac{\boldsymbol{M}_{FV}(t+\Delta t) - \boldsymbol{M}_{CV}(t)}{\Delta t}\right] \tag{5.14}$$

另外,与图 5.2 一样,控制体 CV 的边界(虚线)与区域 FV 的边界(双点划线)相互交叉后所形成的区域分别用 1 和 2 来表示,如图 5.6(b) 所示,在 $t+\Delta t$ 时刻区域 FV 内的流体所具有的动量 $\boldsymbol{M}_{FV}(t+\Delta t)$ 应满足下式

$$\boldsymbol{M}_{FV}(t+\Delta t) = \boldsymbol{M}_{CV}(t+\Delta t) + \boldsymbol{M}_2(t+\Delta t) - \boldsymbol{M}_1(t+\Delta t)$$

因此,式(5.14)可写成

$$\frac{d}{dt}(m\boldsymbol{v})$$
$$= \lim_{\Delta t \to 0}\left[\frac{\boldsymbol{M}_{CV}(t+\Delta t) - \boldsymbol{M}_{CV}(t)}{\Delta t}\right] + \lim_{\Delta t \to 0}\left[\frac{\boldsymbol{M}_2(t+\Delta t)}{\Delta t}\right] - \lim_{\Delta t \to 0}\left[\frac{\boldsymbol{M}_1(t+\Delta t)}{\Delta t}\right] \tag{5.15}$$

在 $t+\Delta t$ 时刻,区域 2 及区域 1 内的流体动量分别为 $\boldsymbol{M}_2(t+\Delta t)$ 及 $\boldsymbol{M}_1(t+\Delta t)$,它们分别为通过控制体 CV 的边界(虚线)、在 Δt 时间内流出和流入流体所具有的动量。因此,如果分别用 $\dot{M}_{out}$ 和 $\dot{M}_{in}$ 表示单位时间内流出和流入控制体的动量,则式(5.15)可变形为

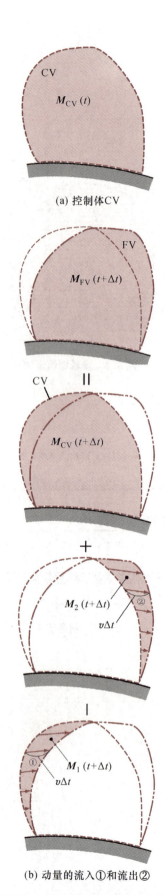

图 5.6 控制体及其动量的变化

$$\frac{d}{dt}(m\boldsymbol{v}) = \frac{\partial \boldsymbol{M}_{CV}}{\partial t} + \dot{\boldsymbol{M}}_{out} - \dot{\boldsymbol{M}}_{in} \tag{5.16}$$

上式是利用空间上固定不变的控制体推导得到的流体动量在单位时间内的变化公式。根据式(5.13)可知，t 时刻流体微团动量的时间变化率与作用在控制体 CV 上所有外力之和 $\boldsymbol{F}$ 相等，因此，下面的关系式成立

$$\frac{\partial \boldsymbol{M}_{CV}}{\partial t} + \dot{\boldsymbol{M}}_{out} - \dot{\boldsymbol{M}}_{in} = \boldsymbol{F} \quad （非定常） \tag{5.17}$$

上式是对流体微团成立的动量方程式(5.13)应用在空间固定不变的控制体上时的变换形式。控制体可在流动空间内任意选取，因此，方程式(5.17)所描述的**动量方程**(momentum equation)形式在工程中极为有用。另外，由于动量和力均为向量，所以应用动量方程时，不仅要考虑动量和力的大小，还须考虑其方向。

式(5.17)左端第一项为空间固定不变的控制体 CV 内流体的全部动量 $\boldsymbol{M}_{CV}$ 的时间变化率。如果流体密度为 ρ，则如图 5.7 所示，控制体内任意微元体 dV 所拥有流体的动量为 $\boldsymbol{v}\rho dV$，因此

$$\frac{\partial \boldsymbol{M}_{CV}}{\partial t} = \frac{\partial}{\partial t}\int_{CV} \boldsymbol{v}\rho dV \tag{5.18}$$

若流场是定常的，则时间变化率为 0，动量方程变为

$$\dot{\boldsymbol{M}}_{out} - \dot{\boldsymbol{M}}_{in} = \boldsymbol{F} \quad （定常） \tag{5.19}$$

由上式可知："对于定常流动，单位时间内通过控制体边界流出的动量 $\dot{\boldsymbol{M}}_{out}$ 与流入的动量 $\dot{\boldsymbol{M}}_{in}$ 之差，与控制体所受到的外力 $\boldsymbol{F}$ 相等"。

对式(5.17)及式(5.19)左边的动量差 $\dot{\boldsymbol{M}}_{out} - \dot{\boldsymbol{M}}_{in}$ 做进一步考察。如前节式(5.9)所示，单位时间内通过控制体边界上微元面 dA 的流体质量(质量流量)为 $\rho\boldsymbol{v}\cdot\boldsymbol{n}dA$，从控制体流出时该值为正，流入控制体时为负。因此，如图 5.8 所示，单位时间内通过该微元面的流体动量为 $\boldsymbol{v}\rho(\boldsymbol{v}\cdot\boldsymbol{n})dA$，把该动量在包围控制体的封闭表面 CS 上做面积分计算，则可得到单位时间内通过控制体边界流出及流入的全部动量之差 $\dot{\boldsymbol{M}}_{out} - \dot{\boldsymbol{M}}_{in}$，即

$$\dot{\boldsymbol{M}}_{out} - \dot{\boldsymbol{M}}_{in} = \int_{CS} \boldsymbol{v}\rho(\boldsymbol{v}\cdot\boldsymbol{n})dA \tag{5.20}$$

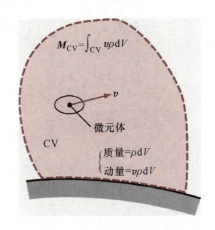

图 5.7 控制体内流体的动量

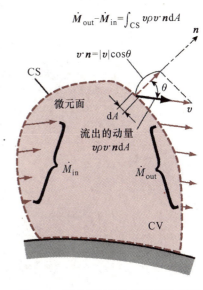

图 5.8 穿过控制体边界的流体动量

式(5.17)及式(5.19)右边的 F 为作用在控制体上的外力(受到的外部作用力)。如下式所示,作用在控制体 CV 内流体上的力为**体积力**(body force)F_B,而作用在控制体边界 CS 上的力为**表面力**(surface force)F_S,因此

$$F = F_B + F_S \tag{5.21}$$

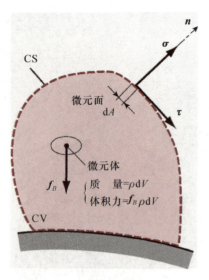

图 5.9　作用在控制体上的外力

重力、电磁力等均为体积力。如果单位质量流体所受的体积力为 f_B,如图 5.9 所示,作用在流体微元体 dV 上的体积力则为 $f_B\rho dV$,则作用在控制体上的全部质量力 F_B 即可对控制体进行体积分计算获得。

$$F_B = \int_{CV} f_B \rho \mathrm{d}V \tag{5.22}$$

例如,当重力作为体积力时,重力加速度的大小为 g,垂直方向上的单位矢量为 i_Z,那么作用在控制体上的全部质量力即为

$$F_B = \int_{CV} (-g i_Z \rho) \mathrm{d}V \tag{5.23}$$

另一方面,如图 5.9 所示,将作用在控制体边界微元面 dA 的法线方向的**法向应力**(normal stress)σ 以及切线方向的**切应力**(shear stress)τ 在边界面 CS 上进行封闭的面积分,则可得到作用在控制体上的表面力 F_S

$$F_S = \int_{CS} (\sigma + \tau) \mathrm{d}A \tag{5.24}$$

如果流场中的流体粘性可以忽略,则切应力为 0,法向应力只有作用在流体上的压力 p。由于压力的作用方向为控制体边界外法线单位向量的相反方向,此时的表面力则变成

$$F_S = \int_{CS} (-p\boldsymbol{n}) \mathrm{d}A \tag{5.25}$$

应用上述式(5.18)、(5.20)、(5.21)、(5.22)及(5.24),可把动量方程(5.17)改写成如下形式

$$\frac{\partial}{\partial t}\int_{CV} \boldsymbol{v}\rho \mathrm{d}V + \int_{CS} \boldsymbol{v}\rho(\boldsymbol{v}\cdot\boldsymbol{n})\mathrm{d}A = \int_{CV} \boldsymbol{f}_B\rho \mathrm{d}V + \int_{CS} (\boldsymbol{\sigma}+\boldsymbol{\tau})\mathrm{d}A$$
（非定常） $\tag{5.26}$

在计算表面力 F_S 时,需要注意的是必须在封闭的控制体边界上对式(5.24)进行面积分。如图 5.10 中的物体 A 那样,物体内部并不包含在控制体 CV 中,当该物体周围被控制体包围时,物体表面也必须取为控制体的边界面。但是如 B 物体那样,只有一部分被控制体包围,该物体被控制体边界面 CS 截断时,物体表面并不构成控制体的边界面,而是根据控制体的边界把该物体的截断面(图 5.10 中的 SB)取作控制体边界面的一部分。也就是说,对式(5.24)进行积分时,必须包括作用在物体截断面 SB 上的法向应力和切应力。无须

5.2 动量方程

赘述,作用在该截断面 SB 上的表面力积分值,等于物体 B 所受到的支撑力。

应用动量方程时,需要特别注意对控制体的选取,如下面例题中所描述的那样,对控制体的选取方法不同,有可能会使问题变得复杂。选取控制体时应该注意使流场尽量能够做定常处理,流出和流入控制体的动量计算方法要简单,作用在控制体边界上的表面力的求取方法要简单等,这些要点对控制体的选取尤为重要。另外,因控制体可以任意选取,没有流体流动的部分也可包含在控制体内,例如图 5.10 中所示的物体被横切的情况下,控制体的选取可以把被切物体包含在控制体之内。为使问题变得简单,控制体可自由设定。

【例题 5.2】 ************************

如图 5.11 所示,有一个水位保持一定、体积足够大的水槽,其垂直的侧壁上水平连接了一个直径为 D 的圆管,水槽中的水从圆管中流出时,并不接触管壁,而是形成了收缩流动。试求该水流向大气中喷出时的喷流直径 d。针对该流动,流体粘性可忽略,在计算喷流直径时,可认为流动断面内的流速均匀分布,而且认为管壁非常薄。另外,所谓收缩流动,就是如图 5.11 所示的那样,流体并不沿着水槽开口部位(圆管入口)的尖角流动,而是在尖角附近,流动从壁面上分离,其结果是使得喷出的流体占据的面积只是开口部位面积一部分的流动现象。

【解】 设圆管中心轴距离水槽自由液面的高度为 H,因流体粘性可忽略,即流动无损失,设水的密度为 ρ,喷流速度为 U,大气压为 p_a,在水槽水面和喷流之间应用贝努利方程

$$p_a + \rho g H = p_a + \frac{\rho}{2} U^2$$

其中,g 为重力加速度。从上式可得喷流速度为

$$U = \sqrt{2gH} \tag{C}$$

将如图 5.12 中虚线所示的部分选为控制体,考虑喷流方向(水的喷出方向,即 x 方向)上的动量方程。由于水槽体积足够大,水位保持一定,该流动可认为是定常流动。于是,考虑式(5.19)中各量在喷流方向上的分量。首先,单位时间内从控制体流出的喷流方向上的动量 $\dot{M}_{\text{out},x}$,只包括通过控制体边界面 $S_8 S_9$ 直径为 d 的喷流部分,可由下式求得 $\dot{M}_{\text{out},x}$

$$\dot{M}_{\text{out},x} = U \rho U \frac{\pi}{4} d^2 = \rho g H \frac{\pi}{2} d^2 \tag{D}$$

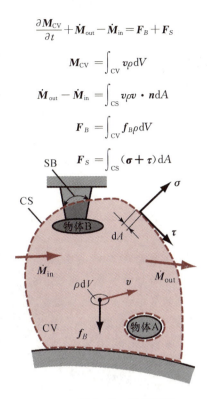

$$\frac{\partial \boldsymbol{M}_{\text{CV}}}{\partial t} + \dot{\boldsymbol{M}}_{\text{out}} - \dot{\boldsymbol{M}}_{\text{in}} = \boldsymbol{F}_B + \boldsymbol{F}_S$$

$$\boldsymbol{M}_{\text{CV}} = \int_{\text{CV}} v \rho \mathrm{d}V$$

$$\dot{\boldsymbol{M}}_{\text{out}} - \dot{\boldsymbol{M}}_{\text{in}} = \int_{\text{CS}} v \rho \boldsymbol{v} \cdot \boldsymbol{n} \mathrm{d}A$$

$$\boldsymbol{F}_B = \int_{\text{CV}} \boldsymbol{f}_B \rho \mathrm{d}V$$

$$\boldsymbol{F}_S = \int_{\text{CS}} (\boldsymbol{\sigma} + \boldsymbol{\tau}) \mathrm{d}A$$

图 5.10 动量定理

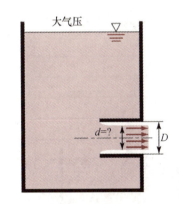

图 5.11 例题 5.2

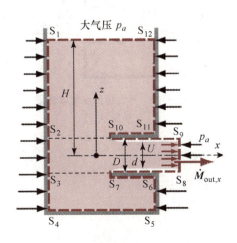

图 5.12 控制体与 x 方向的动量定理

另一方面,因水位保持一定,水面 S_1S_{12} 处的流速为 0,因此,控制体内没有动量流入,即单位时间内喷流方向上流入的动量 $\dot{M}_{in,x}$ 为

$$\dot{M}_{in,x}=0 \tag{E}$$

下面计算作用在控制体上的外力。虽然重力作为体积力作用在控制体内的流体上,但其在喷流方向(水平方向)上没有分量。而且,由于忽略流体粘性,作用在控制体边界面上的表面力只有法线方向上的压力,在这些压力当中,边界面 S_1S_{12}、S_4S_5、S_6S_7、S_7S_8、S_9S_{10} 及 $S_{10}S_{11}$ 上作用的压力在喷流方向(水平方向)上没有分量,而作用在其他边界面 S_1S_4、S_5S_6、S_8S_9 及 $S_{11}S_{12}$ 上的压力,如图 5.12 所示,在喷流方向上有分量。因水槽足够大,如果圆管也有足够的长度,作用在边界面 S_1S_4、S_5S_6 及 $S_{11}S_{12}$ 上的压力不受喷出水流的影响,可用下式计算

$$p=p_a+\rho g(H-z)$$

这里,z 坐标取从圆管中心轴垂直向上为正。作用在边界面 S_1S_2 和 $S_{11}S_{12}$ 上的压力大小相等方向相反,因此作用在这两个面上的外力相互抵消。作用在边界面 S_3S_4 和 S_5S_6 上的压力也可以相互抵消。但是,因喷流与大气接触,喷流内的压力与周围大气压力相等,因此作用在边界面 S_8S_9 上的压力为均匀的大气压 p_a。所以,作用在边界面 S_2S_3 上的水压和与之相对的作用在边界面 S_8S_9 上大气压之间相互抵消不掉。综上所述,作用在控制体边界面上的外力之中,喷流方向上的分量 F_x 为

$$F_x=\int_{S_2S_3}\{p_a+\rho g(H-z)\}dA-\int_{S_8S_9}p_adA$$
$$=\int_{S_2S_3}\rho g(H-z)dA=\rho gH\frac{\pi}{4}D^2 \tag{F}$$

在喷流方向的动量方程为

$$\dot{M}_{out,x}-\dot{M}_{in,x}=F_x \tag{G}$$

将式(D)~(F)代入上式(G)中,可得

$$d=\frac{D}{\sqrt{2}}$$

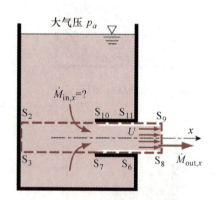

图 5.13 不合适的控制体选取
(例题 5.2)

这样的水流喷出口又称为**博尔达管嘴**(Borda's mouthpiece)。如图 5.12 所示选取控制体,可以得到以上简明的解答方法。但是如果控制体设定为如图 5.13 中的虚线所包围的区域,该问题将变得复杂,无法求解。究其原因是因为控制体边界面 S_2S_{10} 及 S_3S_7 位于喷口附近,不可忽略水的流入,尽管已知该部分流入的水流在喷流方向上有分量,但无法准确地求解该值。因此,在设定控制体时,从流体力学角度进行充分考察尤为重要。

* * * * * * * * * * * * * * * * * * * *

5.2 动量方程

【Example 5.3】 ＊＊＊＊＊＊＊＊＊＊＊＊＊＊＊＊＊＊＊＊

A nozzle attached to a vertical pipe turns the flow of water through 60 degrees and discharges water into the atmosphere as shown in Fig 5.14. The nozzle inlet and outlet areas are 0.02 m² and 0.01 m², respectively. The nozzle has a weight of 200 N, and the volume of water in the nozzle is 0.015 m³. The density of water is 1 000 kg/m³. When the volume flow rate is 0.1 m³/s, the gage pressure at the flange (nozzle inlet) is 40 kPa. What vertical force must be applied to the nozzle at the flange to hold it in place? Assume that the velocity and pressure of water are uniformly distributed at the inlet and outlet of the nozzle.

【Solution】 We select a control volume that includes the entire nozzle and the water contained in the nozzle at an instant, as is indicated by broken line in Fig 5.15. Water flow at low speeds, as in this example, may be considered incompressible. Therefore, Eq. (5.7) is applied to the control volume to give the volume flow rate Q in the nozzle as

$$Q = U_1 A_1 = U_2 A_2$$

where suffixes 1 and 2 denote the inlet and outlet of the nozzle, respectively. From the above equation we obtain the water velocities U_1 and U_2 at the nozzle inlet and outlet as follows:

$$U_1 = \frac{Q}{A_1} = \frac{0.1}{0.02} = 5 \text{(m/s)}, \quad U_2 = \frac{Q}{A_2} = \frac{0.1}{0.01} = 10 \text{(m/s)} \quad \text{(H)}$$

To apply the vertical (z fdirection) component of the momentum equation (5.19) to the control volume, the vertical momentum flow rates out of and into the control volume are evaluatefd, using the results of Eq. (H) and the density of water, $\rho = 1 000 \text{ kg/m}^3$, as

$$\dot{M}_{out,z} = (U_2 \cos\theta)\rho Q = (10 \times \cos 60°) \times 1 000 \times 0.1 = 500 \text{(N)} \quad \text{(I)}$$

and

$$\dot{M}_{in,z} = U_1 \rho Q = 5 \times 1 000 \times 0.1 = 500 \text{(N)} \quad \text{(J)}$$

We evaluate the vertical component of forces acting on the control volume. Surface forces due to the atmospheric pressure, p_a, exerted on portions de and ea of the control surface contribute to the vertical force component. Forces acting on the portion bc of the control surface also contribute to the vertical component: the vertical forces due to the nozzle inlet pressure, p_1, and the atmospheric pressure and the vertical component, $F_{N,z}$, of the anchoring force required to hold the nozzle in place. The anchoring force includes surface forces acting on the cross sections of the flange bolts. Assuming that the area of the flange is negligible, however, the force due to the at-

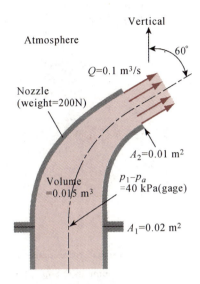

Fig 5.14 Example 5.3

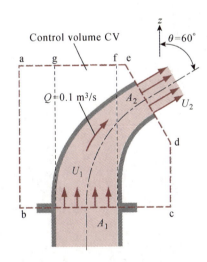

Fig 5.15 Control volume in Example 5.3

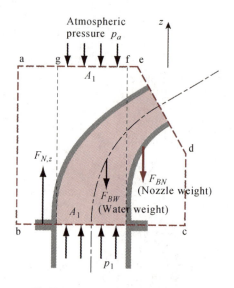

Fig 5.16 Vertical forces acting on the control volume in Example 5.3

mospheric pressure on the portion bc is canceled out by the vertical component of the forces due to the atmospheric pressure acting on the portions def and ga. The gravity exerts body forces, as weight, on the nozzle and the water contained in the nozzle at an instant. The body forces due to the nozzle weight, F_{BN}, and the water weight, F_{BW}, are vertical (in the negative z direction). Note that the weight of the air contained in the control volume is negligible as compared with F_{BN} and F_{BW}. The vertical forces acting on the contents of the control volume are shown in Fig 5.16.

Application of the vertical component of the momentum equation (5.19) to the control volume leads to

$$\dot{M}_{\text{out},z} - \dot{M}_{\text{in},z} = p_1 A_1 - p_a A_1 + F_{N,z} - F_{BW} - F_{BN}$$

Solving the above equation for $F_{N,z}$ we obtain

$$F_{N,z} = \dot{M}_{\text{out},z} - \dot{M}_{\text{in},z} - (p_1 - p_a) A_1 + F_{BW} + F_{BN} \tag{K}$$

From quantities given in the problem statement,

$$p_1 - p_a = 40 (\text{kPa}) \tag{L}$$
$$F_{BW} = \rho V g = 1\,000 \times 0.015 \times 9.81 (\text{N}) \tag{M}$$
$$F_{BN} = 200 (\text{N}) \tag{N}$$

In the above, g is the acceleration of gravity, and V denotes the volume of water contained in the nozzle. By substituting Eqs. (I), (J) and (L)~(N) into Eq. (K), we get

$$F_{N,z} = 500 - 500 - (40 \times 10^3) \times 0.02 + 1\,000 \times 0.015 \times 9.81 + 200$$
$$= -453 (\text{N})$$

The negative sign indicates that the vertical force required to hold the nozzle in place is exerted downward in the vertical direction.

****

【例题 5.4】 *********************

如图 5.17 所示，密度为 ρ 的水在大气中形成二维射流，射流的体积流量为 Q，速度为 U，该射流倾斜冲击静止放置的倾角为 θ 的平板之后，水流沿着平板向两个方向流动，沿平板两个方向流动的水流流量分别为 Q_1 和 Q_2。试求支撑平板所需要的外力 $\boldsymbol{F}_P$。这里，考虑流动为平面流动，且可忽略流体粘性。

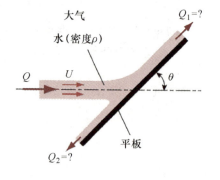

图 5.17 例题 5.4

【解】 由于该射流在大气中流动，其压力为大气压 p_a。另外，平板上的流动与大气相通，而且是在水平面内流动，距离射流与平板相互冲击区域足够远处的水流与平板相平行，该位置处的水流压力也与大气压 p_a 相等。距离冲击区域足够远的位置被分开的水流速度分别取为 U_1 和 U_2，因可忽略流体粘性，由贝努利方程可得

$$p_a+\frac{\rho}{2}U^2=p_a+\frac{\rho}{2}U_1^2, \quad p_a+\frac{\rho}{2}U^2=p_a+\frac{\rho}{2}U_2^2$$

另外,因流动为平面流动,上式中没有考虑位能的变化。由上面的贝努利方程可得

$$U=U_1=U_2 \tag{O}$$

下面考虑动量方程。如图 5.18 那样,取 x 坐标轴与平板平行,y 轴与平板垂直,选取虚线所示的长方形控制体。

由式(O)可得,单位时间内通过控制体边界面沿 x 方向和 y 方向流出的流体动量分别为 $\dot{M}_{\text{out},x}$ 和 $\dot{M}_{\text{out},y}$,

$$\dot{M}_{\text{out},x}=U_1\rho Q_1-U_2\rho Q_2=U\rho Q_1-U\rho Q_2 \tag{P}$$

$$\dot{M}_{\text{out},y}=0 \tag{Q}$$

单位时间内由 x 和 y 方向流入的流体动量 $\dot{M}_{\text{in},x}$ 和 $\dot{M}_{\text{in},y}$ 分别为

$$\dot{M}_{\text{in},x}=(U\cos\theta)\rho Q \tag{R}$$

$$\dot{M}_{\text{in},y}=-(U\sin\theta)\rho Q \tag{S}$$

作用在该控制体上的外力当中,作为体积力的重力虽对水流起作用,但该重力在 x-y 平面(水平面)内没有分量。另外,由忽略粘性的假设可知,作用在控制体边界面上的表面力当中,切应力为 0,法向应力只有压力。在压力之中,作用在边界面 AB、CD 和 DA 上的压力均为大气压 p_a,而作用在边界面 BC 上的压力,如前所述,虽然在距离水流的冲击区域足够远处与大气压相等,但在冲击区域处很显然应明显高于大气压。因此,假设作用在边界面 BC 上压力的积分值为 $F_{BC,y}$。另外,因切应力为 0,所以毫无疑问,作用在边界面 BC 上的外力在 x 方向没有分量。综上所述,作用在控制体上的外力如图 5.19 所示,其 x 方向和 y 方向分量 F_x 和 F_y 分别为

$$F_x=p_aA_x-p_aA_x=0 \tag{T}$$

$$F_y=F_{BC,y}-p_aA_y \tag{U}$$

其中,A_x 为边界面 AB 和 CD 的面积,A_y 为边界面 DA 的面积。

考虑到流动可看作定常流动,在 x 方向上的控制体动量方程应满足

$$\dot{M}_{\text{out},x}-\dot{M}_{\text{in},x}=F_x$$

把式(P)、(R)和(T)代入上式,可得

$$Q_1-Q_2-Q\cos\theta=0 \tag{V}$$

而由定常流动的质量守恒定律式(5.6)可知

$$\rho Q_1+\rho Q_2=\rho Q \tag{W}$$

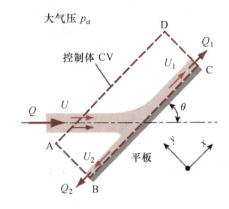

图 5.18 控制体(例题 5.4)

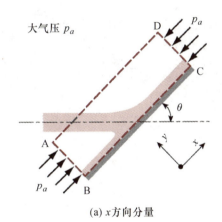

(a) x 方向分量

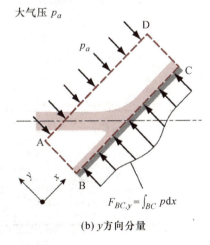

(b) y 方向分量

图 5.19 作用在控制体上的外力(例题 5.4)

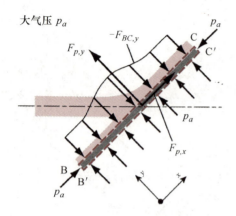

图 5.20 平板的受力平衡

联立式(V)和式(W)求解,可得

$$Q_1 = \frac{1+\cos\theta}{2}Q, \quad Q_2 = \frac{1-\cos\theta}{2}Q \qquad (X)$$

另外,在 y 方向上的控制体动量方程可写为

$$\dot{M}_{\text{out},y} - \dot{M}_{\text{in},y} = F_y$$

把式(Q)、(S)和(U)代入上式可得

$$F_{BC,y} = \rho QU\sin\theta + p_a A_y \qquad (Y)$$

再进一步进行考察,如图 5.20 中虚线所示,重新沿着平板设置新的控制体,针对这一控制体 BB'C'C 来考虑其受力平衡。支撑平板所需的外力为 $\boldsymbol{F}_P$,如图 5.21 的三维形状所示,作用在控制体被切断的平板断面上,x 方向和 y 方向上的分量分别为 $F_{P,x}$ 和 $F_{P,y}$。作用在控制体 BB'C'C 上的外力如图 5.20 所示。特别需要指出的是作用在该控制体边界面 BC 上的外力的积分值,与图 5.19(b)所示的作用在控制体 ABCD 上的力为作用力和反作用力的关系,其数值为 $-F_{BC,y}$。因通过控制体 BB'C'C 边界上没有动量的流入和流出,该控制体在 x 方向和 y 方向上的动量方程分别为如下形式的力平衡方程

$$F_{P,x} + p_a A_{BB'} - p_a A_{CC'} = 0$$

$$F_{P,y} - F_{BC,y} + p_a A_{B'C'} = 0$$

考虑到 $A_{BB'} = A_{CC'}$ 及 $A_{B'C'} = A_y$ 的关系,把式(Y)代入上式,可得

$$F_{P,x} = 0$$

$$F_{P,y} = \rho QU\sin\theta$$

由以上分析计算可知,支撑在垂直纸面方向上单位高度的平板所需要的力 $\boldsymbol{F}_P$ 沿 y 的正方向,大小等于 $\rho QU\sin\theta$。

* *

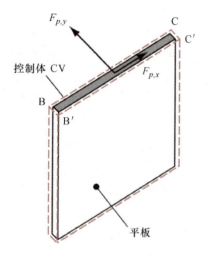

图 5.21 支持平板的力

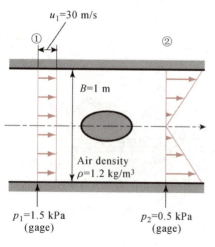

Fig 5.22 Example 5.5

【Example 5.5】 *

A blunt object is tested in a two-dimensional wind tunnel with a constant width of 1 m, as shown in Fig 5.22. The object shape is symmetrical about the tunnel centerline and does not change in the direction normal to the paper. The pressure is uniform across sections ① and ②. The upstream pressure is 1.5 kPa gage, and the downstream pressure is 0.5 kPa gage. The air velocity at the upstream section ① is 30 m/s and is uniformly distributed over the section. The velocity profile at the downstream section ② is linear and symmetrical about the tunnel centerline: it varies from zero at the centerline to a maximum at the tunnel wall. Assume that the flow is incompressible and two-dimensional, and that the air density is 1.2 kg/m³. Neglecting the viscous force on the tunnel wall, calculate the drag force acting on the object per unit height normal to the paper.

【Solution】 As shown by broken line in Fig 5.23, a control volume that includes only the fluid from section ① to section ② is selected. The x axis is aligned with the tunnel centerline and the y axis is normal to the flow and the tunnel wall. Since the flow is two-dimensional, we consider the flow field per unit height normal to the paper.

The volume flow rate of the air into the control volume, Q_{in}, is evaluated by using the uniform velocity profile at section ① as

$$Q_{in}=u_1\times(B\times 1)=30\times(1\times 1)=30\,(\mathrm{m^3/s}) \tag{a}$$

The linear velocity profile at section ② is given by

$$u_2=U_2\frac{y}{B/2} \tag{b}$$

where U_2 denotes the air velocity on the tunnel wall at section ②. Using Eq. (b) we can express the air volume flow rate out of the control volume, Q_{out}, as

$$Q_{out}=2\int_0^{\frac{B}{2}}u_2\,dy=2\int_0^{\frac{B}{2}}U_2\frac{y}{B/2}\,dy=\frac{1}{2}U_2 B \tag{c}$$

Since the flow is incompressible, application of the continuity equation to the control volume yields

$$Q_{out}=Q_{in}$$

Substituting Eqs. (a) and (c) into the above equation, we obtain

$$U_2=\frac{2Q_{in}}{B}=\frac{2\times 30}{1}=60\,(\mathrm{m/s}) \tag{d}$$

To determine the drag force acting on the object, we apply the momentum equation (5.19) to the control volume. The x component of the momentum flow rate out of the control volume, $\dot{M}_{out,x}$, is evaluated by using Eqs. (b) and (d) as

$$\dot{M}_{out,x}=2\int_0^{\frac{B}{2}}u_2\rho u_2\,dy=2\int_0^{\frac{B}{2}}\rho\left(U_2\frac{y}{B/2}\right)^2 dy$$
$$=\frac{1}{3}\rho U_2^2 B=\frac{1}{3}\times 1.2\times 60^2\times 1=1\,440\,(\mathrm{N}) \tag{e}$$

The x component of the momentum flow rate into the control volume, $\dot{M}_{in,x}$, is also evaluated as

$$\dot{M}_{in,x}=u_1\rho u_1 B=\rho u_1^2 B=1.2\times 30^2\times 1=1\,080\,(\mathrm{N}) \tag{f}$$

Since the object shape is symmetrical about the tunnel centerline (the x axis), the surface force integrated over the control volume boundary that is in contact with the object, F, has only the x component. We neglect the viscous force on the tunnel wall, as mentioned in the problem statement. The forces contributing to the momentum equation in the x direction are shown in Fig 5.24. Therefore, the x component of the momentum equation applied to the control volume gives

$$\dot{M}_{out,x}-\dot{M}_{in,x}=p_1\times(B\times 1)-p_2\times(B\times 1)+F \tag{g}$$

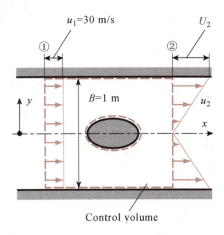

Fig 5.23 Control volume in Example 5.5

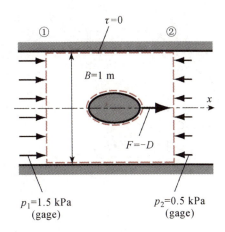

Fig 5.24 External forces in the x direction acting on the control volume in Example 5.5

From Eqs. (e), (f) and (g), the force exerted on the control volume by the object, F, is

$$F = \dot{M}_{out,x} - \dot{M}_{in,x} - (p_1 - p_2)B$$
$$= 1\,440 - 1\,080 - (1.5 \times 10^3 - 0.5 \times 10^3) \times 1 = -640 \text{(N)}$$

The drag force exerted on the object by the flow, D, is equal in magnitude but opposite in direction from F. Finally, we obtain

$$D = -F = 640 \text{(N)}$$

The drag force acting on the object per unit height normal to the paper is directed toward the flow and is equal in magnitude to 640 N.

* *

5.3 动量矩方程(moment-of-momentum equation)

如前节所述，质量为 m 的物体受外力 $\boldsymbol{F}$ 作用而以速度 $\boldsymbol{v}$ 运动时，可由动量方程(5.13)来描述，即

$$\frac{\mathrm{d}}{\mathrm{d}t}(m\boldsymbol{v}) = \boldsymbol{F} \tag{5.27}$$

如果从原点开始的位置向量记为 $\boldsymbol{r}$，对上式两边用向量 $\boldsymbol{r}$ 做叉积(向量积)计算可得

$$\boldsymbol{r} \times \frac{\mathrm{d}}{\mathrm{d}t}(m\boldsymbol{v}) = \boldsymbol{r} \times \boldsymbol{F} \tag{5.28}$$

上式的左边可变换为

$$\frac{\mathrm{d}}{\mathrm{d}t}(\boldsymbol{r} \times m\boldsymbol{v}) = \frac{\mathrm{d}\boldsymbol{r}}{\mathrm{d}t} \times m\boldsymbol{v} + \boldsymbol{r} \times \frac{\mathrm{d}}{\mathrm{d}t}(m\boldsymbol{v}) \tag{5.29}$$

考虑到 $\frac{\mathrm{d}\boldsymbol{r}}{\mathrm{d}t} = \boldsymbol{v}$，式(5.29)中右边第一项为0，由此可得如下关系式

$$\frac{\mathrm{d}}{\mathrm{d}t}(\boldsymbol{r} \times m\boldsymbol{v}) = \boldsymbol{r} \times \frac{\mathrm{d}}{\mathrm{d}t}(m\boldsymbol{v}) \tag{5.30}$$

根据式(5.30)，式(5.28)可变换为

$$\frac{\mathrm{d}}{\mathrm{d}t}(\boldsymbol{r} \times m\boldsymbol{v}) = \boldsymbol{r} \times \boldsymbol{F} \tag{5.31}$$

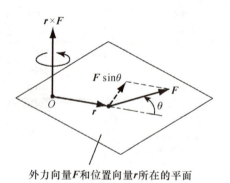

外力向量$\boldsymbol{F}$和位置向量$\boldsymbol{r}$所在的平面

图 5.25 外力矩

考察上式的物理意义。如图5.25所示，定义位置向量 $\boldsymbol{r}$ 与 $\boldsymbol{F}$ 间的夹角 θ 是从 $\boldsymbol{r}$ 向 $\boldsymbol{F}$ 方向变化时形成的夹角，这时由叉积的定义可知，上式右边的向量积 $\boldsymbol{r} \times \boldsymbol{F}$ 的大小为

5.3 动量矩方程

$$|\boldsymbol{r} \times \boldsymbol{F}| = |\boldsymbol{r}| \cdot |\boldsymbol{F}| \sin\theta$$

其方向为垂直于向量 $\boldsymbol{r}$ 和 $\boldsymbol{F}$ 所在的平面，指向为沿 θ 正方向做右手定则运动的拇指指向。这一向量表明外力 $\boldsymbol{F}$ 在原点周围产生的旋转效果，也就是说，它是外力 $\boldsymbol{F}$ 在原点处产生的力矩。同样，式(5.31)左边的向量积 $\boldsymbol{r} \times m\boldsymbol{v}$ 被称为作用在原点上的**动量矩或角动量**(moment of momentum 或 angular momentum)。相应地，式(5.31)表明："单位时间内动量矩的变化与作用在物体上的力矩相等"，这就是所谓的**动量矩方程**(moment-of-momentum equation)。

现考虑流场中任意的一团流体，该流体团具有的动量矩为 $\boldsymbol{L}$，所受的所有外力的力矩用 $\boldsymbol{T}$ 表示，由式(5.31)可知

$$\frac{\mathrm{d}\boldsymbol{L}}{\mathrm{d}t} = \boldsymbol{T} \tag{5.32}$$

把针对流体团得到的动量矩方程应用在固定空间中的控制体上。与上一节相同，如图 5.26 中虚线所示，在固定空间中选取控制体 CV，t 时刻该控制体内的流体团在 Δt 时刻之后流到双点划线所示的区域 FV。与推导式(5.16)完全相同，流体团所携带的总动量矩对时间的变化率[式(5.32)的左边]可表示为

$$\frac{\mathrm{d}\boldsymbol{L}}{\mathrm{d}t} = \frac{\partial \boldsymbol{L}_{\mathrm{CV}}}{\partial t} + \dot{\boldsymbol{L}}_{\mathrm{out}} - \dot{\boldsymbol{L}}_{\mathrm{in}} \tag{5.33}$$

其中，$\boldsymbol{L}_{\mathrm{CV}}$ 为控制体内流体的全部动量矩，$\dot{\boldsymbol{L}}_{\mathrm{out}}$ 和 $\dot{\boldsymbol{L}}_{\mathrm{in}}$ 分别表示单位时间内通过控制体边界面流出及流入的动量矩。因此，式(5.32)也可写成下面形式

$$\frac{\partial \boldsymbol{L}_{\mathrm{CV}}}{\partial t} + \dot{\boldsymbol{L}}_{\mathrm{out}} - \dot{\boldsymbol{L}}_{\mathrm{in}} = \boldsymbol{T} \quad (\text{非定常}) \tag{5.34}$$

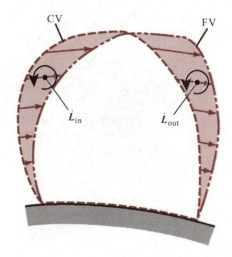

图 5.26 控制体及控制体上动量矩的流入和流出

上式为针对空间位置固定不变的控制体的**动量矩方程**(moment-of-momentum equation)。其中，$\boldsymbol{L}_{\mathrm{CV}}$、$\dot{\boldsymbol{L}}_{\mathrm{out}}$、$\dot{\boldsymbol{L}}_{\mathrm{in}}$ 和 $\boldsymbol{T}$ 均为向量。如果流动为定常，上式左边第一项为 $\boldsymbol{0}$，此时动量矩方程为

$$\dot{\boldsymbol{L}}_{\mathrm{out}} - \dot{\boldsymbol{L}}_{\mathrm{in}} = \boldsymbol{T} \quad (\text{定常}) \tag{5.35}$$

这就是说，"**对于定常流动，单位时间内通过控制体边界面流出的动量矩与流入的动量矩之差，等于作用在控制体上的外力矩之和**"。应注意的是，本节所讲述的动量矩方程，是在绝对坐标(静止坐标)系下针对位置固定的控制体所建立的。

式(5.34)左边第一项为在空间中位置固定的控制体 CV 内流体的全部动量矩 L_{CV} 随时间的变化率，由于微元体 dV 内流体所拥有的动量矩为 $r \times v\rho dV$，于是

$$\frac{\partial L_{CV}}{\partial t} = \frac{\partial}{\partial t}\int_{CV} r \times v\,\rho dV \tag{5.36}$$

如图 5.27 所示，单位时间内通过控制体边界面流出和流入的动量矩之差 $\dot{L}_{out} - \dot{L}_{in}$，与式(5.20)相同，可由下式给出

$$\dot{L}_{out} - \dot{L}_{in} = \int_{CS} (r \times v)\rho(v \cdot n)dA \tag{5.37}$$

另外，作用在控制体上的外部力矩（转矩）T，如下式所示，由作用在控制体 CV 内部流体上的体积力 F_B 产生的力矩以及作用于控制体边界面 CS 上的表面力 F_S 产生的力矩组成，

$$T = T_B + T_S \tag{5.38}$$

若单位质量的体积力用 f_B 来表示，则体积力产生的力矩 T_B 为

$$T_B = \int_{CV} r \times f_B \rho dV \tag{5.39}$$

作用在控制体边界面上的法向应力和切应力分别表示为 σ 和 τ，则表面力产生的力矩 T_S 为

$$T_S = \int_{CS} r \times (\sigma + \tau)dA \tag{5.40}$$

利用上述(5.36)~(5.40)式，动量矩方程(5.34)可表示为

$$\frac{\partial}{\partial t}\int_{CV} r \times v\rho dV + \int_{CS} (r \times v)\rho(v \cdot n)dA = \int_{CV} r \times f_B \rho dV + \int_{CS} r \times (\sigma + \tau)dA$$

（非定常） \tag{5.41}

综上所述，动量矩定理可总结在图 5.28 中。动量矩定理与前面一节介绍的动量方程式一样，在工程应用上是非常有用的定理，特别是对伴随有旋转运动的流动以及透平机械（如泵、水轮机等绕其轴旋转的流体机械）内部流动进行分析时，应用该定理的场合非常多。

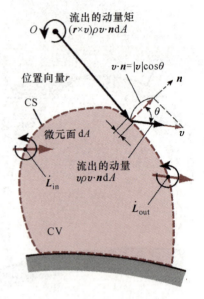

图 5.27 通过控制体的动量矩

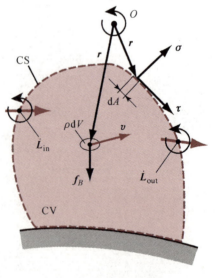

图 5.28 动量矩定理

5.3 动量矩方程

【例题 5.6】 ∗∗∗∗∗∗∗∗∗∗∗∗∗∗∗∗∗∗∗∗

如图 5.29 所示,离心泵是一种典型的旋转机械,其主要部件是由多个叶片组成的叶轮,水流通过绕中心轴旋转的叶轮时,叶片将其能量传递给水。图中所示的旋转叶片绕其中心轴 z 以一定角速度 ω 逆时针旋转时,叶片的入口和出口距离中心轴的半径分别为 r_1 和 r_2。当旋转叶轮内水流的总体积流量为 Q 时,叶轮进口和出口处在绝对坐标(静止坐标)系下测得的流速大小以及圆周方向上流动的角度分别为 v_1、α_1 及 v_2、α_2。另外,叶轮的进口和出口处流动在中心轴(z)方向上没有分量。试求,驱动叶轮旋转的外力所做的功。这里,假定水的密度一定,其值为 ρ,而且旋转叶轮的进口和出口处流动均匀,因此叶轮进口截面和出口截面上的切应力可忽略。

【解】 由于动量矩方程(5.34)是针对空间位置固定的控制体在绝对坐标系下建立的。因此,求解本问题时应在绝对坐标系下考察旋转叶轮内的流场。因为泵的叶片数目有限,旋转叶轮进口处和出口处瞬时流场在圆周方向上应该并不均匀,但是在本问题中假定其进口和出口处流动均匀,也就是说在绝对坐标系下观察时,时间平均的流场是均匀的。针对这样的时间平均流场,式(5.34)左边第 1 项的非定常项即可忽略,于是式(5.35)给出的动量矩方程就可以应用。

图 5.30 中的虚线所示是假定在绝对坐标系下给定的固定不变的控制体。控制体的子午面(通过中心轴 z 的截面)形状为矩形,控制体本身是一个包围了全部叶片的环状体。控制体的边界面中,垂直于 z 轴的边界面 AD 和 BC 在叶轮的前盖板和后盖板的外侧,内周边界面 AB 和外周边界面 CD 在叶轮的进口和出口半径处。内周边界面 AB 如图 5.30(b)所示,和后盖板横向相切。针对上述的控制体,应用绕叶轮旋转轴,即中心轴(z 轴)的动量矩方程进行分析。

单位时间内从控制体边界流出的绕 z 轴的动量矩 $\dot{L}_{\text{out},z}$,只在出口边界面 CD 处存在,其值为

$$\dot{L}_{\text{out},z} = (r_2 v_2 \cos\alpha_2)\rho Q \tag{h}$$

另一方面,流入控制体的绕 z 轴动量矩 $\dot{L}_{\text{in},z}$,只在进口边界面 AB 处存在,其值为

$$\dot{L}_{\text{in},z} = (r_1 v_1 \cos\alpha_1)\rho Q \tag{i}$$

下面考虑由外力引起的作用在控制体上的绕 z 轴的角动量。控制体内叶轮和水都只受重力作用,如果 z 方向与铅垂方向不一致,那么该重力会在局部产生绕 z 轴的力矩。但是,在绝对坐标系下观察时,旋转叶轮和水流通过时间平均后相对于 z 轴来讲是轴对称的。因此,考虑时间平均的流场,由重力引起的绕 z 轴力矩积分之后相互抵消变为 0。另外,因控制体的边界面 AD 和 BC 位于叶

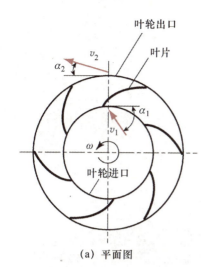

(a) 平面图

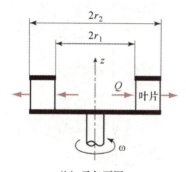

(b) 子午面图

图 5.29 例题 5.6

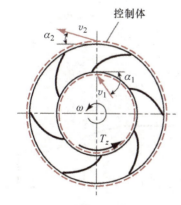

(a) 平面图

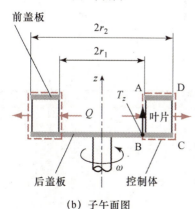

(b) 子午面图

图 5.30 控制体(例题 5.6)

轮的外部，在该边界面上只有压力作为外力垂直作用于边界面，但该压力不产生绕 z 轴的力矩。另外，对于圆筒形的进口和出口边界面 AB 和 CD 上的流动，由于切应力可以被忽略，外力只有法向应力起作用，该法向应力也不产生绕 z 轴的力矩。但是，因控制体边界 AB 横切了后盖板，在进口边界面 AB 上会出现盖板的断面，该处会承受支持叶轮的外力作用。作用在后盖板断面处的外力绕 z 轴的力矩记为 T_z。

由以上分析可知，针对控制体绕 z 轴动量矩方程可写成

$$\dot{L}_{\text{out},z} - \dot{L}_{\text{in},z} = T_z \tag{j}$$

把式(h)和(i)代入上式，可得

$$T_z = \rho Q (r_2 v_2 \cos\alpha_2 - r_1 v_1 \cos\alpha_1)$$

绕 z 轴的力矩 T_z 在边界面 AB 横切后盖板的断面上沿逆时针方向作用在叶轮上。由于 T_z 的作用而使叶片以角速度 ω 沿逆时针旋转运动。因此，为驱动叶轮旋转所需外力做的功为

$$W = T_z \omega = \rho Q \omega (r_2 v_2 \cos\alpha_2 - r_1 v_1 \cos\alpha_1)$$

****

===== 习　题 ====================

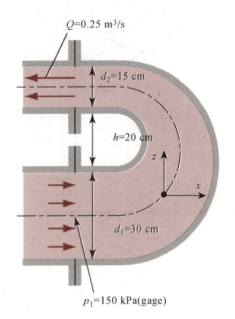

Fig 5.31　Problem 5.1

【5.1】 Water flows through a 180 degrees converging pipe bend as illustrated in Fig 5.31. The centerline of the bend is in the vertical plane. The flow cross-sectional diameter is 30 cm at the bend inlet and 15 cm at the bend outlet. The bend has a flow passage volume of 0.10 m³ and a weight of 500 N. The volume flow rate of the water is 0.25 m³/s and the gage pressure at the center of the bend inlet is 150 kPa. The density of water is 1 000 kg/m³. Neglecting the viscous force in the bend, calculate the horizontal (x direction) and vertical (z direction) anchoring forces required to hold the bend in place。

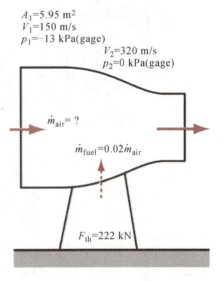

图 5.32　习题 5.2

【5.2】 如图 5.32 所示，地面试验台上安装了发动机进行性能测试实验。发动机进口面积为 5.95 m²，流入的空气速度为 150 m/s，压力为 13 kPa（相对压力）；出口喷出的气体流速为 320 m/s，压力为大气压。而且，发动机的推力（作用在试验台上发动机转轴方向的力）为 222 kN。另外，燃料是由与发动机垂直的方向上供给，假设燃料的质量流量为流入空气的 2%，试求该发动机内流动空气的质量流量。

第 5 章 习 题

【5.3】 A water jet pump has a total area of $0.075\,\text{m}^2$ and a water jet with a speed of $30\,\text{m/s}$ and a cross-sectional area of $0.01\,\text{m}^2$ as shown in Fig 5.33. The jet is within a secondary stream of water having a speed of $3\,\text{m/s}$ at the pump inlet. The jet and secondary stream are completely mixed and leave the pump exit in a uniform stream. The density of water is $1\,000\,\text{kg/m}^3$. Assume that the pressure is uniform across the pump inlet. Neglecting the viscous force on the pump duct wall, determine the pressure rise through the pump.

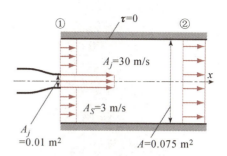

Fig 5.33　Problem 5.3

【5.4】 如图 5.34 所示,扩压管与水平放置的内径为 $2R$ 的圆管相连,通过该扩压管,空气以体积流量 Q 向大气中流出。在扩压管的法兰断面(入口截面)处流速只有轴向分量,而且在该截面上压力均匀分布,且压力大小与大气压之差为 Δp。试求此时作用在法兰螺栓上的拉伸力总和 F。已知空气密度为 ρ。

【5.5】 Incompressible flow develops in a horizontal, straight pipe with an inside diameter of $2r_0$ as illustrated in Fig 5.35. At an upstream section ①, the velocity profile is uniform, with a constant value of U. At a downstream section ②, the velocity profile is axisymmetric and parabolic, with zero velocity at the pipe wall and a maximum velocity at the centerline. The pressure distributions are uniform at the sections ① and ②: the pressures are equal to constant values of p_1 and p_2, respectively. The density of fluid is ρ. Derive a formula for the friction force, F_τ, exerted by the pipe wall on the fluid between the sections ① and ②, as a function of U, p_1, p_2, ρ and r_0.

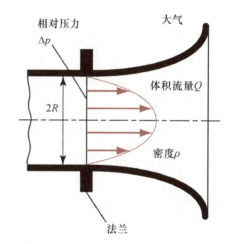

图 5.34　习题 5.4

【5.6】 如图 5.36 所示,在水平面内以一定角速度旋转的洒水器,从洒水器中洒出水的体积流量为 $12\,\text{L/min}$,该洒水器顶端的两个喷嘴出口内径为 $5\,\text{mm}$,位于离旋转轴半径为 $0.2\,\text{m}$ 的位置上,并且喷嘴中心轴在圆周方向上偏斜 $30°$。水是沿着旋转轴在铅垂方向上供给,喷嘴出口处水的流速只有在水平面内的分量。洒水器受到来自旋转轴承的摩擦力为 $0.15\,\text{N}\cdot\text{m}$,作用方向与旋转方向相反。已知水的密度为 $1\,000\,\text{kg/m}^3$,试求洒水器的旋转角速度。

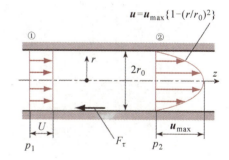

Fig 5.35　Problem 5.5

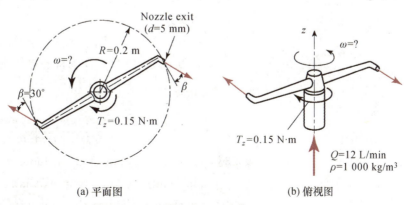

(a) 平面图　　　　(b) 俯视图

图 5.36　习题 5.6

【答案】

【5.1】 We select a control volume that includes the entire bend and the water contained in the bend. Application of the x component of the momentum equation to the control volume yields

$$-U_2\rho Q - U_1\rho Q = p_1 A_1 + p_2 A_2 + F_x$$

where F_x is the horizontal anchoring force acting on the bend. From the continuity equation the velocities at the inlet and outlet of the bend are given as

$$U_1 = \frac{Q}{A_1} = \frac{0.25}{\pi \times 0.30^2/4} = 3.54 \, (\text{m/s})$$

$$U_2 = \frac{Q}{A_2} = \frac{0.25}{\pi \times 0.15^2/4} = 14.15 \, (\text{m/s})$$

Since the viscous force is neglected, application of the Bernoulli's equation to the bend flow leads to

$$p_2 = p_1 + \frac{\rho}{2}(U_1^2 - U_2^2) - \rho g(z_2 - z_1)$$

$$= 150 \times 10^3 + \frac{1\,000}{2}(3.54^2 - 14.15^2) - 1\,000 \times 9.81 \times 0.425 = 52.0 \, (\text{kPa})$$

Thus, we obtain

$$F_x = -p_1 A_1 - p_2 A_2 - \rho Q(U_2 + U_1)$$

$$= -150 \times 10^3 \times \frac{\pi \times 0.30^2}{4} - 52.0 \times 10^3 \times \frac{\pi \times 0.15^2}{4} - 1\,000 \times 0.25 \times (14.15 + 3.54)$$

$$= -15.9 \, (\text{kN})$$

On the other hand, the z component of the momentum equation applied to the control volume gives

$$F_z - F_B - F_W = 0$$

where F_z is the vertical anchoring force acting on the bend, and F_B and F_W denote the bend weight and the water weight, respectively. Thus, we get

$$F_z = F_B + F_W = 500 + 1\,000 \times 9.81 \times 0.1 = 1.48 \, (\text{kN})$$

【5.2】 选择包括发动机在内的区域为控制体，考虑发动机轴向的动量方程

$$1.02 \dot{m}_{\text{air}} V_2 - \dot{m}_{\text{air}} V_1 = p_1 A_1 - p_2 A_2 + F_{\text{th}}$$

利用上式求解流入发动机的空气质量流量 $\dot{m}_{\text{air}}$，可得

$$\dot{m}_{\text{air}} = \frac{(p_1 - p_2)A_1 + F_{\text{th}}}{1.02 V_2 - V_1}$$

$$= \frac{(-13 \times 10^3 - 0) \times 5.95 + 222 \times 10^3}{1.02 \times 320 - 150} = 820 \, (\text{kg/s})$$

【5.3】 A control volume that includes only the water from the pump inlet to the pump exit is selected. The continuity equation applied to the control volume gives

$$V_jA_j + V_s(A-A_j) = V_2A$$

From the above equation we obtain

$$V_2 = V_j\frac{A_j}{A} + V_s\left(1-\frac{A_j}{A}\right) = 30 \times \frac{0.01}{0.075} + 3 \times \left(1-\frac{0.01}{0.075}\right) =$$
$$6.60 \text{(m/s)}$$

Application of the streamwise (x) component of the momentum equation to the control volume results in

$$V_2\rho V_2 A - \{V_j\rho V_jA_j + V_s\rho V_s(A-A_j)\} = p_1A - p_2A$$

Thus, the pressure rise through the pump, $p_2 - p_1$, can now be determined as

$$p_2 - p_1 = \rho\left\{V_j^2\frac{A_j}{A} + V_s^2\left(1-\frac{A_j}{A}\right) - V_2^2\right\}$$
$$= 1000 \times \left\{30^2 \times \frac{0.01}{0.075} + 3^2 \times \left(1-\frac{0.01}{0.075}\right) - 6.60^2\right\}$$
$$= 84.2 \text{(kPa)}$$

【5.4】扩压管进口处截面上的流速 u_1 的分布可由下式给出

$$u_1 = U_1\left\{1-\left(\frac{r}{R}\right)^2\right\}$$

其中，U_1 为中心轴上的流速，r 为距离中心轴的半径。与例题 5.1 相同，由连续性方程可得用 Q 表示的 U_1，

$$U_1 = \frac{2Q}{\pi R^2}$$

选定如图 5.37 所示的控制体，考虑扩压管中心轴方向（z 方向）的动量方程。边界 AB 通过扩压管的进口段面，边界 BC、CD 及 DA 取在距离扩压管足够远的位置。由控制体的选定可知，控制体边界面当中，位于扩压管外部的边界面上的流速均为 0，压力为大气压。这时，控制体 z 方向的动量方程可写为

$$-\int_0^R u_1\rho u_1 \cdot 2\pi r dr = p_1\pi R^2 - p_a\pi R^2 - F$$

由于扩压管进口处的相对压力 $p_1 - p_a$ 已给定为 Δp，因此可求得作用于法兰螺栓上的拉伸力总和 F 如下

$$F = \pi R^2\left\{\frac{8}{6}\rho\left(\frac{Q}{\pi R^2}\right)^2 + \Delta p\right\}$$

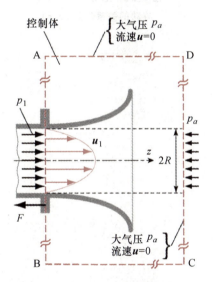

图 5.37 控制体及作用在控制体 z 方向上的外力（习题 5.4）

【5.5】We use a control volume that includes only the fluid from the upstream section ① to the downstream section ②. As was shown in Example 5.1, the continuity equation applied to the control volume gives the maximum velocity at the downstream section as

$$u_{\max} = 2U$$

Application of the axial component of the momentum equation to the control volume yields

$$\int_0^R u\rho u \cdot 2\pi r dr - U\rho U\pi r_0^2 = (p_1-p_2)\pi r_0^2 - F_\tau$$

Solving the above equation for the friction force, we obtain

$$F_\tau = \pi r_0^2 \left\{ (p_1 - p_2) - \frac{1}{3}\rho U^2 \right\}$$

【5.6】与例题 5.6 一样，认为绝对（静止）坐标系下时间平均的流动为定常流动，选定在绝对坐标系下位置固定且包括旋转洒水器的控制体。喷嘴出口处流出水的速度向量在绝对坐标系下记为 v，而在与洒水器一同旋转的相对坐标系下记为 v_{rel}，如图 5.38 所示，二者有如下关系

$$v = v_{\text{rel}} + u$$

这里，u 为绝对坐标系下记录下来的喷嘴出口处旋转速度向量。由连续性方程可得

$$|v_{\text{rel}}| = v_{\text{rel}} = \frac{Q/2}{\pi d^2/4} = \frac{(12 \times 10^{-3}/60)/2}{\pi \times (5 \times 10^{-3})^2/4} = 5.09\,(\text{m/s})$$

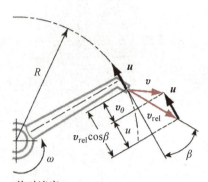

图 5.38 绝对流动与相对流动的关系（习题 5.6）

绝对速度：$v = v_{\text{rel}} + u$
相对速度：v_{rel}
旋转速度：$|u| = u = \omega R$

绝对速度向量在圆周方向的分量 v_θ 可由图 5.38 所示的关系求得

$$v_\theta = v_{\text{rel}} \cos\beta - \omega R$$

因此，由作用在控制体上绕旋转轴（z 轴）动量矩方程可得

$$-R v_\theta \rho Q = -T_z$$

由上述各式可求得洒水器的旋转角速度为

$$\omega = \left(v_{\text{rel}} \cos\beta - \frac{T_z}{\rho Q R} \right) \frac{1}{R}$$

$$= \left(5.09 \times \cos 30° - \frac{0.15}{1\,000 \times (12 \times 10^{-3}/60) \times 0.2} \right) \times \frac{1}{0.2}$$

$$= 3.29\,(\text{rad/s}) = \frac{3.29}{2\pi} \times 60\,(\text{rpm}) = 31.4\,(\text{rpm})$$

第 5 章 参考文献

[1] Fox, R. W. and McDonald, A. T., *Introduction to Fluid Mechanics*, Third Ed. (1985), John Wiley & Sons, Inc.

[2] Munson, B. R., Young, D. F. and Okiishi, T. H., *Fundamentals of Fluid Mechanics*, Second Ed. (1994), John Wiley & Sons, Inc.

[3] Roberson, J. A. and Crowe, C. T., *Engineering Fluid Mechanics*, Sixth Ed. (1997), John Wiley & Sons, Inc.

[4] 妹尾泰利，内部流れの力学 I，運動量理論と要素損失・管路系（1995），養賢堂．

第 6 章

管内流动

（Pipe Flows）

6.1 管流摩擦损失 (friction loss of pipe flows)

6.1.1 流体的粘性 (viscosity of fluid)

油或者炼乳油等比较黏稠而且难以流动，必须施加一定的力（force）或者功率（power）才能使这样的流体在管内流动。与此相比，淙淙流动的水或者空气这样的流体流动，用第 4 章所述的贝努利方程式(4.26)进行计算不会产生大的偏差，但也需要一定的力才能使它们在管内流动。另外，摩托车、汽车等在行驶过程中，随着速度增加，经常感觉到阻力也会增大。这些都是运动流体由于存在粘性产生的物理现象。实际流体一定存在或大或小的粘性，流体的粘滞特性称为粘性，如第 1 章所述，具有粘性的流体称为粘性流体(viscous fluid)。

这里，首先确认第 1 章中讨论的牛顿粘性定律。流体的粘性在流动中的物体表面或者沿流动方向的微元面上，产生与流动方向相反的摩擦力(friction force)。单位面积上的摩擦力用**切应力**(shear stress)表示，记为 τ [Pa]。例如，考虑图 6.1 中所示的沿 x 方向的二维剪切流动。切应力 τ 与流体的粘度 μ 和流动**速度梯度**(velocity gradient) $\mathrm{d}u/\mathrm{d}y$ 成正比，满足如下的牛顿粘性定律（式(1.6)）。

$$\tau = \mu \frac{\mathrm{d}u}{\mathrm{d}y} \tag{6.1}$$

特别是，物体表面或者壁面 $y=0$ 处的切应力称为**壁面切应力**(wall shear stress) τ_w，可通过下式得到

$$\tau_w = \mu \frac{\mathrm{d}u}{\mathrm{d}y}\bigg|_{y=0} \tag{6.2}$$

由流动所产生的切应力称为**粘性摩擦**或者**粘性摩擦阻力**(viscous resistance)。

粘度与温度的关系

粘度 μ 和运动粘度 ν 的大小，如第 1 章的物性值表所示，与流体的种类和本身的温度有关。一般随温度上升，液体粘度 μ 减小，气体粘度 μ 增大。

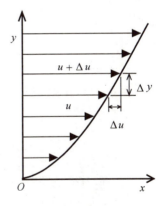

图 6.1　牛顿粘性定律

6.1.2 管流摩擦损失 (friction loss of pipe flow)

无论什么样的流动，都会由于流体粘性的存在产生摩擦阻力。这种摩擦阻力由于要消耗驱动流体的功率或能量而成为**能量损失**(energy loss)。

对圆管和长方形管的内部流动，由流体粘性所产生的能量损失称为**管流摩擦损失**(friction loss of pipe flow)。如图 6.2 所示，流体从大型水槽流入水平直管时，由于存在管流摩擦损失，压力沿下游方向缓缓降低。这种压力变化被称为**压力降**(pressure drop)，压力的变化量表示为**压力损失**(pressure loss) Δp。另外，经常也将压力损失表示为如下的**水头损**

失(head loss)Δh。设流体的密度为ρ,重力加速度大小为g,则有

$$\Delta h = \frac{\Delta p}{\rho g} \tag{6.3}$$

利用粘性摩擦或者其他原因所引起的水头损失 Δh,根据图 6.3 所示的情景,可将式(4.30)那样不考虑损失的流动贝努利方程扩展为

$$\frac{p_1}{\rho g} + \frac{v_1^2}{2g} + z_1 = \frac{p_2}{\rho g} + \frac{v_2^2}{2g} + z_2 + \Delta h \quad \text{(有损失)} \tag{6.4}$$

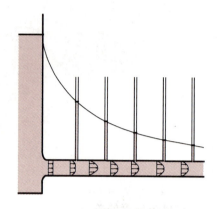

图 6.2 流动的能量损失

对管内流动,损失水头 Δh 可由下面的**达西-韦史巴赫公式**(Darcy-Weisbach's formula)给出

$$\Delta h = \frac{\Delta p}{\rho g} = \lambda \frac{l}{d} \frac{v^2}{2g} \tag{6.5a}$$

或者

$$\lambda = \left(\frac{\Delta p}{l} d\right) \Big/ \left(\frac{1}{2} \rho v^2\right) \tag{6.5b}$$

这里,l 为管长,d 为管内径,v 为管内平均流速,λ 为无量纲的**管道摩擦系数**(pipe friction coefficient)。管道摩擦系数 λ 的值在**层流**(laminar flow)时取决于**雷诺数**(Reynolds number)Re;而在湍流(turbulent flow)时则取决于雷诺数和管壁**表面粗糙度**(surface roughness)。

图 6.3 沿流线的流动

6.2 直圆管内流动 (straight pipe flow)

6.2.1 进口段流动 (inlet flow)

如果水从大型水槽直接流向圆管内,压力将随着流体流向下游而降低。流动的**速度分布**(velocity distribution)也如图 6.4 所示那样缓缓变化。流体流入管内后在管壁上逐渐形成**边界层**(boundary layer),边界层厚度沿着流动方向增加,使得管内流动逐渐被边界层所覆盖。因此,速度分布从管进口时的几乎均匀分布转变为抛物线型分布,然后速度分布不再发生变化。这种状态被称为**充分发展的流动**(fully developed flow),在该状态下由管道摩擦损失产生的压力下降也维持为常数。

流动从管道入口到充分发展的流动之间的区域称为**进口段**(inlet region)或者入口段(entrance region),该区域长度称为**进口段长度**(inlet length)或者入口段长度(entrance length)。入口段长度 L 可由下式给出

层流 $\quad L = (0.06 \sim 0.065) Re \cdot d \tag{6.6a}$

湍流 $\quad L = (25 \sim 40) d \tag{6.6b}$

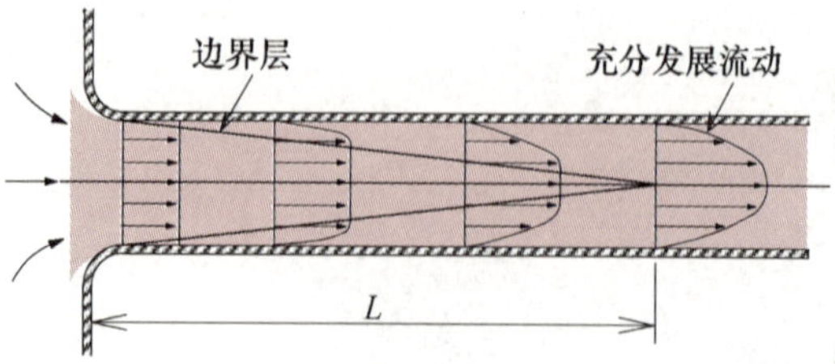

这里,Re 为雷诺数,d 为管径。

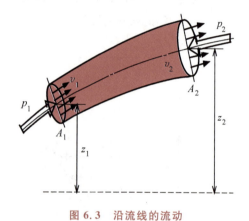

图 6.4 进口段流动

进口处产生的损失叫做**进口损失**(inletloss),损失的水头表示为

$$\Delta h = \zeta \left(\frac{v^2}{2g}\right)$$

这里,ζ 为进口损失系数。计算损失时在通常的损失上要加上这部分损失。

6.2.2 圆管内层流（laminar pipe flow）

由于充分发展的流动速度分布沿流动方向不发生变化，由管道摩擦损失产生的压力损失 Δp 和流体粘性产生切应力 τ 形成的摩擦力相平衡。如图 6.5 所示，沿着管轴线的流动方向定义为 x 轴，半径方向为 r，考虑流动中微小的圆柱形流体微团的受力平衡。定义流动方向为正，压力差所产生的力为

$$\pi r^2 \left\{ p - \left(p + \frac{\mathrm{d}p}{\mathrm{d}x}\mathrm{d}x \right) \right\} = -\pi r^2 \frac{\mathrm{d}p}{\mathrm{d}x}\mathrm{d}x$$

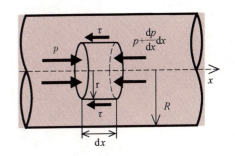

图 6.5 圆管内层流

另一方面，作用在圆柱表面的摩擦力 $\tau \cdot 2\pi r \mathrm{d}x$ 与流动方向相反。由于圆柱内流体动量不随时间变化，因此受力平衡。由二者相等可推导出

$$\tau = -\frac{r}{2}\frac{\mathrm{d}p}{\mathrm{d}x} \tag{6.7}$$

圆管内流动在雷诺数 Re 约为 2 300 以下时处于层流状态。层流的切应力由粘性定律式(6.1)给出，利用 $y = R - r$，式(6.1)可写成

$$\tau = \mu \frac{\mathrm{d}u}{\mathrm{d}y} = -\mu \frac{\mathrm{d}u}{\mathrm{d}r} \tag{6.8}$$

由式(6.7)和式(6.8)可得

$$\frac{\mathrm{d}u}{\mathrm{d}r} = \frac{r}{2\mu}\frac{\mathrm{d}p}{\mathrm{d}x} \tag{6.9}$$

由于**压力梯度**（pressure gradient）$\mathrm{d}p/\mathrm{d}x$ 为常数，将上式对 r 进行积分，可得

$$u = \frac{r^2}{4\mu}\frac{\mathrm{d}p}{\mathrm{d}x} + c \tag{6.10}$$

积分常数 c 可利用边界条件：$r = R$（壁面）处 $u = 0$（无滑移）确定

$$c = -\frac{R^2}{4\mu}\frac{\mathrm{d}p}{\mathrm{d}x} \tag{6.11}$$

最终，速度分布可用如下的轴对称旋转抛物面给出

$$u = \frac{R^2}{4\mu}\left(-\frac{\mathrm{d}p}{\mathrm{d}x}\right)\left\{1 - \left(\frac{r}{R}\right)^2\right\} \quad \text{（层流）} \tag{6.12}$$

最大速度 u_0 在圆管轴线上。在式(6.12)中，令 $r = 0$（管中心），可得

$$u_0 = \frac{R^2}{4\mu}\left(-\frac{\mathrm{d}p}{\mathrm{d}x}\right) \tag{6.13}$$

流量（flow rate）Q 可通过对速度 u 在管道截面上进行积分得到

$$Q = \int_0^R u \cdot 2\pi r \mathrm{d}r = \frac{\pi R^4}{8\mu}\left(-\frac{\mathrm{d}p}{\mathrm{d}x}\right) \tag{6.14}$$

因此，**断面平均流速**(average velocity，也可简称为**平均流速**)v 可用下式表示

$$v=\frac{Q}{\pi R^2}=\frac{R^2}{8\mu}\left(-\frac{\mathrm{d}p}{\mathrm{d}x}\right)=\frac{u_0}{2} \tag{6.15}$$

压力梯度 $\mathrm{d}p/\mathrm{d}x$ 在流动方向上为常数，压力值沿流动方向逐渐减小。管长 l 间的压降 Δp 可表示为

$$-\frac{\mathrm{d}p}{\mathrm{d}x}=\frac{\Delta p}{l} \tag{6.16}$$

因此，式(6.14)可表示如下

$$Q=\frac{\pi R^4}{8\mu}\frac{\Delta p}{l} \tag{6.17}$$

上式表示流量 Q 与压力损失 Δp 之间成正比，满足式(6.17)的流动被称为**哈根-泊肃叶流动**(Hagen-Poiseuille flow)。

将哈根-泊肃叶流动的式(6.17)变换为达西-韦史巴赫式(6.5)的形式，可得

$$\Delta p=\frac{64\mu}{vd}\frac{l}{d}\frac{v^2}{2} \tag{6.18}$$

将上式带入(6.5b)，可推导出管道摩擦系数 λ 的计算公式

$$\lambda=\frac{64}{Re} \quad\quad \text{（层流）} \tag{6.19}$$

其中，雷诺数 Re 用流体粘度 μ 或者运动粘度 ν 表示为

$$Re=\frac{\rho v d}{\mu}=\frac{vd}{\nu} \tag{6.20}$$

对圆管内层流($Re<2\,300$)流动，所推导出来的管道摩擦系数理论式(6.19)与实验结果非常吻合。

> **雷诺数的物理意义**
> $Re=\dfrac{vd}{\nu}\left(\propto\dfrac{\text{惯性力}}{\text{粘性力}}\right)$

【例题 6.1】 ✳✳✳✳✳✳✳✳✳✳✳✳✳✳✳✳✳✳✳✳✳

内径为 50 mm 的圆管内输送运动粘度为 $5\times10^{-4}\,\mathrm{m^2/s}$ 的油，求流动保持为层流状态时的最大流量 Q。

【解】 由临界雷诺数 $Re_C=vd/\nu=2\,300$ 得平均流速为

$$v=Re_C\,\frac{\nu}{d}=2\,300\times\frac{5\times10^{-4}}{0.05}=23\,(\mathrm{m/s})$$

因此，最大流量为

$$Q=v\,\frac{\pi d^2}{4}=23\times\frac{\pi\times0.05^2}{4}=4.5\times10^{-2}\,(\mathrm{m^3/s})$$

✳✳✳✳✳✳✳✳✳✳✳✳✳✳✳✳✳✳✳✳✳

6.2.3 圆管内湍流（turbulent pipe flow）

无论是管内流动还是边界层内流动，当流动的雷诺数 Re 增大时，在流动中会产生高频的不规则的**脉动**（turbulence），这些脉动会很快覆盖整个管道，进而发展为湍流。1883年，**雷诺**（Reynolds）利用图 6.6 所示的实验装置，在管道进口注入带色液体，观察玻璃管内的流动。当流量 Q 较小的时候，带色液体呈明显的线状，秩序良好，所观测到的流动为层流；当流量超过一定值后，下游的带色液体开始变得杂乱无章，颜色开始扩散渗透，最后带色液体扩散到整个玻璃管内，意味着流动变为湍流。这种流态从层流向湍流的转变称为**转捩**（transition），对应的雷诺数称为**临界雷诺数**（critical Reynolds number）Re_C。根据实验，圆管内流动的临界雷诺数通常为 $Re_C \approx 2\,300$。这种层流向湍流的转捩现象，除去在管流以外，在一般其他的流动中通常也可以见到。

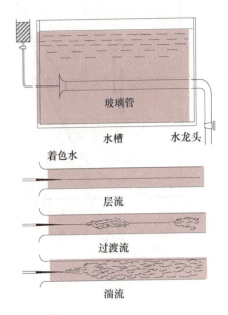

图 6.6 雷诺实验

1. 雷诺应力（Reynolds stress）

雷诺数大于 Re_C 时，使流动向湍流转捩的脉动，是由于某种原因在流动中诱起**小涡**（eddy）而产生的。这些小涡运动产生的脉动在流动方向及其垂直方向上分别引起**速度脉动**（velocity fluctuation），这些脉动促进了流体的混掺。

湍流的速度和压力可用**时间平均值**（time mean）及其**脉动值**的和表示。时间平均值和脉动值分别用记号 ‾（读为：杠）和 ′（读为：撇）表示，以二维流动为例，其速度分量 (u,v) 可用下式表示

$$x \text{ 方向}: u = \bar{u} + u', \quad y \text{ 方向}: v = \bar{v} + v' \tag{6.21}$$

对如图 6.7 所示存在速度梯度为 $d\bar{u}/dy$ 的二维湍流流动，考查流体混掺产生的情形。在图 6.7 所示的流动中，速度分量 $\bar{v} = 0$，

$$x \text{ 方向}: u = \bar{u} + u', \quad y \text{ 方向}: v = v'$$

考虑流动中与 x 轴平行的微小面元 dA 所在的平面，通过该面元单位时间内沿 y 方向流入的流体质量为 $\rho v' dA$。因此，x 方向的动量为 $\rho v' dA$ 与 x 方向的速度 $u = \bar{u} + u'$ 的乘积

$$\rho v' dA (\bar{u} + u')$$

其时间平均值可表示为下式

$$\overline{\rho v'(\bar{u}+u')}dA = \rho(\overline{v'\bar{u}}+\overline{u'v'})dA = \rho \overline{u'v'} dA$$

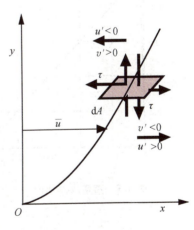

图 6.7 二维剪切湍流场

根据**动量定理**，$\rho \overline{u'v'} dA$ 可以类似看作为作用在与 x 轴平行的面积为 dA 的平面上的剪切摩擦力。若用单位面积来表示，即为切应力。y 方向脉动速度 $v' > 0$ 时，向上运动，由于这是从 $\bar{u}$ 小的流动域向 $\bar{u}$ 大的流动域移动，$u' < 0$；相反，向下运动时 $v' < 0$，$u' > 0$。因此 $u'v'$ 的时间平均值 $\overline{u'v'}$ 为负值，而速度脉动产生的切应力应该为正，故应写成

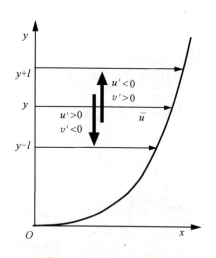

图 6.8 湍流的混合模型

$-\rho\overline{u'v'}$。该切应力被称为**雷诺应力**(Reynolds stress)。作为参考,利用量纲分析其单位

$$[-\rho\overline{u'v'}] = \frac{kg}{m^3}\left(\frac{m}{s}\right)^2 = \frac{kg \cdot m/s^2}{m^2} = \frac{N}{m^2} = Pa$$

与式(6.2)的粘性应力 τ 具有相同的单位[Pa]。

如图 6.8 所示的湍流,若考虑流体的混掺是将流体所拥有的动量在移动一定距离 l 后,同周围流体的混掺,则速度变化可估算为

$$u' = l\left|\frac{d\overline{u}}{dy}\right|, v' \approx u'$$

考虑雷诺应力同速度梯度 $d\overline{u}/dy$ 具有相同的符号,其表达式可表示如下

$$-\rho\overline{u'v'} = \rho l^2 \left|\frac{d\overline{u}}{dy}\right|\frac{d\overline{u}}{dy} \tag{6.22}$$

移动距离 l 被称为**普朗特**(Prandtl)**混合距离**或者**混合长度**(mixing length)。另外,仿照层流粘性切应力 τ 的表达式(6.8),雷诺应力可改写为如下形式

$$-\rho\overline{u'v'} = \mu_t\frac{d\overline{u}}{dy} \tag{6.23}$$

右边的 μ_t 被称为**湍流粘度**(eddy viscosity 或者 turbulence viscosity)。应注意 μ_t 与流体物性常数粘度 μ 的区别。粘度 μ 在温度不变的情况下为一常数,而从式(6.23)可得湍流粘度 μ_t 为

$$\mu_t = \rho l^2 \left|\frac{d\overline{u}}{dy}\right| \tag{6.24}$$

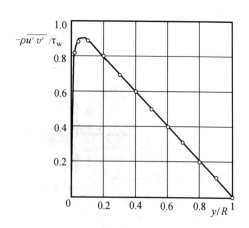

图 6.9 雷诺应力分布

μ_t 的大小由混合长度 l 的大小所决定。随**湍流强度**(turbulence intensity)和速度梯度变化而变化。

湍流的切应力 τ 最终除了雷诺应力之外,还包括流体粘性所产生的粘性切应力,因此

$$\tau = \mu\frac{d\overline{u}}{dy} + (-\rho\overline{u'v'}) = (\mu+\mu_t)\frac{d\overline{u}}{dy} \quad (湍流) \tag{6.25}$$

对于完全湍流,通常可以认为 $\mu_t \gg \mu$,由此可知湍流引起的摩擦阻力增大是由于雷诺应力引起的。流体管内流动雷诺应力分布如图 6.9 所示。

2. 对数律 (logarithmic law)

圆管内的湍流与层流一样,从受力平衡可得作用在半径为 r 处的圆柱面上的切应力 τ 与压力梯度 $d\overline{p}/dx$ 之间满足下面的关系式

$$\tau = -\frac{r}{2}\frac{d\bar{p}}{dx} \qquad (6.26)$$

基于该关系式,可以推导出流动为层流时速度分布的理论关系式(6.12);但对于湍流,由于速度脉动产生了雷诺应力,无法得到理论解析式。为此,可根据实验结果来得到湍流速度分布的经验关系式。

根据实验,管壁附近湍流的混合长度 l 与离开壁面的距离 $y = R - r$ 成正比

$$l = ky \qquad (6.27)$$

这里,k 为根据实验结果确定的**卡门常数**(Karman's constant)。可认为在壁面附近壁面切应力 $\tau_w \approx \tau$;另外,通常 $\mu_t \gg \mu$,因此可近似得到

$$\tau_w \approx \tau = \rho k^2 y^2 \left(\frac{d\bar{u}}{dy}\right)^2 \qquad (6.28)$$

利用下式定义**摩阻速度**(friction velocity)u_*(读法:u 星)

$$u_* = \sqrt{\frac{\tau_w}{\rho}} \qquad (6.29)$$

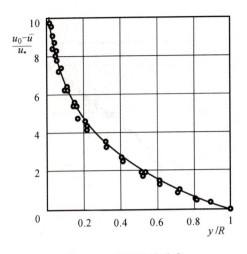

图 6.10 湍流速度分布

利用 u_* 可将式(6.28)变成

$$\frac{d\bar{u}}{dy} = \frac{u_*}{ky} \qquad (6.30)$$

将该式对 y 积分(用 ln 表示自然对数 $\log_e$),可得

$$\frac{\bar{u}}{u_*} = \frac{1}{k}\ln y + c \qquad (6.31)$$

通过与实验结果比较表明,上式可适用于从管壁到管中心的区域。令管中心 $y = R$ 处 $\bar{u} = u_0$,求得积分常数 c 后,可得

$$\frac{u_0 - \bar{u}}{u_*} = \frac{1}{k}\ln\frac{R}{y} \qquad (6.32)$$

卡门常数 k 通过实验获得,约为 0.4。图 6.10 展示了相应的湍流速度分布。将自然对数 ln 改写为常用对数 $\log(=\log_{10})$ 时

$$\frac{u_0 - \bar{u}}{u_*} = 2.5\ln\frac{R}{y} = 5.75\log\frac{R}{y} \qquad (6.33)$$

上式可进一步变形为

$$\frac{\bar{u}}{u_*} = 5.75\log\frac{u_* y}{\nu} + B \qquad (6.34)$$

B 由实验给出,为 5.5。所以,湍流速度分布可表示如下

$$\frac{\bar{u}}{u_*} = 5.75\log\frac{u_* y}{\nu} + 5.5 \qquad \text{(湍流,对数律)} \qquad (6.35)$$

速度分布式(6.35)被称为**对数律**(logarithmic law),满足对数律的区域称为**湍流层**(turbulent layer)。

实际上圆管内的湍流,如图6.11所示,壁面附近的流动中流体混掺被抑制,流体脉动变弱,该区域被称为**粘性底层**(viscous sublayer)。粘性底层的厚度非常薄,粘性底层内脉动产生的雷诺应力 $-\rho\overline{u'v'}$ 与粘性切应力 $\mu d\overline{u}/dy$ 相比要小得多,因此

$$\tau_w \approx \tau = \mu \frac{d\overline{u}}{dy} \tag{6.36}$$

利用边界条件:$y=0$(壁面)处 $\overline{u}=0$(无滑移),从对上式积分可得

$$\frac{\overline{u}}{u_*} = \frac{u_* y}{\nu} \tag{6.37}$$

因此,粘性底层内的速度为线性分布。

图6.11给出了式(6.35)与式(6.37)的速度分布与实验结果的对比。粘性底层内的速度分布在 $\frac{u_* y}{\nu}=5$ 附近与式(6.37)发生偏离,偏差缓慢增加;在 $\frac{u_* y}{\nu} \approx 70$ 附近开始向对数律的速度分布式(6.35)移动。式(6.37)与式(6.35)的中间区域被称为**过渡层**(transition layer)或者**迁移层**(buffer layer),是粘性作用和湍流混掺作用程度大致相同的区域。圆管内的湍流随雷诺数 Re 的增加,τ_w 以及 u_* 也增大,从而使得粘性底层的厚度减小。总结圆管内湍流的速度分布,根据离开壁面的无量纲距离 $\frac{u_* y}{\nu}$,可将边界层分为如下三个区域

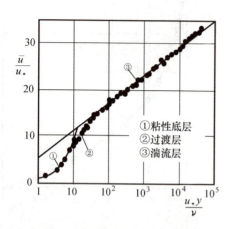

图6.11 光滑圆管内的湍流速度分布

(ⅰ) $0 < \frac{u_* y}{\nu} < 5$:粘性底层,式(6.37)

(ⅱ) $5 < \frac{u_* y}{\nu} \leqslant 70$:过渡层

(ⅲ) $70 \leqslant \frac{u_* y}{\nu}$:湍流层,式(6.35)

相应的管内湍流区域划分如图6.12所示。这种湍流速度分布与雷诺数 Re 无关,是根据壁面附近流动推导而得到的,故也称为**壁面律**(wall law)。

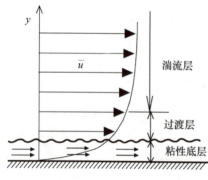

图6.12 管内湍流模型

3. 湍流管流摩擦系数 (turbulent friction coefficient)

与层流情况相同,根据速度分布尝试求解管道摩擦系数 λ。将对数律的湍流速度分布式(6.32)在管道截面上进行积分,可得平均流速为

$$v = u_0 - 3.75 u_* \tag{6.38}$$

另外,将对数律的速度分布式(6.35)用于管道中心 $y=R$ 处可得

$$u_0 = u_* \left(5.75 \log \frac{u_* R}{\nu} + 5.5\right)$$

对式(6.38)进行变形,可得

$$v = u_* \left(5.75 \log \frac{u_* R}{\nu} + 1.75\right) \tag{6.39}$$

另一方面，在壁面 $r=R$（管内径 $d=2R$）处利用力的平衡式(6.26)，并且利用管道摩擦系数 λ 的定义式(6.5)，对式(6.26)进行变形，可得壁面切应力为

$$\tau_w = -\frac{d}{4}\frac{\mathrm{d}\overline{p}}{\mathrm{d}x} = \frac{1}{8}\lambda\rho v^2 \tag{6.40}$$

利用摩阻速度定义式(6.29)，可得

$$\lambda = 8\left(\frac{u_*}{v}\right)^2 \tag{6.41}$$

利用上式，对式(6.39)进行变形，可得

$$\frac{u_* R}{\nu} = \frac{1}{2}\frac{v d}{\nu}\frac{u_*}{v} = Re\frac{\sqrt{\lambda}}{4\sqrt{2}}$$

因此，湍流管道摩擦系数 λ 可表示为

$$\frac{1}{\sqrt{\lambda}} = 2.035\log(Re\sqrt{\lambda}) - 0.91 \tag{6.42}$$

对上式的系数稍微进行修正，得到

$$\frac{1}{\sqrt{\lambda}} = 2.0\log(Re\sqrt{\lambda}) - 0.8 \quad (湍流, Re = 3\times10^3 \sim 3\times10^6) \tag{6.43}$$

上式在很大的雷诺数范围 $Re = 3\times10^3 \sim 3\times10^6$ 内与实验结果符合得很好。关系式(6.43)被称为**普朗特公式**（Prandtl's formula）。

从壁面律的湍流速度分布推导所得的式(6.43)由于含有对数项较为复杂，实际计算时使用不太方便。为此，给出便于计算的实用湍流摩擦系数 λ 的实验关系式。**布拉修斯**（Blasius）给出了在 $Re = 3\times10^3 \sim 1\times10^5$ 的范围内的 λ 的计算式

$$\lambda = 0.3164 Re^{-\frac{1}{4}} \quad (湍流, Re = 3\times10^3 \sim 8\times10^4) \tag{6.44}$$

另外，**尼古拉兹**（Nikuradse）在 $Re = 1\times10^5 \sim 3\times10^6$ 范围内，给出实验关系式

$$\lambda = 0.0032 + 0.221 Re^{-0.237} \tag{6.45}$$

此外还有很多的实验公式，以上的结果与实验值的比较如图 6.13 所示。

4. 指数律（power law）

湍流速度的分布，除了对数律的复杂公式(6.35)外，**普朗特-卡门**（Prandtl-Karman）通过量纲分析提出了下面的简单算式。

考虑速度 $\overline{u}$[m/s] 为粘度 μ[Pa·s]、密度 ρ[kg/m³]、壁面切应力 τ_w[Pa] 以及离开壁面的距离 y[m] 的函数

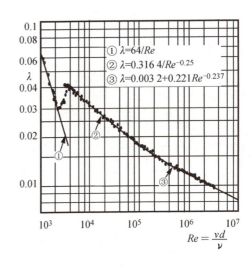

图 6.13 光滑圆管的管道摩擦系数

$$\overline{u} = f(\mu, \rho, \tau_w, y) \tag{6.46}$$

这里,若壁面切应力计算式(6.41)中管道摩擦系数 λ 用布拉修斯式 (6.44)计算,则有

$$\tau_w = 0.03955 \rho v^{\frac{7}{4}} \nu^{\frac{1}{4}} d^{-\frac{1}{4}} \tag{6.47}$$

因此,$\tau_w \propto v^m$,另外根据 $\overline{u} \propto v$,可假设 $\overline{u} \propto \tau_w^{\frac{1}{m}}$。所以,式(6.46)可表示为

$$\overline{u} = B \mu^\alpha \rho^\beta y^\gamma \tau_w^{\frac{1}{m}}$$

对上式进行无量纲分析,可得 $\alpha = 1 - \frac{2}{m}$,$\beta = -1 + \frac{1}{m}$,$\gamma = -1 + \frac{2}{m}$。因此

$$\overline{u} = B \left(\frac{y}{\nu}\right)^{\frac{2}{m}-1} \left(\frac{\tau_w}{\rho}\right)^{\frac{1}{m}} \tag{6.48}$$

由式(6.47)得 $m = \frac{7}{4}$,故由上式可得

$$\overline{u} \propto y^{\frac{1}{7}}$$

若考虑在管道中心 $y = R$ 处 $\overline{u} = u_0$,最终可得湍流速度分布如下

$$\frac{\overline{u}}{u_0} = \left(\frac{y}{R}\right)^{\frac{1}{7}} \qquad (湍流,1/7 指数律) \tag{6.49}$$

上式被称为 **1/7 指数律**(one-seventh law)。

尼古拉兹在 $Re = 4 \times 10^3 \sim 3 \times 10^6$ 的范围内进行了实验,表明湍流速度分布可用下列的 **$1/n$ 次方指数律** 或者 **指数律**(power law)来表示。

$$\frac{\overline{u}}{u_0} = \left(\frac{y}{R}\right)^{\frac{1}{n}} \tag{6.50}$$

指数 n 的值按照下式随 Re 数变化而变化

$$n = 3.45 Re^{0.07} \tag{6.51}$$

从指数律得到的湍流速度分布式(6.50)不包含对数式,比较方便而被经常使用。但指数律在管道中心,以及管壁处的速度梯度 du/dy 的计算值与实际值有差异。

5. 粗糙管(rough pipe)

前面已经讲述了 **光滑壁面**(smooth surface)圆管内的湍流速度分布和管道摩擦系数,但实际管道的内表面经常呈现出有凹凸状的粗糙度(图6.14)。与层流不同,圆管内的湍流不仅受雷诺数 Re 的影响,还会受到 **壁面粗糙度**(wall roughness)的很大影响。设壁面存在的凹凸突起高度为 k_s,根据壁面粗糙度 k_s 的影响,将湍流进行如下的分类:

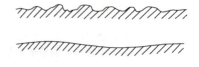

图 6.14 粗糙壁面

(1) $u_* k_s/\nu < 5$：粗糙度限制在粘性底层内，速度分布、管道摩擦系数与光滑圆管内的湍流一样。这被称为 水力光滑（hydraulically smooth）。

(2) $5 < u_* k_s/\nu < 70$：圆管内的湍流受 相对粗糙度 k_s/d 和 Re 雷诺数两者的共同影响。科尔布鲁克（Colebrook）提出了如下的管道摩擦系数实验关系式

$$\frac{1}{\sqrt{\lambda}} = -2.0\log\left(\frac{k_s}{d} + \frac{9.34}{Re\sqrt{\lambda}}\right) + 1.14 \qquad (6.52)$$

图 6.15 给出了不同的粗糙度下粗糙圆管的摩擦系数。

(3) $u_* k_s/\nu > 70$：这种状态被称为 完全粗糙（fully rough）。流动与 Re 数无关而只受粗糙度 k_s 的影响，但与光滑圆管内的湍流相同，混合长度 $l = ky$ 的关系式仍然成立。尼古拉兹对内壁面无间隙地粘附沙粒的圆管进行了实验，提出了如下的速度分布和管道摩擦系数式

$$\frac{\bar{u}}{u_*} = 5.75\log\frac{y}{k_s} + 8.5 \qquad (6.53)$$

$$\frac{1}{\sqrt{\lambda}} = -2.0\log\frac{k_s}{d} + 1.14 \qquad (6.54)$$

图 6.16 给出了不同雷诺数时光滑圆管和粗糙圆管的速度分布。

对于粗糙圆管内湍流的管道摩擦系数 λ 的求解，利用图 6.17 所示的 穆迪图（Moody diagram）会非常方便。给定雷诺数 Re 和相对粗糙度（relative roughness）k_s/d，从穆迪图中可以很快查找到管道摩擦系数。

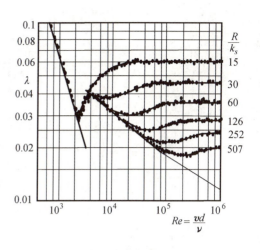

图 6.15 粗糙圆管的管道摩擦系数

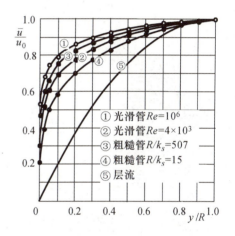

图 6.16 圆管内湍流速度分布

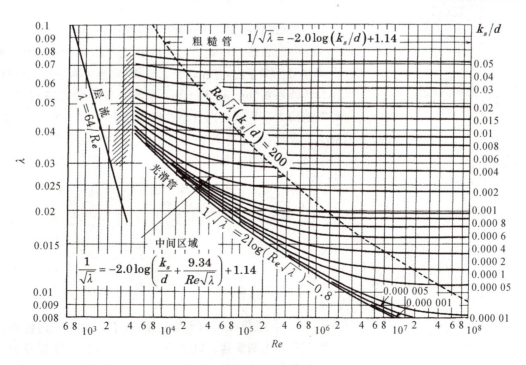

图 6.17 穆迪图

【例题 6.2】 ✱✱✱✱✱✱✱✱✱✱✱✱✱✱✱✱✱✱✱✱✱

内径 200 mm 的直圆管内，20℃（大气压）的空气以 2 000 L/min 的流速在流动。计算全长 1 km 圆管的压力损失。

【解】 20℃的空气密度 ρ 可由气体状态方程得到

$$\rho = \frac{p}{RT} = \frac{101.3 \times 10^3}{287 \times (273+20)} = 1.201 \, (\text{kg/m}^3)$$

运动粘度可从物性表查得为 $\nu = 15.12 \times 10^{-6} \, (\text{m}^2/\text{s})$。流量、平均速度和雷诺数可分别计算为

$$Q = 2\,000 \, (\text{L/min}) = \frac{2\,000 \times 10^{-3}}{60} = 3.33 \times 10^{-2} \, (\text{m}^3/\text{s})$$

$$v = \frac{Q}{\pi d^2/4} = \frac{4 \times 3.33 \times 10^{-2}}{3.14 \times 0.2^2} = 1.06 \, (\text{m/s})$$

$$Re = \frac{vd}{\nu} = \frac{1.06 \times 0.2}{15.12 \times 10^{-6}} = 1.40 \times 10^4$$

因为流动为湍流，所以湍流管道摩擦系数和压力损失可由下式得到

$$\lambda = 0.316\,4 Re^{-\frac{1}{4}} = 0.316\,4 \times 0.091\,9 = 0.029\,0$$

$$\Delta p = \lambda \frac{l}{d} \frac{1}{2} \rho v^2 = 0.029\,0 \times \frac{1\,000 \times 1.201 \times 1.06^2}{0.2 \times 2} = 97.8 \, (\text{Pa})$$

$$= 9.97 \, (\text{mmAq})$$

✱✱✱✱✱✱✱✱✱✱✱✱✱✱✱✱✱✱✱✱✱

6.3 扩散、收缩管内流动 (divergent and convergent pipe flows)

6.3.1 管路各种损失 (losses in piping system)

实际的管路在多数情况下是比较复杂的，如管的截面积存在变化，流动方向存在变化，存在合流和分流，安装了阀门等。这种复杂的管路称为**管路系统**(piping system)，管路系统中除去摩擦损失外还存在多种其他损失。直管道内流动的摩擦损失可利用式(6.5)的管道摩擦系数 λ 来表示，上述的各种水头损失 Δh 可利用下式定义的**损失系数**(loss coefficient) ζ 来计算：

$$\Delta h = \frac{\Delta p}{\rho g} = \zeta \frac{v^2}{2g} \tag{6.55a}$$

或者

$$\zeta = \Delta h / \left(\frac{v^2}{2g} \right) \tag{6.55b}$$

这里，v 为管道截面上的平均速度，在有损失产生的区域，有时也采用区域前后较大的流速。这个损失系数 ζ 与管道摩擦系数 λ 相同，是与损失有关的无量纲数，但需要注意其定义式稍微有些不同。

6.3.2 截面积突变的管路(pipes with abrupt area change)

1. 突扩管 (abrupt expansion pipe)

如图 6.18 所示的管径突然扩大管内的流动,流体呈射流状进入直径较大的管道时,由于周围流体被裹卷形成<u>涡</u>(vortex)而产生损失。扩大前的断面面积 A_1 处的压力和平均流速分别为 p_1、v_1,扩大后的断面面积 A_2 处的压力和平均流速分别为 p_2、v_2,由于突然扩大产生的<u>水头损失</u>(head loss)为 Δh,贝努利方程中应包含损失,与式(6.4)相同,可用下式表示

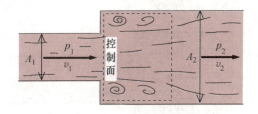

图 6.18 突扩管内的流动

$$\frac{p_1}{\rho g} + \frac{v_1^2}{2g} = \frac{p_2}{\rho g} + \frac{v_2^2}{2g} + \Delta h \tag{6.56}$$

另一方面,假定压力 p_1 作用于扩张后的断面面积 A_2,将动量定理(式(5.19))应用于图中虚线所围的控制面(控制体),则扩张前后由于压差产生的力与单位时间动量差相平衡

$$p_1 A_2 - p_2 A_2 = (\rho A_2 v_2) v_2 - (\rho A_1 v_1) v_1 \tag{6.57}$$

利用连续方程

$$A_1 v_1 = A_2 v_2 = Q \tag{6.58}$$

式(6.57)可改写为如下形式

$$\frac{p_1}{\rho g} + \frac{v_1^2}{2g} = \frac{p_2}{\rho g} + \frac{v_2^2}{2g} + \frac{(v_1 - v_2)^2}{2g} \tag{6.59}$$

将式(6.56)与式(6.59)进行比较,可得损失系数 ζ 如下

$$\Delta h = \frac{(v_1 - v_2)^2}{2g} = \zeta \frac{v_1^2}{2g} \tag{6.60a}$$

$$\zeta = \left(1 - \frac{A_1}{A_2}\right)^2 \tag{6.60b}$$

上式即为<u>博尔达-卡诺公式</u>(Borda-Carnot's formula)。

特别是当图 6.18 中扩张后的断面面积 A_2 无限大时,$v_2 \approx 0$,流动与在静止流体中的<u>射流</u>(jet)情形相同。这种情况下,损失系数 $\zeta \approx 1$,流动射出前的动能全部损失掉

$$\Delta h = \frac{v_1^2}{2g}$$

最终结果可近似认为 $p_1 \approx p_2$。

2. 突缩管 (abrupt contraction pipe)

如图 6.19 所示，断面面积从 A_1 突然缩小至 A_2 的管道中流动在拐角附近出现多个旋涡而产生损失。这种情况下，流动一旦从 A_1 收缩到 A_c 后，又从 A_c 扩大到 A_2。连续方程为

$$A_1 v_1 = A_c v_c = A_2 v_2 = Q \tag{6.61}$$

流动通过收缩加速后，再通过扩张进行减速，这种现象称为**收缩流动** (contraction)。突缩管的水头损失 Δh 可考虑为收缩流动的损失和扩大流动的损失之和。突缩管的损失系数 ζ 中，从 A_1 到 A_c 的损失系数较小，约为 0.04，从 A_c 到 A_2 的损失系数与突扩管道内流动相同，可用式(6.60)表示。因而 ζ 可表示为

$$\Delta h = \zeta \frac{v_2^2}{2g} \tag{6.62a}$$

$$\zeta = 0.04 + \left(1 - \frac{A_2}{A_c}\right)^2 = 0.04 + \left(1 - \frac{1}{(A_c/A_2)}\right)^2 \tag{6.62b}$$

这里，面积比 A_c/A_2 由下述实验得到公式给出

$$\frac{A_c}{A_2} = 0.582 + \frac{0.0418}{1.1 - \sqrt{A_2/A_1}} \tag{6.63}$$

注意，当拐角处形状为圆形时，损失会减小。

当 A_1 非常大时，可考虑为管路入口，损失水头虽然仍可用式(6.62a)来计算，但入口损失系数 ζ 不能用式(6.62b)给出，需要另外通过实验来获得。

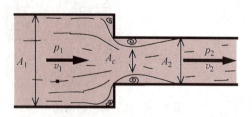

图 6.19 突缩管内的流动

6.3.3 截面积渐变的管路 (pipes with gradual area change)

1. 渐扩管 (divergent pipe)

如图 6.20 所示，在管道截面积缓慢变化的情况下，损失水头 Δh 可表示

$$\Delta h = \zeta \frac{v_1^2}{2g}$$

包含损失项的贝努利方程为

$$\frac{p_2 - p_1}{\rho g} = \frac{v_1^2 - v_2^2}{2g} - \zeta \frac{v_1^2}{2g} = \left[\left\{1 - \left(\frac{A_1}{A_2}\right)^2\right\} - \zeta\right] \frac{v_1^2}{2g} \tag{6.64}$$

另一方面，忽略损失时管径扩大后的压力设为 p_2^*，则

$$\frac{p_2^* - p_1}{\rho g} = \frac{v_1^2 - v_2^2}{2g} = \left\{1 - \left(\frac{A_1}{A_2}\right)^2\right\} \frac{v_1^2}{2g} \tag{6.65}$$

将式(6.64)与式(6.65)相比较，可知实际压力 p_2 小于 p_2^*，p_2 为管道扩大后下游最大的压力。因此，扩大管道的**压力恢复系数** (pressure recovery factor) η 用下式定义

$$\eta = \frac{p_2 - p_1}{p_2^* - p_1} \tag{6.66}$$

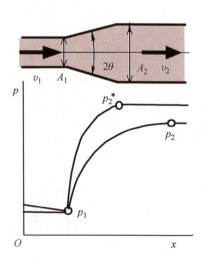

图 6.20 渐扩管内的流动

利用 η，损失系数 ζ 可用下式表示

$$\zeta = (1-\eta)\left\{1-\left(\frac{A_1}{A_2}\right)^2\right\} \qquad (6.67)$$

图 6.21 给出了圆锥管内压力恢复系数 η 随扩散角度 θ 变化的情况。角度 θ 较小时，流体沿着扩散管的壁面流动，η 值较大，表示损失较小；随着扩散 θ 增大，流动从壁面分离(seperation)，产生回流而形成旋涡，从而使损失增大。因此，扩散管内的流动随扩散角度发生变化，但是扩散管具有将动能转化为压能的功能，因此扩散管经常作为叶轮机械(turbo-machinery)的扩压器(diffuser)使用(图 6.22)。

2. 渐缩管 (convergent pipe)

在截面面积缓慢变小的渐缩管内，由于沿流动方向压力降低，所以渐缩流不会发生流动分离现象。在这种情况下，只要考虑管道摩擦损失即可。若利用直圆管内的管道摩擦系数 λ，图 6.23 所示的圆锥管内，由于 $dr = -\tan\theta dx$ 和 $A_1 v_1 = A_2 v_2$，损失水头可表示为

$$\Delta h = \int_{r_1}^{r_2} \frac{v^2}{2g}\frac{\lambda dx}{2r} = \zeta \frac{v_2^2}{2g} \qquad (6.68a)$$

$$\zeta = \frac{\lambda}{8\tan\theta}\left\{1-\left(\frac{A_2}{A_1}\right)^2\right\} \qquad (6.68b)$$

这里，管道逐渐变细，把流体的压能转化为动能的渐细管称为喷管(nozzle)，喷管与管径变化趋势相反的扩压器相比损失较小。

6.3.4 具有节流装置的管路 (pipes with throat)

图 6.24 中的文丘里管(Venturi tube，Venturi meter)、孔板(orifice)和喷嘴(flow nozzle)等，它们的管道截面积沿流动方向均是收缩的，这些装置也是利用贝努利方程，根据收缩前后的压力差测量管内流体流量的装置。这些流量计(flow meter)内的流动由于流动收缩和流动分离而产生压力损失 Δp，其损失系数 ζ 可看作渐扩管损失系数(式(6.67))和渐缩管损失系数(式(6.68))之和。

另外，在流量调节中要使用各种形式的阀(valve)。通过如图 6.25 所示的阀(截止阀)内的流动，也可看成为带收缩或喉部(throat)的管内流动，也会由于流动收缩或分离产生压力损失 Δp。阀的损失可以看

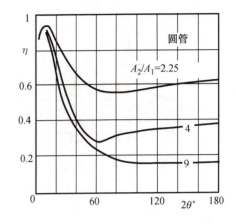

图 6.21 圆锥管的压力恢复系数

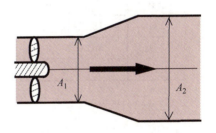

图 6.22 扩压管内的流动

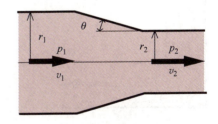

图 6.23 喷管内的流动

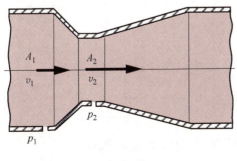
(a) 文丘里管

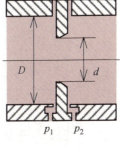
(b) 孔板

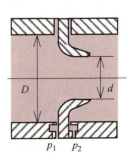
(c) 喷嘴

图 6.24 各种流量计

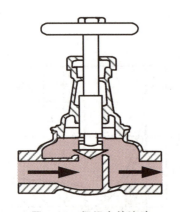

图 6.25 阀门内的流动
（截止阀）

表 6.1 阀门的损失系数

开度	截止阀	调节阀
全开	9	0.13
3/4	13	0.80
2/4	35	3.80
1/4	110	15.0

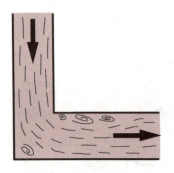

图 6.26 肘形弯头内的流动

作突扩管的损失和突缩管的损失之和。但阀的开度和种类不同，损失也会有很大程度的不同，因此利用表 6.1 查寻损失系数 ζ 是非常方便的。另外，表中的截止阀为图 6.25 所示的形式，是利用阀瓣将配管垂直关闭的上下开关的形式。

【例题 6.3】 ✳✳✳✳✳✳✳✳✳✳✳✳✳✳✳✳✳✳✳✳✳✳

如图 6.18 所示，从内径 100 mm 到内径 250 mm 突然扩大的圆管内流动着温度为 10℃ 的水。扩大前的压力与平均流速分别为 103 kPa 和 50 m/s 时，求扩大后的压力。另外，求逆向流动时的压力损失。

【解】 水的密度 $\rho = 1000 (\mathrm{kg/m^3})$，管道的截面积和管径扩大后的流速为

$$A_1 = \frac{\pi d_1^2}{4} = \frac{3.14 \times 0.1^2}{4} = 0.785 \times 10^{-2} (\mathrm{m^2})$$

$$A_2 = \frac{\pi d_2^2}{4} = 4.906 \times 10^{-2} (\mathrm{m^2})$$

$$v_2 = \frac{A_1 v_1}{A_2} = \frac{0.785 \times 10^{-2} \times 50}{4.906 \times 10^{-2}} = 8 (\mathrm{m/s})$$

突扩管的损失系数和压力损失为

$$\zeta = \left(1 - \frac{A_1}{A_2}\right)^2 = 0.705$$

$$\Delta p = \zeta \frac{1}{2} \rho v_1^2 = \frac{0.705 \times 10^3 \times 50^2}{2} = 881 \times 10^3 (\mathrm{Pa})$$

因此突扩后的压力为

$$p_2 = p_1 + \frac{1}{2}\rho v_1^2 - \frac{1}{2}\rho v_2^2 - \Delta p$$

$$= 103 \times 10^3 + \frac{1}{2} \times 10^3 \times (50^2 - 8^2) - 881 \times 10^3 = 440 \times 10^3 (\mathrm{Pa})$$

另外，逆向流动时为突缩管内的流动，上游和下游分别用下标 1、2 替换

$$A_1 = 4.906 \times 10^{-2} (\mathrm{m^2}), \quad A_2 = 0.785 \times 10^{-2} (\mathrm{m^2}),$$
$$v_1 = 8 (\mathrm{m/s}), \quad v_2 = 50 (\mathrm{m/s})$$

损失系数和压力损失可通过下式求得

$$\frac{A_c}{A_2} = 0.641, \zeta = 0.354,$$

$$\Delta p = \zeta \frac{1}{2} \rho v_2^2 = 442 \times 10^3 (\mathrm{Pa})$$

✳✳✳✳✳✳✳✳✳✳✳✳✳✳✳✳✳✳

6.4 弯管内的流动 (curved pipe flow)

6.4.1 肘形弯头与弧形弯头 (elbow and bend)

图 6.26 所示的方向急剧变化的管路称为**肘形弯头**(elbow)，由于

6.4 弯管内的流动

流动在拐角处从壁面上分离而产生旋涡,在流动方向变化前后产生很大的压力损失 Δh。损失的水头可用式(6.55)表示

$$\Delta h = \frac{\Delta p}{\rho g} = \zeta \frac{v^2}{2g} \tag{6.69}$$

其中,损失系数 ζ 可由实验获得。如图 6.27 所示,此损失系数会随弯曲角度 θ 和管断面形状的变化而变化。图中各曲线对应的截面形状,A 为长方形截面,B 为圆形截面的结果,C 为正方形截面的情况。在拐弯处安装 导叶(guide vane)可减少流动损失。

图 6.27 中 D 所示的逐渐弯曲的管路称为 弧形弯头(bend)。弧形弯头中的流动由于管路弯曲而受到 离心力(centrifugal force)作用,如图 6.28 所示,沿管轴方向的流动被推向外侧,而后沿管壁流向内侧,在与流动方向垂直的截面内形成一对旋涡,因此产生了远大于摩擦损失的压力损失。这里,沿管轴方向的流动称为 主流(primary flow),截面内的旋涡称为 二次流(secondary flow)。另外,压力 p 与主流流速 u 之间满足下面的平衡关系

$$\frac{\mathrm{d}p}{\mathrm{d}r} = \rho \frac{u^2}{r} \tag{6.70}$$

考虑到力的平衡关系,弯管外侧压力比内侧压力高。

弧形弯头的损失水头 Δh,由根据损失系数 ζ 计算得到的损失与直管沿程摩擦损失两者相加得到。这里,直管的长度为弧形弯头管轴长度 l。

$$\Delta h = \left(\zeta + \lambda \frac{l}{d}\right) \frac{v^2}{2g} \tag{6.71}$$

如图 6.29 和图 6.30 所示,损失系数 ζ 与沿程摩擦系数 λ 一样随壁面粗糙度、管路曲率半径 R_c 和以及截面形状的变化而变化。

6.4.2 弯管(curved pipe)

在 换热器(heat exchanger)和 化学反应器(chemical reactor)等装置中使用的连续弯曲的管道称为弯管。弯管内的流动由于管路弯曲而受到离心力的作用。如图 6.31 所示,主流会发生偏离,因此会产生形成二次流的旋涡,压力损失 Δp 与直管内流动相比要大。弯曲圆管内流动的速度分布不能用 6.2 节中给出的直圆管内流动的解析式进行计算,可以利用计算机等进行数值计算。关于弯管沿程的摩擦损失系数,伊藤(Ito)对弯曲圆管内充分发展流动进行了详细的实验研究,提出了下面的半经验关系式。

若弯管的摩擦损失系数为 λ_C,直圆管的为 λ_S,层流情况下 λ_S 可用式(6.20)计算。λ_C 与 λ_S 的比值为

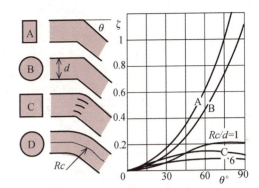

图 6.27 肘形弯头的损失系数

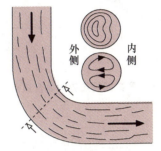

图 6.28 弧形弯头内的流动

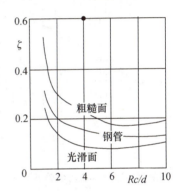

图 6.29 弧形弯曲圆管的损失系数

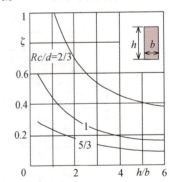

图 6.30 弧形弯曲长方形管的损失系数

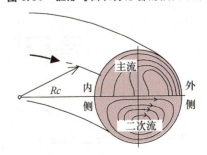

图 6.31 弯曲圆管内流动

$$\frac{\lambda_C}{\lambda_S} = 0.1008 De^{\frac{1}{2}}(1+3.945 De^{-\frac{1}{2}} \quad (6.72)$$
$$+7.782 De^{-1}+9.097 De^{-\frac{3}{2}}+5.608 De^{-2})$$

这里，De 是根据雷诺数 Re、管道曲率半径 R_C 和管道直径 d 所定义的无量纲量，称为 狄恩数 (Dean number)。

$$De = Re\sqrt{\frac{d}{2R_C}} \quad (6.73)$$

另外，对于光滑弯曲圆管内湍流的 λ_S 可利用布拉修斯公式(6.44)计算

$$\frac{\lambda_C}{\lambda_S} = \left\{Re\left(\frac{d}{2R_C}\right)^2\right\}^{0.05} \quad (6.74)$$

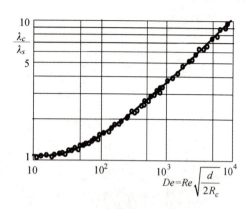

图 6.32 光滑弯曲圆管层流时的管道摩擦系数

根据图 6.32 所示的层流管道摩擦系数以及图 6.33 所示的湍流管道沿程摩擦系数，可以发现随 Re 数的增加或曲率半径 R_C 的减小，离心力的作用增加，所以管道摩擦系数 λ_C/λ_S 比 1 大。因此，弯管内的流动损失比直管内的流动损失大。层流向湍流转捩的临界雷诺数 Re_C 可根据下述由实验得到的公式来计算

$$Re_C = 2\times 10^4 \times \left(\frac{d}{2R_C}\right)^{0.32} \quad (6.75)$$

由上式可知，Re_C 随管路的曲率增大而增加。另外，弯管的管道摩擦系数根据管道截面形状变化而变化。在湍流情况下，管道摩擦系数还与壁面粗糙度有关。

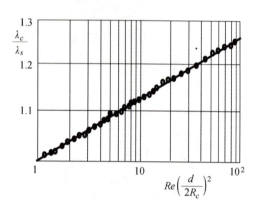

图 6.33 光滑弯曲圆管湍流时的管道摩擦系数

6.4.3 分叉管 (branch pipe)

网状管路系统中存在分叉管会产生 分流 或 合流，在这种情况下由于流动方向的变化会产生旋涡，从而产生损失。图 6.34 给出了分流和合流情况下的损失系数 ζ。

在分流情况下，分流前的管路中压力、速度、流量、管长、管径和管道摩擦系数分别用下标 0 表示为 p_0、v_0、Q_0、l_0、d_0 和 λ_0，分流后的两根管路分别用下标 1、2 表示，包含损失项的贝努利方程为

$$p_0 + \frac{\rho v_0^2}{2} = p_1 + \frac{\rho v_1^2}{2} + \left(\lambda_0 \frac{l_0}{d_0} + \zeta_1\right)\frac{\rho v_0^2}{2} + \lambda_1 \frac{l_1}{d_1}\frac{\rho v_1^2}{2} \quad (6.76a)$$

$$p_0 + \frac{\rho v_0^2}{2} = p_2 + \frac{\rho v_2^2}{2} + \left(\lambda_0 \frac{l_0}{d_0} + \zeta_2\right)\frac{\rho v_0^2}{2} + \lambda_2 \frac{l_2}{d_2}\frac{\rho v_2^2}{2} \quad (6.76b)$$

这里，ζ_1 和 ζ_2 为从管路 0 到管路 1、2 的分流损失系数。

同样，管路 1 和 2 向管路 0 合流的情况下，可用下式表示

$$p_1 + \frac{\rho v_1^2}{2} = p_0 + \frac{\rho v_0^2}{2} + \lambda_1 \frac{l_1}{d_1}\frac{\rho v_1^2}{2} + \left(\lambda_0 \frac{l_0}{d_0} + \zeta_1^*\right)\frac{\rho v_0^2}{2} \quad (6.77a)$$

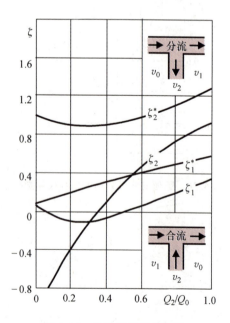

图 6.34 分叉管的损失系数

$$p_2 + \frac{\rho v_2^2}{2} = p_0 + \frac{\rho v_0^2}{2} + \lambda_2 \frac{l_2}{d_2}\frac{\rho v_2^2}{2} + \left(\lambda_0 \frac{l_0}{d_0} + \zeta_2^*\right)\frac{\rho v_0^2}{2} \quad (6.77b)$$

连续方程对于分流和合流都是 $Q_0 = Q_1 + Q_2$。

【例题 6.4】 ************************

利用泵给 20 m 高度的供水塔以 0.6 m³/min 的流量输送 20℃ 的水。输水管为内径 75 mm、长 30 m 的光滑管道,管道中安装有损失系数为 1.1 的肘形弯头 4 个和损失系数为 0.2 的阀门 1 个,求所需要的泵扬程和功率。

【解】 从水的物性表可查得,密度 $\rho = 998 (\text{kg/m}^3)$、运动粘度 $\nu = 1.004 \times 10^{-6} (\text{m}^2/\text{s})$。平均流速与雷诺数为

$$A = \frac{\pi d^2}{4} = \frac{3.14 \times 0.075^2}{4} = 4.41 \times 10^{-3}\,(\text{m}^2),\ Q = \frac{0.6}{60} = 0.01\,(\text{m}^3/\text{s}),$$

$$v = \frac{Q}{A} = \frac{0.01}{4.41 \times 10^{-3}} = 2.27\,(\text{m/s}),\ Re = \frac{vd}{\nu} = \frac{2.27 \times 0.075}{1.004 \times 10^{-6}} = 1.70 \times 10^5$$

管道摩擦系数 λ 可由尼古拉兹的公式(6.45)算出,$\lambda = 0.0159$。肘形弯头和阀门损失系数分别为 $\zeta_1 = 1.1$、$\zeta_2 = 0.2$,要达到扬程 $H = 20(\text{m})$ 所需的泵的出口压力可由包含损失的贝努利方程得到,

$$\Delta p = \frac{1}{2}\rho v^2 + (4\zeta_1 + \zeta_2 + \lambda \frac{l}{d})\frac{1}{2}\rho v^2 + \rho g H = 226 \times 10^3\,(\text{Pa})$$

另外,泵所需的功率为

$$L = \Delta p Q = 226 \times 10^3 \times 0.01 = 2\,260\,(\text{W})$$

****

6.5 矩形管内的流动 (rectangular duct flow)

截面形状不是圆形的管路也经常使用。长方形管和正方形管统称为**矩形管** (rectangular duct)。如图 6.35 所示的矩形管内的湍流,即使管路不弯曲,在 4 个角仍存在**二次流** (secondary flow),主流的等速度线也会缓慢弯曲。因此,在管壁周围不同地方,壁面切应力也不同。对于矩形管,利用下述方法可使其与圆管的计算方法大致相同。

若壁面切应力为 τ_w,管长 l 上的压降为 Δp,管截面积为 A,**湿周** (wetted permeter,截面周长)为 L,矩形管道力平衡方程式可写成

$$A\Delta p = L l \tau_w$$

其中,τ_w 可通过式(6.40)用管道摩擦系数 λ 表示,令 $m = A/L$,则有

$$\Delta p = \lambda \frac{l}{4m}\frac{\rho v^2}{2} \quad (6.78)$$

故在 λ 的定义式(6.5)中,将内径 d 用下式中的 d_h 替换即可,

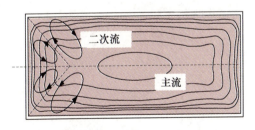

图 6.35 长方形管内的流动

$$d_h = \frac{4A}{L} = 4m \tag{6.79}$$

上式中，d_h 相当于圆管的直径，被称为**水力直径**(hydraulic diameter)或者**当量直径**(equivalent diameter)，对于正方形管道，水力直径与其边长相等。式(6.78)定义的矩形管的湍流管道摩擦系数 λ 是雷诺数

$$Re = \frac{v(4m)}{\nu} = \frac{vd_h}{\nu} \tag{6.80}$$

以及**相对粗糙度**(relative roughness)$k_S/4m = k_S/d_h$ 的函数。上述处理方法不仅适用于矩形管，对于其他截面形状管路内的流动也均适用。

【例题 6.5】 ✶✶✶✶✶✶✶✶✶✶✶✶✶✶✶✶✶✶✶✶✶✶

20℃（大气压）的空气以 4.2 m³/min 的流量在 30 mm×60 mm 的长方形管道中流动。管道由粗糙度 $k_S = 0.15$ mm 的铁板制成，求长度为 20 m 的管道中的压降。

【解】 密度 $\rho = 1.201 (\text{kg/m}^3)$，运动粘度 $\nu = 15.12 \times 10^{-6} (\text{m}^2/\text{s})$。水力直径为

$$d_h = \frac{4 \times 0.03 \times 0.06}{2 \times (0.03 + 0.06)} = 0.04 (\text{m})$$

平均流速和雷诺数分别为

$$v = \frac{Q}{A} = \frac{4.2/60}{0.03 \times 0.06} = 38.9 (\text{m/s})$$

$$Re = \frac{vd_h}{\nu} = \frac{38.9 \times 0.04}{15.12 \times 10^{-6}} = 1.03 \times 10^5$$

流动为湍流，相对粗糙度 $k_S/d_h = 0.00375$，从穆迪图可查得管道摩擦系数 $\lambda = 0.029$。因此，压降为

$$\Delta p = \lambda \frac{l}{d_h} \frac{1}{2} \rho v^2 = 13.2 \times 10^3 (\text{Pa}) = 1.34 (\text{mAq})$$

✶✶✶✶✶✶✶✶✶✶✶✶✶✶✶✶✶✶✶✶✶

===== 习 题 =====================

【6.1】 20℃ 的水在内径为 10 mm 的圆管中流动，流量为 1.5 l/min，流动是层流还是湍流？若该管道在某处扩大为内径 30 mm 的粗管道，流动是层流还是湍流？

【6.2】 水池中安装一内径为 50 mm 的长圆管，输送密度为 960 kg/m³、粘度为 1.5 Pa·s、流量为 0.06 m³/min 的油，求该流动的进口段长度。

【6.3】 An air flows in a smooth pipe of 250 mm in diameter at the velocity of 10 m/s under the standard atmospheric pressure and the temperature of 20℃. Calculate the head loss and the pressure drop over a 5 m length of the pipe.

第6章 习题

【6.4】 20℃的水在内径为1m的圆管内流动，流量为1.5 m³/s。要使管道为水力光滑管，管壁粗糙度k_S应为多少？

【6.5】 20℃的水以20 cm/s的速度在内径为5 cm、长度为30 m的直圆管内流动，求管内壁的相对粗糙度为0.05时的水头损失。

【6.6】 A divergent pipe of spreading angle of 15° connects two straight pipes of 4 cm and 8 cm in diameter. The flow rate of water is 0.8 l/s. Calculate the pressure recovery factor and the pressure rise.

【6.7】 密度为1.250 kg/m³的空气在入口内径100 mm、出口内径250 mm的扩压管道内流动。进口速度为50 m/s时，压力上升120 mmAq(毫米水柱)。求扩压管的效率。

【6.8】 水面差为10 m的2个水槽由内径为100 mm、长度为1 m、粗糙度为0.1 mm的水平管道连接。求入口损失系数为0.7时管道所通过的流量。

【6.9】 The water is discharged from a dam of 30 m deep through a pipe of 200 mm in diameter and 1 km long. Given the inlet loss coefficient of 0.5 and the pipe friction coefficient of 0.03, what is the exit velocity and the available power?

【6.10】 图6.36所示的截面积分别为A_1、A_2的2个水槽由水平圆管连接。将水面差从H_1变为H_2的时间用圆管内径d、长度l、管道摩擦系数λ以及进口损失系数ζ表示出来。

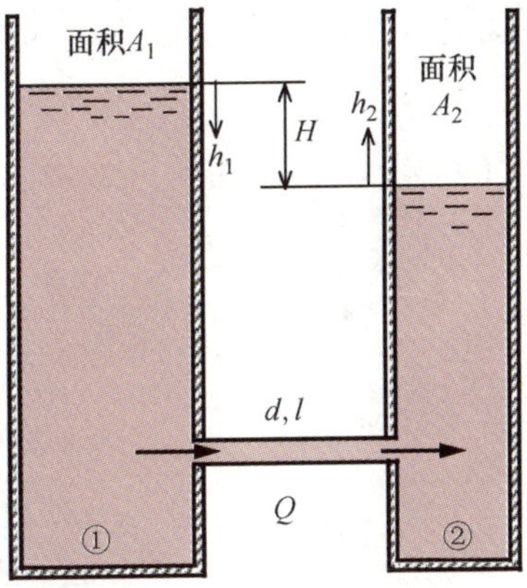

图6.36 水槽的连接管

【答案】

【6.1】 20℃水的运动粘度从物性值表中可查得为$\nu=1.004\times10^{-6}(\text{m}^2/\text{s})$，内径$d=1.0\times10^{-2}$m的圆管内水流的平均速度为

$$v=\frac{Q}{\pi d^2/4}=\frac{1.5\times10^{-3}/60}{3.14\times0.01^2/4}=0.318(\text{m/s})$$

由式(6.20)得雷诺数为

$$Re=\frac{vd}{\nu}=\frac{0.318\times10^{-2}}{1.004\times10^{-6}}=3170$$

大于临界雷诺数$Re_c=2300$，流动为湍流。同样，内径$d=3.0\times10^{-2}$m粗管内

$$v=0.0354(\text{m/s}), Re=\frac{0.0354\times3\times10^{-2}}{1.004\times10^{-6}}=1057$$

故为层流。

【6.2】 内径$d=5.0\times10^{-2}$m、流量$Q=0.001\text{m}^3/\text{s}$的平均流速为

$$v=\frac{Q}{\pi d^2/4}=0.509(\text{m/s})$$

密度 $\rho=960\text{kg/m}^3$、粘度 $\mu=1.5\,\text{Pa}\cdot\text{s}$,则雷诺数为

$$Re=\frac{\rho vd}{\mu}=\frac{960\times 0.509\times 5\times 10^{-2}}{1.5}=16.3$$

故流动为层流,层流的进口段长度由式(6.6a)可得

$$L=0.065\times 16.3\times 5.0\times 10^{-2}=5.3\times 10^{-2}\,(\text{m})$$

【6.3】 Under this condition, the physical property of air is

$$\rho=1.205\,(\text{kg/m}^3), \nu=1.512\times 10^{-5}\,(\text{m}^2/\text{s})$$

This pipe flow is turbulent, because

$$Re=\frac{vd}{\nu}=\frac{10\times 25\times 10^{-2}}{1.512\times 10^{-5}}=1.65\times 10^5$$

By the Nikuradse formula of Eq. (6.45), the friction coefficient is

$$\lambda=0.0032+0.221Re^{-0.237}=0.0160$$

So, the pressure drop is calculated by Eq. (6.5b),

$$\Delta p=\lambda\frac{l}{d}\frac{1}{2}\rho v^2=0.0160\times\frac{5}{0.25}\times\frac{1}{2}\times 1.205\times 10^2$$
$$=19.3\,(\text{Pa})$$

and the head loss is calculated by Eq. (6.5a).

$$\Delta h=\frac{\Delta p}{\rho g}=\frac{19.3}{1.205\times 9.81}=1.63\,(\text{m})$$

【6.4】 $d=1.0\,\text{m}, \nu=1.004\times 10^{-6}\,\text{m}^2/\text{s}, \rho=998\text{kg/m}^3, Q=1.5\,\text{m}^3/\text{s}, v=1.91\text{m/s}, Re=1.9\times 10^6$,流动为湍流。壁面切应力和摩擦速度可用式(6.47)和式(6.29)求得

$$\tau_w=3.88\,(\text{Pa}), u_*=0.0623\,(\text{m/s})$$

水力光滑需要壁面粗糙度小于粘性底层厚度,所以

$$k_s<5\nu/u_*=8.0\times 10^{-5}\,(\text{m})=80\,(\mu\text{m})$$

【6.5】 相对粗糙度 $\frac{k_s}{d}=0.05$、雷诺数 $Re=10^4$ 时粗糙管的湍流管道摩擦系数可由图 6.17 的穆迪图查得 $\lambda=0.073$,由式 (6.5a)可得损失水头为

$$\Delta h=\lambda\frac{l}{d}\frac{v^2}{2g}=0.073\times\frac{30}{0.05}\times\frac{0.2^2}{2\times 9.81}=0.089\,(\text{m})$$

【6.6】 From Fig (6.21) on $A_2/A_1=4$ and $2\theta=15°$, the recovery factor may be read as $\eta=0.83$. By Eq. (6.64) and Eq. (6.67), the pressure rise is calculated.

$$p_2-p_1=\eta\left\{1-\left(\frac{A_1}{A_2}\right)^2\right\}\frac{\rho v_1^2}{2}$$
$$=0.83\times\frac{15}{16}\times\frac{10^3\times 0.64^2}{2}=158\,(\text{Pa})$$

【6.7】 根据直径 $d_1=0.1\,\text{m}, d_2=0.25\,\text{m}$，以及流量为常数，可知

$$v_1=50(\text{m/s}), v_2=v_1\left(\frac{d_1}{d_2}\right)^2=8(\text{m/s})$$

由式(6.65)和 $\Delta h=120\times10^{-3}\,\text{mAq}$，可得直径扩大前后的压差为

$$p_2^*-p_1=\frac{1}{2}\rho(v_1^2-v_2^2)=\frac{1}{2}\times1.25\times(50^2-8^2)$$
$$=1\,523(\text{Pa})$$
$$p_2-p_1=\rho_w g\Delta h=10^3\times9.81\times120\times10^{-3}=1\,176(\text{Pa})$$

由式(6.66)可得效率为

$$\eta=\frac{p_2-p_1}{p_2^*-p_1}=0.772\to77.2(\%)$$

【6.8】 水面差 $H=10\,\text{mAq}$ 时的压差，与由式(6.54)和 $k_s/d=0.001$ 得到的 $\lambda=0.019\,6$，以及 $\zeta=0.7$ 时计算得到的压力损失相平衡。因此

$$\rho g H=\left(1+\lambda\frac{l}{d}+\zeta\right)\frac{1}{2}\rho v^2$$

所以平均流速及流量为

$$v=10.2(\text{m/s}), Q=0.080(\text{m}^3/\text{s})$$

另外，$Re=1.0\times10^6$，流动为湍流，所以可利用式(6.54)。

【6.9】 From the previous problem, the exit velocity is

$$v=\sqrt{\frac{2gH}{\lambda l/d+\zeta}}=\sqrt{\frac{2\times9.81\times30}{0.03\times10^3/0.2+0.5}}=1.98(\text{m/s})$$

So, its available power is

$$L=\rho g Q H=\rho g\frac{\pi d^2}{4}vH=18.3\times10^3(\text{W})$$

【6.10】 设水面差为 $h=H_1-h_1-h_2$，由习题【6.8】可知圆管内的平均流速为

$$v=\sqrt{\frac{2gh}{\lambda l/d+\zeta}}$$

经过时间 $\text{d}t$ 后，水面差变为 $\text{d}h=-\text{d}h_1-\text{d}h_2$。另外，水槽内水体积的变化与通过圆管的水体积相等，因此

$$A_1\text{d}h_1=A_2\text{d}h_2=v\frac{\pi d^2}{4}\text{d}t$$

由此可得：$\text{d}h=-\left(1+\frac{A_2}{A_1}\right)\text{d}h_2$，所以

$$\text{d}t=-\frac{4A_1A_2}{\pi d^2(A_1+A_2)}\frac{\text{d}h}{v}$$

对上式进行积分，可得

$$t = \int_0^t \mathrm{d}t = -\frac{4A_1A_2}{\pi d^2(A_1+A_2)}\sqrt{\frac{\lambda l/d+\zeta}{2g}}\int_{H_1}^{H_2}\frac{\mathrm{d}h}{\sqrt{h}}$$

$$= \frac{8A_1A_2}{\pi d^2(A_1+A_2)}\sqrt{\frac{\lambda l/d+\zeta}{2g}}(\sqrt{H_1}-\sqrt{H_2})$$

第6章 参考文献

[1] 藤本武助,流体力学(1974),養賢堂.
[2] 広瀬幸治,流れ学(1976),共立出版.
[3] 伊藤英覚,本田睦,流体力学(1981),丸善.
[4] 加藤宏,ポイントを学ぶ流れの力学(1989),丸善.
[5] Schlichting, H., *Boundary-Layer Theory* (1979), McGraw-Hill.
[6] 妹尾泰利,内部流れの力学(1994),養賢堂.
[7] 島章,小林陵二,水力学(1980),丸善.
[8] 須藤浩三,長谷川富市,白樫正高,流体の力学(1994),コロナ社.
[9] 富田幸雄,水力学(1982),実教出版.

第 7 章

物体绕流

（Flow around a Body）

7.1 阻力与升力(drag and lift)

7.1.1 阻力(drag)

在日常生活中，大家可能都会有这样的经验，将手伸到洗澡的热水里搅动时，会有一个妨碍手的运动，即和手的运动方向反向的作用力。在流体中运动的物体或是被放置在流动中的物体会受到来自流体的力。更严密地讲，流体中的物体和流体之间存在相对速度时，物体就会受到来自流体的力的作用。在这些力当中，与相对速度方向平行的力的分量被称为**阻力**(drag)（图 7.1）。

阻力 D 可以用**阻力系数**(drag coefficient)C_D 表示：

$$D = \frac{1}{2} C_D \rho U^2 S \tag{7.1}$$

其中，ρ 为流体的密度，U 为物体和流体之间的相对速度，S 为物体的基准面积。物体的基准面积 S，一般取物体相对于流动的正面投影的面积。但是，对于飞机，按惯例采用主翼的面积；而对于船体，则采用船体体积的 2/3 次方。表 7.1 列出了一些物体的阻力系数，对于所有的物体，流动均是面向物体的正面，从左边流向右边。

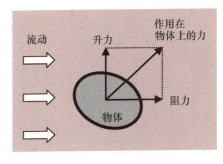

图 7.1 作用在物体上的力和阻力

表 7.1 各种物体的阻力系数

物体（流动方向：→）	形　状	基准面积 S	阻力系数 C_D
圆柱	$l/d=1$ 5 10 ∞	dl	0.63 0.74 0.82 1.20
平板	$a/b=1$ 5 10 ∞	ab	1.12 1.19 1.29 2.01
圆板		$\frac{\pi}{4}d^2$	1.20
立方体		l^2	1.05
球		$\frac{\pi}{4}d^2$	0.47
流线形物体	$l/d=2.5$	$\frac{\pi}{4}d^2$	0.04

阻力系数 C_D 受到许多因素的影响,包括物体的形状、尺寸、表面粗糙度、流体和物体间的相对速度、流体的粘性、密度和流体的湍动等。但是,对于钝体,由于流动分离引起的阻力起支配作用,所以钝体的阻力系数在较大的雷诺数范围内几乎是不变的(表 7.1 中的值)。

【例题 7.1】 ***********************

空气中直径为 10 cm 的小球以 10 m/s 的速度飞行。此时,该球受到的阻力的大小和方向如何?假定空气的密度为 1.2 kg/m³,阻力系数和基准面积参见表 7.1 的值。

【解】 由式(7.1)可知,阻力(流体阻力)为

$$D = \frac{1}{2} \times 0.47 \times 1.2 \times (10.0)^2 \times \frac{\pi}{4} \times (0.1)^2 = 0.22(\text{N})$$

另外,由于阻力的作用方向和流体流动的方向是相同的,在本题中就是和小球飞行方向相反的方向。

****

根据阻力产生的原因不同,可将阻力分为 5 种类型:**摩擦阻力**(friction drag)、**形状阻力**(form drag)或称**压力阻力**(pressure drag)、**诱导阻力**(induced drag)、**波动阻力**(wave drag)和**干涉阻力**(interference drag)。下面,我们分别介绍这 5 种不同类型的阻力。

1. 摩擦阻力(friction drag)

由于流体有粘性,在物体表面上会作用着沿流动方向的摩擦力。将作用在物体整个表面上的摩擦力进行积分后得到的就是摩擦阻力。如图 7.2 所示,考虑物体表面微元面 dA,作用在 dA 上沿着其切线方向的摩擦力记为 τdA,若 dA 的法线与流动方向所成的角度记为 θ,则摩擦阻力 D_f 可以由下式来计算

$$D_f = \int_A \tau \sin\theta dA \tag{7.2}$$

像高速列车、油轮这样在流动方向上尺度较大的物体,作用在它们身上的摩擦阻力是十分可观的。

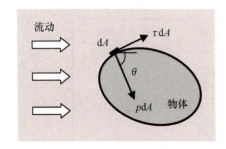

图 7.2 作用在物体表面上的力

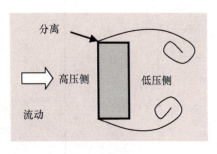

图 7.3 形状阻力

2. 形状阻力(form drag)(或称压差阻力(pressure drag))

如果流体从物体表面上脱落,那么在物体背面的流动中会产生比前面驻点处压力更低的低压区域。例如,图 7.3 给出的是棱柱形物体周围流体产生分离时的情形。只要对物体整个表面上的压力进行积分,就会发现物体背面的低压和物体正面的驻点压力之间存在差异,这就产生了阻力。由于这一阻力取决于物体的形状,所以被称作形状阻力。另一方面,形状阻力还依赖于物体正面和背面的压力差,因此也叫做压差阻力。一般来说,除了雷诺数极小的情况下,绕钝体的流动中分离现象难以避免,所以形状阻力在阻力中起支配作用。在图 7.2 中,如果微元面 dA 上的压力以 p 来表示,那么从压力的特性可知,p 是垂直

作用于 dA，形状阻力 D_p 可以由下式计算，即

$$D_p = \int_A p\cos\theta dA \tag{7.3}$$

一般来说，形状阻力在沿流动方向上尺度不大的钝体所受的阻力中起主导作用。

3. 诱导阻力(induced drag)

三维物体中，常常会在物体两端产生强烈的横向旋涡(例如，机翼、汽车等)。产生这些横向旋涡是需要耗费能量的，这也就带来损失。形成旋涡所需要的能量可以被看作为阻力，或者可以理解为，由于横向旋涡引起诱导速度，物体周围的压力分布发生了变化，并作为阻力作用在物体上。像这样伴随着旋涡产生而产生的阻力被称作诱导阻力。图7.4 是飞机的尾流中产生的一对横向旋涡(称作翼端涡)的示意图。

图 7.4 诱导阻力

4. 波动阻力(wave drag)

高速流体(可压缩流体)中会产生激波，随着船的行进，水面会产生水波，这些波的形成都需要消耗能量，因此就产生了阻力。像这样伴随着波的产生而产生的阻力被称作波阻力。图7.5 给出的是放置在超音速流体中的火箭状物体的前端产生激波的情形(关于激波，请参照第11章)。

图 7.5 波动阻力

5. 干涉阻力(interference drag)

流体中单独放置物体 1、2 时的阻力记为 D_1、D_2。将两物体靠近并同时放置在流体中时，两个物体受到的阻力记为 D_{12}，一般来说，它会比 D_1 和 D_2 之和大。两者的差为

$$D_I = D_{12} - (D_1 + D_2) \tag{7.4}$$

D_I 来自于两个物体相互作用而产生的阻力，该阻力被称作干涉阻力。

物体的阻力，一般是由这 5 种阻力之中的几种共同作用而形成的。由于阻力会带来能量的损失，因此需要尽量减小阻力。在需要减小阻力时，重要的是正确把握哪一种阻力起主要作用，并采取相应的措施来减少该阻力。

作用在汽车上的流体阻力

一般的汽车在时速 100 km 行驶时，受到的总阻力中，摩擦阻力占 6%，形状阻力占 48%，诱导阻力占 6%，波动阻力约为 0，干涉阻力占 12%(只是大概值)。剩余的阻力，分别来自轮胎转动的摩擦和轴承的摩擦。所以，最有效的减少汽车阻力的途径是改善车体的形状来减少形状阻力。实际上，为了尽量不让流体产生分离，汽车的形状常常被设计成流线形，并将棱角做得圆滑。

7.1.2 升力(lift)

作用放置在流体中的物体上的力中垂直于物体和流体之间的相对速度方向的分量被称为**升力**(lift)。图7.6给出了由流动引起的作用在物体上的力和升力的关系。升力是飞机用来做功使其上升的力,燃气轮机和泵等旋转机械中被利用的旋转力,在工业中也是一个非常重要的作用力。

升力 L 可以利用**升力系数**(lift coefficient) C_L,用类似阻力的表示方法来表示,如下所示

$$L = \frac{1}{2} C_L \rho U^2 S \tag{7.5}$$

符号的意义与式(7.1)中的相同,影响升力系数 C_L 的因素包括物体的形状、尺寸、表面粗糙程度,流体与物体之间的相对速度,流体的粘度、密度和流动的湍动等多种因素。

升力虽是作用在物体上的压力与摩擦力的合力,但是在实际应用中只需考虑压力作用即可。因此,只需将作用在物体整个表面上的压力进行积分计算,就可以求出如下所述的升力(符号的意义请参照图7.2)。

$$L = \int_A p \sin\theta \, dA \tag{7.6}$$

下面,以将升力作为重要参数的**翼型**(airfoil, blade)为例,解释说明升力的特性。翼型是升力远大于阻力的机械部件,其截面的示意图和各个部分的名称如图7.7所示。另外,像飞机的翼型那样被单独使用的翼型称为**单翼型**(single airfoil),像叶轮机械那样多个翼型被同时使用的翼型称为**叶栅**(blade row, cascade)。图7.8给出了喷气发动机的截面图,喷气发动机也是使用翼型的一种流体机械。喷气发动机利用带有风扇(fan)的压缩机(compressor)将吸入的空气进行压缩,然后向燃烧器(combustion chamber)中喷射燃料并进行燃烧,燃烧后的高温高压气体通过涡轮(turbine)压缩后,以高速气流的形式喷出,并产生推力。翼型是组成压缩机和涡轮的重要组成部件。

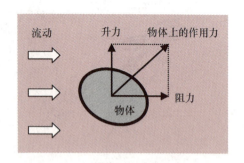

图7.6 作用在物体上的力

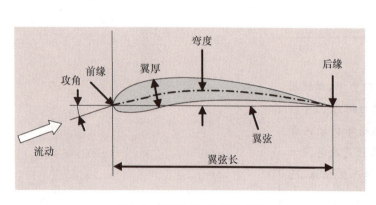

图7.7 翼型面和各部分名称

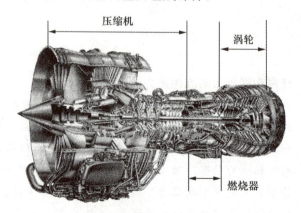

图7.8 利用翼型的流体机械(喷气发动机)

7.1 阻力与升力

翼型的流体力学性能,可通过下面定义的无量纲系数来评价。

升力系数 $$C_L = \frac{L}{\frac{1}{2}\rho U^2 S} \tag{7.7}$$

阻力系数 $$C_D = \frac{D}{\frac{1}{2}\rho U^2 S} \tag{7.8}$$

升阻比 $$\frac{L}{D} = \frac{C_L}{C_D} \tag{7.9}$$

压力系数 $$C_p = \frac{P - P_\infty}{\frac{1}{2}\rho U^2} \tag{7.10}$$

力矩系数 $$C_M = \frac{M}{\frac{1}{2}\rho U^2 Sl} \tag{7.11}$$

这里,L 为升力,D 为阻力,M 为绕前缘或者 1/4 翼弦长位置处的力矩,U 为距离翼型足够距离处的流速,P 为压力,P_∞ 为翼型远端的压力,l 为弦长,ρ 为流体的密度,S 为翼型的面积。

翼型的流体力学性能,受到翼型的截面形状(翼型形状)、雷诺数、马赫数、攻角、翼型表面的粗糙度、翼型的长宽比(翼展的二次方/翼型的面积)等因素的影响。特别是翼弦和流动方向之间的角度 α(该角称为攻角,参照图 7.7)会对翼型的性能产生很大的影响。一般来说,翼型具有图 7.9 所示的升力和阻力特性,这已经在实验中得到证明。图中升力在攻角为 20°附近急速减少,阻力急剧增加,这是由于翼型上表面(背面、负压面)的流体产生了分离,这种状态被称为**失速**(stall)。图 7.10 是在失速状态下翼型周围流体流态的示意图。由图可知,翼型上表面处流体并没有沿着翼型的表面流动。

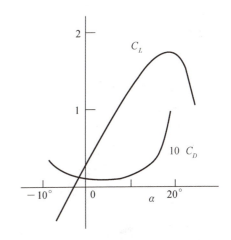

图 7.9 翼型的升力、阻力特性

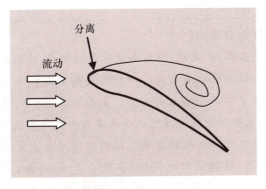

图 7.10 失速状态下的翼型

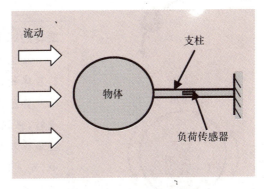

图 7.11 阻力、升力的测量

阻力和升力的计算方法

计算放置在流体中的物体受到的阻力与升力的方法包括：

(一) 如式(7.2)、(7.3)、(7.5)和(7.6)所示，根据物体周围流动的状态(速度以及压力的分布)进行积分计算。

(二) 利用四分量测力计和六分量测力计等直接测量作用在物体上的力(图7.11给出了测量方法的示意图。而且，采用该测量法也可以得到作用在物体上的力矩)。

(三) 计算物体的下游某断面处的流动状态，根据动量定理，由动量变化可求得作用在物体上的力。

由于方法(一)需要知道物体周围流动的详细信息，不适合进行实验，所以主要在数值计算(计算机模拟)中使用。相比之下，(二)和(三)的方法，可以通过实验手段简单地进行测算，在实际的实验测量中经常被用到。但是在进行实验时，需要在流体中设置支撑物体的支柱或者钢丝，要注意的是这些支撑物对流体的影响。

【例题7.2】 ✱✱✱✱✱✱✱✱✱✱✱✱✱✱✱✱✱✱✱✱✱

翼型的面积为15 m²，自重为400 kgf的滑翔机以时速80 km的速度飞行。空气的密度为1.2 kg/m³，升力的作用点与机体重心重合，机体和尾翼的升力可以忽略。在某攻角下飞行时翼型的升力系数为1.2，计算滑翔机会上升还是会下降。

【解】 由式(7.5)可知，升力值为

$$L = \frac{1}{2} C_L \rho U^2 S = \frac{1}{2} \times 1.2 \times 1.2 \times \left(\frac{80.0 \times 10^3}{3\,600.0}\right)^2 \times 15.0$$
$$= 5.33 \times 10^3 (\text{N}) = 5.44 \times 10^2 (\text{kgf})$$

因此，该滑翔机将会上升。

✱✱✱✱✱✱✱✱✱✱✱✱✱✱✱✱✱✱✱✱✱

旋转的球为什么会拐弯？

我们知道在棒球、足球、排球和网球等运动中，当给球施加了旋转后球的运动轨迹就会有拐弯。为什么旋转的球在飞行时会拐弯呢？其原因在于作用在球上的升力。如图7.12所示，伴随着球的旋转，根据球表面的旋转速度可以将球表面分成与来流方向相同的区域以及与来流方向相反的区域。球旋转速度与来流同向的区域中，气流被加速，根据贝努利定理(参照4.4节)可知，其压力会下降。另一方面，与来流反向的区域气流被减速，压力上升。两者的压力差垂直于流动方向而作用在球上。也就是说，以升力的形式对球产生作用，于是球会向该方向偏转。像这样旋转物体中升力的产生机制被称作**马格纳斯效应**(Magnus effect)。

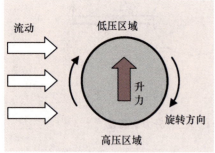

图7.12 作用在旋转的球上的升力

7.2 圆柱绕流和卡门涡
(flow around a cylinder and Karman vortex)

本节中,以放置在均匀来流中圆柱周围的流动作为物体绕流的典型例子做分析。

在圆柱绕流中,用均匀来流速 U、圆柱直径 d 和流体的运动粘度 ν 定义**雷诺数**(Reynolds number)

$$Re = \frac{Ud}{\nu} \tag{7.12}$$

雷诺数是一个十分重要的参数。

雷诺数在 6 以下时,流体以图 7.13(a)所示的流态沿圆柱流动。这种流动形态和理想流体是相同的。不过,在理想流体中压力分布是完全对称的,摩擦力也并不存在,因此并没有力作用在圆柱上。但是,在实际的流动中,主要是圆柱表面的摩擦力会产生阻力作用。这种矛盾被称作达朗贝尔悖论。

雷诺数在 6 以上 40 以下时,流体在圆柱侧面产生分离,会在圆柱背面形成一对稳定的旋涡(图 7.13(b))。这个旋涡被称作**双子涡**(twin vortex)。而且,随着雷诺数的变大,双子涡的长度也会延伸,下游流动中会开始出现波动。

当雷诺数在 40 以上时,双子涡无法再稳定地存在,而是交替地从圆柱上分离形成振动流动(图 7.13(c))。从圆柱上分离的旋涡,在圆柱下游形成具有一定间隔的交错排列的两列旋涡,这种涡列的分布被称作**卡门涡**(Karman vortex)或者**卡门涡列**(Karman vortex street)。从圆柱上观察到的卡门涡的频率(也就是旋涡分离的频率)f,可以利用圆柱直径 d 和均匀流流速 U,以及用这些量定义的**斯特劳哈尔数**(Strouhal number)来确定。斯特劳哈尔数的定义为

$$St = \frac{fd}{U} \tag{7.13}$$

该无量纲数是雷诺数的函数,图 7.14 给出的是斯特劳哈尔数和雷诺数的关系。由图可知,当雷诺数在 5×10^2 到 2×10^5 的范围内时,斯特劳哈尔数基本保持 0.2 不变。但是,当雷诺数大于 300 以上时,从圆柱上分离出的旋涡会立刻变得不规则,因此无法看到像图 7.13(c)所示的那样漂亮的卡门涡。

卡门涡在工业应用中具有两面性,有时会对机械产生负面作用,而有时可对其有效利用。具体来说,负面作用是卡门涡诱起的振动。卡门涡会引起作用在圆柱上,与流动方向垂直的周期性振动力,诱发圆柱振动从而可能引起疲劳破坏。另一方面,作为有效利用的例子之一,可以通过测算卡门涡的频率来计算流速和流量,这一点在多种测量设备中都有应用。图 7.15 是卡门涡流量计的示意图,以激光多普勒流速计测量从直径很小的圆柱上放出的卡门涡,而后可测算管路的流量。

卡门涡不仅会出在上述圆柱形物体绕流中,在长方柱、正方柱、椭圆柱和圆锥等物体绕流中一般也可以观察到。

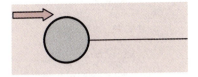
(a) $Re < 6$

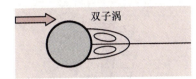
(b) $6 < Re < 40$

(c) $Re > 40$

图 7.13 不同雷诺数下圆柱周围流动形态的变化
(流动的方向:⇨)

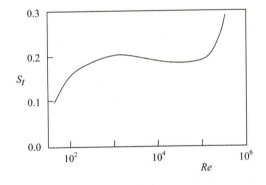

图 7.14 圆柱的斯特劳哈尔数

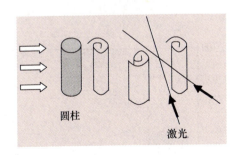

图 7.15 卡门涡流量计

卡门涡的由来

卡门(Karman)于1881年出生于匈牙利,自1906年在普朗特教授的指导下在德国的哥廷根大学留学。当时,卡门的同事希门茨在进行圆柱的流体分离实验,尽管十分小心地进行了实验,但是由于圆柱振动的缘故,还是没有能够得到良好的数据。普朗特教授认为在圆柱的制作精度上有问题,但卡门思考认为这种振动可能是伴随着流体分离所特有的现象,并尝试利用势流理论进行了理论分析。结果发现,圆柱放出的涡列若要稳定地存在,必须保持$l/h=0.2806$(其中,l为旋涡中心在流动方向上的间隔,h为垂直于流动方向上的间隔)的交互式分布。

卡门涡正是为了纪念上述卡门的研究业绩而得其名。另外,卡门推导出的涡列,也被随后进行的许多实验证明是正确的。

【例题 7.3】 ＊＊＊＊＊＊＊＊＊＊＊＊＊＊＊＊＊＊＊＊＊

在均匀流动的空气中放置直径为 5 mm 的圆柱形天线。试计算该天线放出的旋涡频率。假设空气的运动粘度为 $\nu=1.5\times10^{-5}\,\mathrm{m^2/s}$、圆柱的雷诺数为 2.0×10^4。

【解】 首先通过雷诺数计算流速

$$U=\frac{Re\nu}{d}=\frac{2.0\times10^4\times1.5\times10^{-5}}{0.005}=60.0(\mathrm{m/s})$$

由于雷诺数在 2.0×10^4 时斯特劳哈尔数为 0.2,通过式(7.13)就可以求出旋涡分离频率

$$f=\frac{StU}{d}=\frac{0.2\times60.0}{0.005}=2.4\times10^3(\mathrm{Hz})$$

＊＊＊＊＊＊＊＊＊＊＊＊＊＊＊＊＊＊＊＊＊＊＊

圆柱绕流的流态是随雷诺数的变化如何变化的,这里再稍详加讨论。图7.16为圆柱的阻力系数 C_D 随着雷诺数 Re 的变化曲线,图7.17为圆柱表面压力分布 C_P 随着从圆柱前驻点开始计算的角度 θ 的变化曲线。

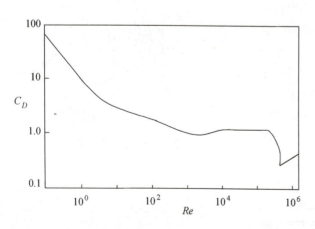

图 7.16　圆柱阻力系数随雷诺数的变化

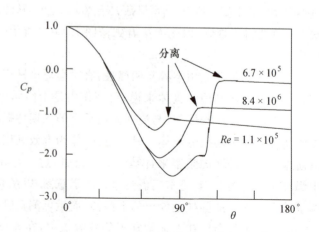

图 7.17　圆柱表面的压力分布

雷诺数在 5 以下，即雷诺数非常小时，摩擦阻力起主要作用，随着雷诺数的增大，阻力系数会缓慢减小。

当卡门涡产生时，从圆柱前缘开始测算，大约 80°处层流边界层（参考第 9 章）发生分离，圆柱背面的低压引起的形状阻力成为阻力的主要成分，阻力系数大致为一常数，约为 1.2。从图 7.17 的压力分布中，可以观察到 θ 角在 80°以后，存在压力不变的区域，这个区域就对应着流体分离的区域。

雷诺数进一步增加，达到 5×10^5 左右时，阻力系数会急剧减小到约为 0.4。这是因为在圆柱表面的层流边界层发生分离之后，层流边界层发生转捩成为了湍流边界层，并且湍流边界层会再次附着到圆柱壁面上，于是最终的分离点后退到大约 θ 角为 120°附近。也就是说，分离点向下游方向发生了偏移，造成圆柱背面低压区域变窄，因此作用在圆柱上的阻力减小了。此时的雷诺数被称作 临界雷诺数（critical Reynolds number）。临界雷诺数大小受圆柱表面的粗糙度、均流来流中脉动的强度等因素的影响，表面越粗糙、脉动强度越大临界雷诺数就会越小。

若雷诺数进一步增大，阻力系数就会开始增加。这是由于层流边界层在发生分离前就发生了转捩，最终的流动分离点慢慢前移到大约 θ 为 100°处。从图 7.17 可以看到分离点移动到上游方向。

高尔夫球表面的凹槽（表面的小坑）就是为了强制扰乱边界层，使之成为湍流边界层，这样流动分离点后移，阻力减少，从而增加其飞行距离而设计的。

7.3 圆柱绕流的锁定现象
(lock-in phenomena of flow around a cylinder)

当圆柱的固有频率与根据斯特劳哈尔数计算出的旋涡分离频率非常接近时，就会诱发圆柱的振动。圆柱的固有频率和从圆柱放出的旋涡的频率一致的现象被称为锁定现象(lock-in phenomenon)。旋涡的分离频率以及圆柱的振幅与雷诺数的关系如图 7.18 所示。

当圆柱的固有频率与卡门涡的频率相接近时，随着卡门涡的形成，圆柱会在垂直于流动的方向上产生振动。这一现象被称作横向振动(cross-line oscillation)。

另外，当圆柱的固有频率为卡门涡频率的大约 2 倍，并且圆柱的结构阻尼力较弱时，圆柱会在与流动平行的方向上振动，并且该振动和旋涡的放出会形成相互干涉，因此放置在流体中的圆柱会在与流动平行的方向上产生自激振荡。这时从圆柱脱落的旋涡与卡门涡不同，在振动圆柱的下游，会形成一对对称旋涡（对涡）（图 7.19），这个现象被称作流向振荡(in-line oscillation)。

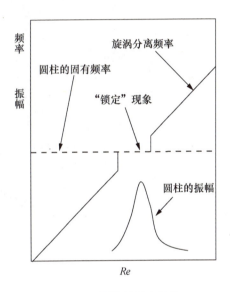

图 7.18 圆柱的锁定现象

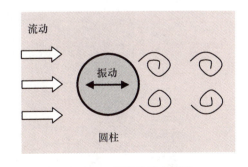

图 7.19 圆柱的流向振荡

一旦发生锁定现象，旋涡就会诱激圆柱的振动，可能导致圆柱疲劳而损坏。因此，在设计中要尽量防止出现锁定现象。具体来说，可以让圆柱的固有振动频率避开1倍（横向振荡）和2倍（流向振动）卡门涡频率；可以增大圆柱的结构阻尼，使圆柱的振幅降低到足够小；为了让旋涡脱落失去周期性，在圆柱上缠上铁丝或在圆柱的背部装设分离板等措施也是非常有必要的。

> **卡门涡引起的桥梁坍塌**
>
> 1940年11月，美国西海岸的华盛顿州建成了塔科马海峡吊桥。该桥在19 m/s的风速下（也就是大约为日本初春时风速的大小）发生了坍塌。在设计之时，该桥按可以承受超过50 m/s的强风进行设计。但是，由于卡门涡的脱落频率与桥梁结构的固有频率相一致，产生了扭曲式的自激振荡，最终导致了大桥坍塌的事故。华盛顿大学的弗格森教授用录像记录下了大桥崩塌时的情形，现在还可以看到当时大桥振动最终导致崩塌的情形。自该事故以来，在设计桥梁、高楼、烟囱等建筑时都会十分注意，尽力设计出不易产生周期性旋涡脱落的截面形状，另外，也十分注意尽量使旋涡的脱落频率与建筑物的固有频率不一致。

===== 习 题 =========================

【7.1】 在流速2 m/s的均匀流体中放置直径为10 cm、长度为1 m的圆柱，圆柱的轴向与流动方向呈直角。流体为常温水的情况下，试求作用在该圆柱上的阻力。

【7.2】 在均匀空气流动中，放置长宽分别为3 m和1 m的平板，平板的攻角为10°。均匀流速为12 m/s，平板的阻力系数为0.1，升力系数为0.8时，试求作用在该平板的阻力、升力、合力的大小以及方向。

【7.3】 在静止的水中释放一个直径为1 mm、密度为1500 kg/m³的固体小球。经过足够长的时间后，该固体小球达到一定的速度（这一速度称作终端速度）。试计算该速度。小球的阻力系数可以根据下面公式计算。

$$C_D = \frac{24}{Re} \qquad （斯托克斯定律）$$

其中，$Re = U_{res} d/\nu$，U_{res}为小球和流体之间的相对速度，d为小球的直径，ν为运动粘度。

【7.4】 在河流中，竖立着一直径为10 cm的圆形柱子，可以观察到由该柱子向下游脱落的卡门涡频率为1 Hz。试求河流的流速。

第 7 章 习 题

【7.5】 空气在某流体机械中以 10 m/s 的速度流动。为了测量流速，将直径为 1 cm 的圆柱状传感器与垂直于流动方向插入。求传感器的固有频率应该避开的频率值。

【7.6】 Calculate the drag force acting on the circular plate with the diameter of 30 cm in the stream with the velocity of 5 m/s and the density of 1.2 kg/m^3.

【7.7】 Find the lift and drag forces of the car driving at the speed of 80 km/h. Assume the front area is 2 m^2, the density of air is 1.2 kg/m^3, and the lift and drag coefficients are 0.03 and 0.35, respectively.

【7.8】 Calculate the terminal velocity of the water droplet in ambient air. Assume the diameter of droplet is 0.5 mm, and the drag coefficient is 0.24.

【7.9】 A cylinder is located in air stream with the velocity of 15 m/s. When the radius is 2 cm, estimate the shedding frequency of Karman vortex.

【答案】
- 【7.1】 164(N)
- 【7.2】 参考翼型的理论，物体的迎风面积 S 可以采用平板面积 1×3(m^2)。计算得阻力为 25.9(N)，升力为 207.4(N)，合力为 209.0(N)。阻力的作用方向和流动方向相同，升力的作用方向与流动方向呈直角，合力的作用方向为从流动方向开始计算角度为 82.9°的方向。
- 【7.3】 0.271(m/s)
  提示：作用在球上的重力与球的阻力和升力之和应处于平衡状态。
- 【7.4】 0.5(m/s)
- 【7.5】 为了避免卡门涡诱激的横向振荡以及两倍卡门涡频率诱激的流向振动，避开 200(Hz)以及 400(Hz)即可。
- 【7.6】 1.27(N)
- 【7.7】 Lift 17.8(N)，Drag 207.4(N)
- 【7.8】 4.76(m/s)
- 【7.9】 75(Hz)

第 7 章 参考文献
[1] 日野幹夫,流体力学(1992),朝倉書店.
[2] 日本機械学会編,機械工学便覧 A5 流体工学(1988).
[3] 田古里哲夫,荒川忠一,流体工学(1989),東京大学出版会.

第 8 章

流体运动方程式

（The Equations of Fluid Motion）

8.1 连续方程（continuity equation）

本章推导流体运动的基础方程式。在大多数情况下，这些方程式若只是看其方程本身的形式，是难以想象出那些成为推导这些公式基础的基本原理的。相对于方程本身的形式，重要的是要理解流动输运的质量、动量和伴随质量和动量输送而产生的力的定义，以及它们之间存在的某种关系。熟悉了流体力学中处理问题的方法，对一个个具体的流动问题就能够把握其基本物理本质。

连续方程式是流体力学中的**质量守恒定律**（law of conservation of mass）。在推导连续方程式时，考察一个特定的空间区域比考察特定的一部分流体更容易理解。因为流体是随着流动不间断地移动，并且不停地变形，所以追踪特定的这部分流体是有点困难的。对如图 8.1 所示的流场中的控制体 CV（Control Volume），考虑 CV 内的质量守恒。所谓的质量守恒定律就是在控制体 CV 内质量不会生成也不会消失。因此，CV 内流体质量随时间的变化 I_V 等于单位时间内通过 CV 的表面 CS（Control Surface）流入的质量和流出的质量的差 I_S（$I_V = I_S$）。首先计算 I_V，取密度为 ρ，则

$$I_V = \frac{\partial}{\partial t} \int_{CV} \rho dV \tag{8.1}$$

取流速向量 v 在面 CS 的外法线方向的分量为 $v_n(= v \cdot n)$，利用高斯定理（参考表 8.1）可计算 I_S，

$$I_S = -\int_{CS} \rho v_n dS = -\int_{CS} \rho v \cdot n dS = -\int_{CV} \nabla \cdot (\rho v) dV \tag{8.2}$$

这里，n 是 CS 面方向向外的单位法线向量，当流体流入控制体 CV 时，v_n 为负值，流出时为正值。质量守恒定律，也就是连续方程式，可由 $I_V = I_S$ 得到

$$\frac{\partial}{\partial t} \int_{CV} \rho dV = -\int_{CV} \nabla \cdot (\rho v) dV \tag{8.3}$$

对任意选取的 CV，上式总是成立的，因此被积的函数应恒等于零。所以

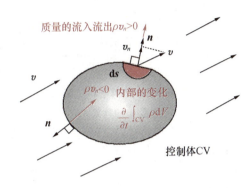

图 8.1 对于控制体 CV 的质量守恒定律

表 8.1 高斯定理 ①

高斯定理也称为格林定理，将对控制体表面 CS 的面积分转换为体积分，或者利用其反向变换。对任意向量 v，

$$\int_{CS} v \cdot n dS = \int_{CV} \nabla \cdot v dV$$

其中，n 为表面 CS 的单位法向向量。有关高斯定理的说明可以参阅其他参考书籍［今井（1973），Y. C. Fan (1974)］中的详细讲述。

$$\frac{\partial \rho}{\partial t} + \boldsymbol{v} \cdot \nabla \rho + \rho(\nabla \cdot \boldsymbol{v}) = 0 \tag{8.4}$$

式(8.4)中的左边第 1 项表示的是某一特定位置处密度随时间的变化,第 2 项为密度在随流体运动时产生的变化。因此,这两项的和表示的是密度实质变化的拉格朗日描述。应用 2.1 节中描述的物质导数 D/Dt 的表达式,可得

$$\frac{D\rho}{Dt} + \rho(\nabla \cdot \boldsymbol{v}) = 0 \quad (\text{可压缩流体}) \tag{8.5}$$

这就是流体力学中的质量守恒定律,也就是连续方程式。上式对不可压缩流体及可压缩流体均是成立的。对可压缩流体,$\rho(\nabla \cdot \boldsymbol{v})$ 表示流体膨胀或者压缩引起的密度变化,它和密度随时间的变化率 $D\rho/Dt$ 相平衡。对不可压缩流体,须满足

$$\text{不可压条件：} \quad \frac{D\rho}{Dt} = 0 \tag{8.6}$$

因此,连续方程式简化为

$$\nabla \cdot \boldsymbol{v} = 0 \tag{8.7}$$

直角坐标系中,$\boldsymbol{v} = v_x \boldsymbol{i} + v_y \boldsymbol{j} + v_z \boldsymbol{k}$（$(\boldsymbol{i},\boldsymbol{j},\boldsymbol{k})$ 是 (x, y, z) 方向的单位向量）,对不可压缩流体,式(8.7)可以用速度分量表示如下

$$\frac{\partial v_x}{\partial x} + \frac{\partial v_y}{\partial y} + \frac{\partial v_z}{\partial z} = 0 \quad (\text{不可压缩流体}) \tag{8.8}$$

曲线坐标系中连续方程的形式见表 8.2。在后面常用到的微分算符 ∇（nabla）的计算公式在表 8.3 中给出。

常温状态下的空气,当其速度在 100 m/s 以上时属于高速气流,这时要考虑气体的可压缩性(可参考 1.3.3 节)。液体以及不属于高速气流的气体,可以认为是不可压缩流体,在本章中主要讨论不可压缩流体。

表 8.2 连续方程式(8.7)在曲线坐标系中的表示形式

圆柱坐标系 (r,θ,z)
$$\frac{1}{r}\frac{\partial(r v_r)}{\partial r} + \frac{1}{r}\frac{\partial v_\theta}{\partial \theta} + \frac{\partial v_z}{\partial z} = 0$$

球坐标系 (r,θ,ϕ)
$$\frac{1}{r^2}\frac{\partial(r^2 v_r)}{\partial r} + \frac{1}{r\sin\theta}\frac{\partial(v_\theta \sin\theta)}{\partial \theta} + \frac{1}{r\sin\theta}\frac{\partial v_\phi}{\partial \phi} = 0$$

表 8.3 ∇ 算子和标量 A 及向量 $\boldsymbol{v}$ 的计算

$$\nabla = \boldsymbol{i}\frac{\partial}{\partial x} + \boldsymbol{j}\frac{\partial}{\partial y} + \boldsymbol{k}\frac{\partial}{\partial z}$$

$$(\boldsymbol{v} \cdot \nabla) = V_x \frac{\partial}{\partial x} + V_y \frac{\partial}{\partial y} + V_z \frac{\partial}{\partial z}$$

$$\nabla^2 = \nabla \cdot \nabla = \frac{\partial^2}{\partial x^2} + \frac{\partial^2}{\partial y^2} + \frac{\partial^2}{\partial z^2}$$

$$\nabla A = \boldsymbol{i}\frac{\partial A}{\partial x} + \boldsymbol{j}\frac{\partial A}{\partial y} + \boldsymbol{k}\frac{\partial A}{\partial z}$$

$$\nabla \cdot \boldsymbol{v} = \frac{\partial V_x}{\partial x} + \frac{\partial V_y}{\partial y} + \frac{\partial V_z}{\partial z}$$

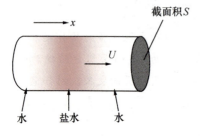

图 8.2 水和盐水的运动（例题 8.1）

【例题 8.1】

不同密度的流体混合在一起流动时,连续方程式也是可以成立的。例如,如图 8.2 所示,盐水和水的混合溶液在流动时,流动为一维流动,$v_x = U$(定值)。密度随位置的不同而变化,在流体向下游方向流动时假定扩散不会引起密度变化。对这样的流动考虑连续方程式是否成立。若是成立的话,应该采用哪个方程式,是可压缩流体的方程式(8.5)还是不可压缩流体的方程式(8.7)或式(8.8)?

【解】 在本例题中,因为没有质量的生成和消失,所以质量守恒定律,也就是连续方程式成立。实际上,根据 $v_x = U$,$v_y = v_z = 0$,不可压缩流体的连续方程式(8.8)成立是一目了然的,即

$$\frac{\partial v_x}{\partial x}+\frac{\partial v_y}{\partial y}+\frac{\partial v_z}{\partial z}=\frac{\partial U}{\partial x}=0$$

下面直接确认不可压缩的条件式(8.6)是成立的。流体向下游方向流动时,其密度是不变的,追踪特定的一部分流体是拉格朗日式的描述方法,因此式(8.6)是应该成立的。假定 $t=0$ 时密度沿 x 方向的分布为 $\rho=F(x)$,任意时刻 t 时 ρ 的分布可表示为 $\rho=F(x-Ut)$,令 $\xi=x-Ut$

$$\frac{\partial \rho}{\partial t}=\frac{\partial F(x-Ut)}{\partial t}=\frac{\partial \xi}{\partial t}\frac{dF(\xi)}{d\xi}=-U\frac{dF(\xi)}{d\xi},$$

$$v_x\frac{\partial \rho}{\partial x}=U\frac{\partial \xi}{\partial x}\frac{dF(\xi)}{d\xi}=U\frac{dF(\xi)}{d\xi}$$

因此 $\dfrac{D\rho}{Dt}=\dfrac{\partial \rho}{\partial t}+v_x\dfrac{\partial \rho}{\partial x}=0$

因此,按欧拉法描述,在某个特定点 x 的位置上观察时,ρ 随时间变化 ($\partial \rho/\partial t\neq 0$)。但是,$\rho$ 随时间的变化与 ρ 随运动的变化率($v_x\partial \rho/\partial x$)可以相互抵消,$D\rho/Dt=0$,因此不可压缩流体的条件关系式(8.6)是成立的。

****

8.2 粘性准则(viscosity law)

流体与橡胶这样的弹性体以及金属那样的塑性体不同,可以更加自由地变形和运动。虽然流体可以自由地变形和运动,但是也有黏稠的淀粉糖那样的高浓度的液体以及像空气那样几乎感觉不到粘性的低粘度的流体。粘度不同的流体,它们的流动状态也极为不同。粘性是流体的固有物性,本节的主要目的是学习粘性与流体运动之间的关系。在 1.2 节中已经对粘性准则进行了说明。本节中考虑一般的三维流动情况,也就是在流场中取一个微元体,考察该微元体的变形以及变形与变形处的应力之间的关系。

8.2.1 压力与粘性应力(pressure and viscous stress)

首先在流场内部任取一三维的微元体,考察作用在该微元体上的应力状态。单位面积上的作用力被定义为应力,所以定义应力时除了要知道应力的大小外,还要知道应力作用在哪个面上,以及应力的方向,也就是应力指向哪一个方向。在说明应力的作用面时,是用这个面的垂直方向来标示,比如 xy 面与 z 轴垂直,用 z 面来定义 xy 面。应力记为 $\boldsymbol{\sigma}$,它的分量带两个下标,分别表示应力的作用面与应力作用方向。因此,应力 $\boldsymbol{\sigma}$ 可定义为

$$\boldsymbol{\sigma}=\begin{pmatrix} \sigma_{xx} & \sigma_{xy} & \sigma_{xz} \\ \sigma_{yx} & \sigma_{yy} & \sigma_{yz} \\ \sigma_{zx} & \sigma_{zy} & \sigma_{zz} \end{pmatrix} \qquad (8.9)$$

比如,图 8.3 中,σ_{xy} 就表示作用在 x 面(与 x 轴垂直的 yz 面)上,作用方向为 y 方向的应力分量。一般情况下,像式(8.9)这样用两个下标来

口是敏感的粘度探测器

在广义上食品也是流体。咀嚼固结在一起的饭团时,我们在无意识中能够感觉到与该食品的粘性和弹性相应的食感。据 Shama 等人(1973)的研究,人的口能够感觉到的粘度范围为 $10^{-2}\sim 10^2[\text{Pa}\cdot\text{s}]$。

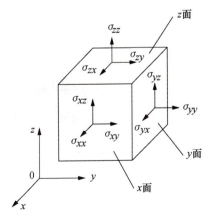

图 8.3 应力的定义

区别表示的 9 个分量组成的量称为**张量**(tensor)。

再对流体内部的应力稍详加考察。式(8.9)中给出的作用在微元体表面上的应力包括压力和粘性应力。首先考虑压力。例如，潜水到水下某一深度，我们的身体表面上会感受到有水压力作用，这就是在第 3 章中学到的与水的深度 h 成正比的静压 $\rho g h$ (ρ 为水的密度，g 为重力加速度)在起作用。流体静止的时候，压力可定义为作用在微元体表面上的应力，其方向垂直于该微元体表面，并且在所有面上大小相等。可用式(8.9)的张量形式表示为

$$压力 = \begin{pmatrix} -p & 0 & 0 \\ 0 & -p & 0 \\ 0 & 0 & -p \end{pmatrix} \quad (8.10)$$

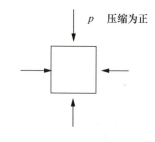
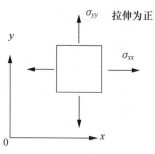

图 8.4 压力和应力的符号

压力垂直于作用面，因此只有对角线上的数值不为 0，压力 p 带符号的原因是压力的符号如图 8.4 所示，对表面进行压缩时为正，而一般的应力是考虑拉伸时为正，压缩时为负，所以在压力 p 前加一符号，这样就与一般应力的定义保持一致。

流体静止时没有粘性应力作用，所以流体内部的作用力只有压力。这时的压力与第 3 章学习的静压相同。但是流体流动时，压力和粘性应力作为一个整体一起作用在微元体的表面上，因此就存在如何区分压力和粘性应力的问题。流体流动时的压力，一般定义为微元体表面上沿法线方向作用的应力平均值，即

$$p = -\frac{\sigma_{xx} + \sigma_{yy} + \sigma_{zz}}{3} \quad (8.11)$$

一般来说，张量具有如下性质，其对角线上元素的和，与所选用的坐标无关，保持为常数，压力的定义恰好利用了张量的这个属性，这与流体静止时作用在微元体的静压与作用面无关且为常数这一点也并不矛盾。

与流体是否运动以及是否存在变形无关，压力总是存在的。另一方面，粘性应力只有在流体存在运动和变形时才会产生。用 $\boldsymbol{\tau}$ 来表示粘性应力，在流体内部作用的应力 $\boldsymbol{\sigma}$ 是压力 p 和粘性应力 $\boldsymbol{\tau}$ 的和，可表示为

$$\boldsymbol{\sigma} = \begin{pmatrix} -p & 0 & 0 \\ 0 & -p & 0 \\ 0 & 0 & -p \end{pmatrix} + \begin{pmatrix} \tau_{xx} & \tau_{xy} & \tau_{xz} \\ \tau_{yx} & \tau_{yy} & \tau_{yz} \\ \tau_{zx} & \tau_{zy} & \tau_{zz} \end{pmatrix} = \begin{pmatrix} -p+\tau_{xx} & \tau_{xy} & \tau_{xz} \\ \tau_{yx} & -p+\tau_{yy} & \tau_{yz} \\ \tau_{zx} & \tau_{zy} & -p+\tau_{zz} \end{pmatrix} \quad (8.12)$$

表 8.4 流体运动的分解

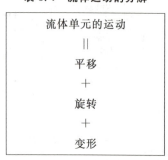

8.2.2 变形速率 (strain rate)

流体的运动乍看是复杂的。因此，在研究流体的变形运动与粘性应力之间的关系之前，首先考察一般情况下流体的运动情况，也就是学习如何将流体的运动分解为**平移**(traslation)、**旋转**(rotation)和**变形**(deformation)(表 8.4)。流体处在不停止的运动变形中，重要的不是

8.2 粘性准则

准确地给出平移、旋转和变形这些量本身，而是确定这些量的时间变化率(rate)。下面讨论单位时间内流体运动状态的变化。

如图8.5所示，流场中有一点P，位置为$\boldsymbol{r}=(x,y,z)$，P点附近有一点Q，其位置为$\boldsymbol{r}+\mathrm{d}\boldsymbol{r}=(x+\mathrm{d}x,y+\mathrm{d}y,z+\mathrm{d}z)$，考虑$P$点和$Q$点与流体一起运动的情况。分析向量$\mathrm{d}\boldsymbol{r}$随时间的变化，就可以清楚掌握$PQ$之间的流体单元的相对运动状况。这里所讲的相对运动是指从流体的运动中去掉平移成分后的运动部分。P点的速度定义为$\boldsymbol{v}=v_x\boldsymbol{i}+v_y\boldsymbol{j}+v_z\boldsymbol{k}$，$Q$点的速度为$(\boldsymbol{v}+\mathrm{d}\boldsymbol{v})$。经过$\Delta t$时间后，$P$点移动到$(\boldsymbol{r}+\boldsymbol{v}\cdot\Delta t)$，$Q$点移动到$(\boldsymbol{r}+\mathrm{d}\boldsymbol{r})+(\boldsymbol{v}+\mathrm{d}\boldsymbol{v})\cdot\Delta t$。$PQ$之间的流体单元$\mathrm{d}\boldsymbol{r}$经过$\Delta t$时间后变化为$\mathrm{d}\boldsymbol{r}+\mathrm{d}\boldsymbol{v}\cdot\Delta t$。因此流体单元$\mathrm{d}\boldsymbol{r}$在单位时间内进行的相对运动为$\mathrm{d}\boldsymbol{v}$，因为速度$\boldsymbol{v}$的各分量为$x$、$y$、$z$的函数，所以$\mathrm{d}\boldsymbol{v}$的分量形式为

$$\mathrm{d}v_x=\frac{\partial v_x}{\partial x}\mathrm{d}x+\frac{\partial v_x}{\partial y}\mathrm{d}y+\frac{\partial v_x}{\partial z}\mathrm{d}z$$

$$\mathrm{d}v_y=\frac{\partial v_y}{\partial x}\mathrm{d}x+\frac{\partial v_y}{\partial y}\mathrm{d}y+\frac{\partial v_y}{\partial z}\mathrm{d}z$$

$$\mathrm{d}v_z=\frac{\partial v_z}{\partial x}\mathrm{d}x+\frac{\partial v_z}{\partial y}\mathrm{d}y+\frac{\partial v_z}{\partial z}\mathrm{d}z$$

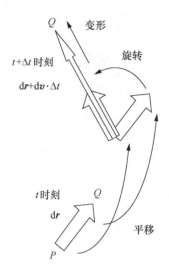

图8.5 PQ之间流体单元的运动

用矩阵的形式可表示为

$$\begin{pmatrix}\mathrm{d}v_x\\\mathrm{d}v_y\\\mathrm{d}v_z\end{pmatrix}=\begin{pmatrix}\frac{\partial v_x}{\partial x}&\frac{\partial v_x}{\partial y}&\frac{\partial v_x}{\partial z}\\\frac{\partial v_y}{\partial x}&\frac{\partial v_y}{\partial y}&\frac{\partial v_y}{\partial z}\\\frac{\partial v_z}{\partial x}&\frac{\partial v_z}{\partial y}&\frac{\partial v_z}{\partial z}\end{pmatrix}\begin{pmatrix}\mathrm{d}x\\\mathrm{d}y\\\mathrm{d}z\end{pmatrix}=$$

$$\frac{1}{2}\begin{pmatrix}2\frac{\partial v_x}{\partial x}&\frac{\partial v_x}{\partial y}+\frac{\partial v_y}{\partial x}&\frac{\partial v_x}{\partial z}+\frac{\partial v_z}{\partial x}\\\frac{\partial v_y}{\partial x}+\frac{\partial v_x}{\partial y}&2\frac{\partial v_y}{\partial y}&\frac{\partial v_y}{\partial z}+\frac{\partial v_z}{\partial y}\\\frac{\partial v_z}{\partial x}+\frac{\partial v_x}{\partial z}&\frac{\partial v_z}{\partial y}+\frac{\partial v_y}{\partial z}&2\frac{\partial v_z}{\partial z}\end{pmatrix}\begin{pmatrix}\mathrm{d}x\\\mathrm{d}y\\\mathrm{d}z\end{pmatrix}$$

$$+\frac{1}{2}\begin{pmatrix}0&\frac{\partial v_x}{\partial y}-\frac{\partial v_y}{\partial x}&\frac{\partial v_x}{\partial z}-\frac{\partial v_z}{\partial x}\\\frac{\partial v_y}{\partial x}-\frac{\partial v_x}{\partial y}&0&\frac{\partial v_y}{\partial z}-\frac{\partial v_z}{\partial y}\\\frac{\partial v_z}{\partial x}-\frac{\partial v_x}{\partial z}&\frac{\partial v_z}{\partial y}-\frac{\partial v_y}{\partial z}&0\end{pmatrix}\begin{pmatrix}\mathrm{d}x\\\mathrm{d}y\\\mathrm{d}z\end{pmatrix}$$

表8.5 曲线坐标系中的变形速率

圆柱坐标系(r,θ,z)

$\dot{\gamma}_{rr}=2\frac{\partial v_r}{\partial r}$，$\dot{\gamma}_{\theta\theta}=2\left(\frac{1}{r}\frac{\partial v_\theta}{\partial \theta}+\frac{v_r}{r}\right)$

$\dot{\gamma}_{zz}=2\frac{\partial v_z}{\partial z}$

$\dot{\gamma}_{r\theta}=\dot{\gamma}_{\theta r}=r\frac{\partial}{\partial r}\left(\frac{v_\theta}{r}\right)+\frac{1}{r}\frac{\partial v_\theta}{\partial \theta}$

$\dot{\gamma}_{\theta z}=\dot{\gamma}_{z\theta}=\frac{1}{r}\frac{\partial v_z}{\partial \theta}+\frac{\partial v_\theta}{\partial z}$

$\dot{\gamma}_{zr}=\dot{\gamma}_{rz}=\frac{\partial v_r}{\partial z}+\frac{\partial v_z}{\partial r}$

球坐标系(r,θ,ϕ)

$\dot{\gamma}_{rr}=2\frac{\partial v_r}{\partial r}$，$\dot{\gamma}_{\theta\theta}=2\left(\frac{1}{r}\frac{\partial v_\theta}{\partial \theta}+\frac{v_r}{r}\right)$

$\dot{\gamma}_{\phi\phi}=2\left(\frac{1}{r\sin\theta}\frac{\partial v_\phi}{\partial \phi}+\frac{v_r}{r}+\frac{v_\theta\cot\theta}{r}\right)$

$\dot{\gamma}_{\theta\phi}=\dot{\gamma}_{\phi\theta}=\frac{\sin\theta}{r}\frac{\partial}{\partial \theta}\left(\frac{v_\phi}{\sin\theta}\right)+\frac{1}{r\sin\theta}\frac{\partial v_\theta}{\partial \phi}$

$\dot{\gamma}_{\phi r}=\dot{\gamma}_{r\phi}=\frac{1}{r\sin\theta}\frac{\partial v_r}{\partial \phi}+r\frac{\partial}{\partial r}\left(\frac{v_\phi}{r}\right)$

$\dot{\gamma}_{r\theta}=\dot{\gamma}_{\theta r}=r\frac{\partial}{\partial r}\left(\frac{v_\theta}{r}\right)+\frac{1}{r}\frac{\partial v_r}{\partial \theta}$

这里，若用$\dot{\gamma}$和ω分别表示2.1节中变形速率和涡量，在三维流动中其表示形式分别为

$$\dot{\gamma}=\begin{pmatrix}\dot{\gamma}_{xx}&\dot{\gamma}_{xy}&\dot{\gamma}_{xz}\\\dot{\gamma}_{yx}&\dot{\gamma}_{yy}&\dot{\gamma}_{yz}\\\dot{\gamma}_{zx}&\dot{\gamma}_{zy}&\dot{\gamma}_{zz}\end{pmatrix}=\begin{pmatrix}2\frac{\partial v_x}{\partial x}&\frac{\partial v_x}{\partial y}+\frac{\partial v_y}{\partial x}&\frac{\partial v_x}{\partial z}+\frac{\partial v_z}{\partial x}\\\frac{\partial v_y}{\partial x}+\frac{\partial v_x}{\partial y}&2\frac{\partial v_y}{\partial y}&\frac{\partial v_y}{\partial z}+\frac{\partial v_z}{\partial y}\\\frac{\partial v_z}{\partial x}+\frac{\partial v_x}{\partial z}&\frac{\partial v_z}{\partial y}+\frac{\partial v_y}{\partial z}&2\frac{\partial v_z}{\partial z}\end{pmatrix} \quad (8.13)$$

表 8.6 曲线坐标系中的涡量

圆柱坐标系 (r,θ,z)

$$\omega_{z\theta}=-\omega_{\theta z}=\frac{1}{r}\frac{\partial v_z}{\partial \theta}-\frac{\partial v_\theta}{\partial z}$$

$$\omega_{rz}=-\omega_{zr}=\frac{\partial v_r}{\partial z}-\frac{\partial v_z}{\partial r}$$

$$\omega_{\theta r}=-\omega_{r\theta}=\frac{1}{r}\frac{\partial (rv_\theta)}{\partial r}-\frac{1}{r}\frac{\partial v_r}{\partial \theta}$$

球坐标系 (r,θ,ϕ)

$$\omega_{\phi\theta}=-\omega_{\theta\phi}$$
$$=\frac{1}{r^2\sin\theta}\left(\frac{\partial}{\partial\theta}(rv_\phi\sin\theta)-\frac{\partial(rv_\theta)}{\partial\phi}\right)$$

$$\omega_{\theta r}=-\omega_{r\theta}$$
$$=\frac{1}{r\sin\theta}\left(\frac{\partial v_r}{\partial\phi}-\frac{\partial(rv_\phi\sin\theta)}{\partial r}\right)$$

$$\omega_{\theta r}=-\omega_{r\theta}=\frac{1}{r}\left(\frac{\partial(rv_\theta)}{\partial r}-\frac{\partial v_r}{\partial\theta}\right)$$

$$\omega=\begin{pmatrix}0 & \omega_{xy} & \omega_{xz}\\\omega_{yx}&0&\omega_{yz}\\\omega_{zx}&\omega_{zy}&0\end{pmatrix}=\begin{pmatrix}0 & \frac{\partial v_x}{\partial y}-\frac{\partial v_y}{\partial x} & \frac{\partial v_x}{\partial z}-\frac{\partial v_z}{\partial x}\\\frac{\partial v_y}{\partial x}-\frac{\partial v_x}{\partial y}&0&\frac{\partial v_y}{\partial z}-\frac{\partial v_z}{\partial y}\\\frac{\partial v_z}{\partial x}-\frac{\partial v_x}{\partial z}&\frac{\partial v_z}{\partial y}-\frac{\partial v_y}{\partial z}&0\end{pmatrix} \quad (8.14)$$

因此可得

$$\begin{pmatrix}dv_x\\dv_y\\dv_z\end{pmatrix}=\frac{1}{2}\dot\gamma\begin{pmatrix}dx\\dy\\dz\end{pmatrix}+\frac{1}{2}\omega\begin{pmatrix}dx\\dy\\dz\end{pmatrix}$$

（点 P 附近的流体的相对运动）=（由 $\dot\gamma$ 引起的变形）+（由 ω 引起的旋转）

另外，曲线坐标系下变形速率和涡量的表达式可分别参见表 8.5 和表 8.6。

如上所述，单位时间流体的运动去掉平移后的相对运动可分解为变形和旋转。这其中，旋转是刚体的运动方式，因此可以说与流体固有的粘性有关系的就是由 $\dot\gamma$ 引起的变形。另外，$\dot\gamma$ 和 ω 如式(8.13)和式(8.14)所表示的那样，和应力一样有 9 个分量。作为张量，它们的分量也可以用带 2 个下标的量来表示。

8.2.3 本构方程式 (constitutive equation)

变形以及由于变形产生的应力，也就是变形速率 $\dot\gamma$ 和应力 τ 之间存在密切的关系，这个关系式称为**本构方程式**(constitutive equation)。在推导本构方程式的过程中有不严密的地方，这是因为本构方程在推导过程中没有明确严密的理论基础，也就是本构方程的推导过程不像前节中推导连续方程式那样可以利用质量守恒定律，在推导本构方程的过程中没有对应的定律存在。但是幸运的是，气体及水这样的低分子数流体，在粘性应力 τ 和变形速率 $\dot\gamma$ 之间存在下述简单的比例关系，这一点已经被实验所证实。

$$\tau=\mu\dot\gamma \quad (8.15)$$

其中，μ 为粘度。若在直角坐标系中，可写成如下的形式

$$\begin{pmatrix}\tau_{xx}&\tau_{xy}&\tau_{xz}\\\tau_{yx}&\tau_{yy}&\tau_{yz}\\\tau_{zx}&\tau_{zy}&\tau_{zz}\end{pmatrix}=\mu\begin{pmatrix}2\frac{\partial v_x}{\partial x} & \frac{\partial v_x}{\partial y}+\frac{\partial v_y}{\partial x} & \frac{\partial v_x}{\partial z}+\frac{\partial v_z}{\partial x}\\\frac{\partial v_y}{\partial x}+\frac{\partial v_x}{\partial y} & 2\frac{\partial v_y}{\partial y} & \frac{\partial v_y}{\partial z}+\frac{\partial v_z}{\partial y}\\\frac{\partial v_z}{\partial x}+\frac{\partial v_x}{\partial z} & \frac{\partial v_z}{\partial y}+\frac{\partial v_y}{\partial z} & 2\frac{\partial v_z}{\partial z}\end{pmatrix}$$

当然，在圆柱坐标系和球坐标系中，τ 和 $\dot\gamma$ 之间的关系式也是成立的。式(8.15)是牛顿粘性准则在三维流动中扩展应用的结果。

8.2 粘性准则

【Example 8.2】 ★★★★★★★★★★★★★★★★★★★★★

Consider the following three types of motion of a fluid element (as shown in Fig 8.6): (1) rotation with a constant angular velocity Ω ($v_\theta = r\Omega$), (2) extension with a constant extension rate $\partial v_x/\partial x = \alpha$, and (3) simple shear with a constant shear rate $\partial v_x/\partial y = \alpha$. Seek the strain rate tensor $\dot{\gamma}$, vorticity tensor $\boldsymbol{\omega}$, and viscous stress tensor $\boldsymbol{\tau}$. Assume that the viscosity is μ, $v_z = 0$, and the motion of the fluid element is independent of z. In the coordinate system rotated by 45°, seek each tensor for the simple shear.

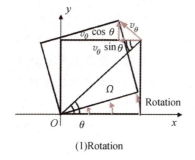

(1) Rotation

【Solution】 (1) Since the circumferential velocity is $v_\theta = r\Omega$ and the radial velocity is $v_r = 0$, the velocity components in x and y directions are as follows

$$v_x = -v_\theta \sin\theta = -\Omega r \sin\theta = -\Omega y,$$
$$v_y = v_\theta \cos\theta = \Omega r \cos\theta = \Omega x.$$

Thus, Eq. (8.13) and Eq. (8.15) give the following results.

$$\dot{\gamma} = \begin{pmatrix} 0 & 0 & 0 \\ 0 & 0 & 0 \\ 0 & 0 & 0 \end{pmatrix}, \boldsymbol{\omega} = \begin{pmatrix} 0 & -2\Omega & 0 \\ 2\Omega & 0 & 0 \\ 0 & 0 & 0 \end{pmatrix}, \boldsymbol{\tau} = \mu\dot{\gamma} = \begin{pmatrix} 0 & 0 & 0 \\ 0 & 0 & 0 \\ 0 & 0 & 0 \end{pmatrix}$$

In this solid-body rotation, the strain rates and the viscous stresses become zero, and the vorticities are twice angular velocity.

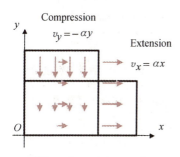

(2) Extension and compression

(2) Since the extension rate in the x-direction is $\partial v_x/\partial x = \alpha$, the equation of continuity gives the compression rate $\partial v_y/\partial y = -\alpha$ in the y-direction. Assuming $v_x = \alpha x$ and $v_y = -\alpha y$,

$$\dot{\gamma} = \begin{pmatrix} 2\alpha & 0 & 0 \\ 0 & -2\alpha & 0 \\ 0 & 0 & 0 \end{pmatrix}, \boldsymbol{\omega} = \begin{pmatrix} 0 & 0 & 0 \\ 0 & 0 & 0 \\ 0 & 0 & 0 \end{pmatrix}, \boldsymbol{\tau} = \begin{pmatrix} 2\mu\alpha & 0 & 0 \\ 0 & -2\mu\alpha & 0 \\ 0 & 0 & 0 \end{pmatrix}.$$

In the extensional flow, fluid elements do not rotate and undergo pure straining motion.

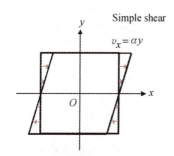

(3a) Simple shear

(3) The simple shear flow gives the velocities $v_x = \alpha y$ and $v_y = 0$, and thus

$$\dot{\gamma} = \begin{pmatrix} 0 & \alpha & 0 \\ \alpha & 0 & 0 \\ 0 & 0 & 0 \end{pmatrix}, \boldsymbol{\omega} = \begin{pmatrix} 0 & \alpha & 0 \\ -\alpha & 0 & 0 \\ 0 & 0 & 0 \end{pmatrix}, \boldsymbol{\tau} = \begin{pmatrix} 0 & \mu\alpha & 0 \\ \mu\alpha & 0 & 0 \\ 0 & 0 & 0 \end{pmatrix}.$$

We next take new coordinates (ξ, η, ζ) rotated by 45° round the z-axis.

$$x = \xi\cos\theta - \eta\sin\theta = (\xi-\eta)/\sqrt{2}, y = \xi\sin\theta + \eta\cos\theta = (\xi+\eta)/\sqrt{2}, z = \zeta$$

In the rotated coordinate system,

$$v_\xi = (v_x + v_y)/\sqrt{2} = \alpha y/\sqrt{2} = \alpha(\xi+\eta)/2,$$
$$v_\eta = (-v_x + v_y)/\sqrt{2} = -\alpha y/\sqrt{2} = -\alpha(\xi+\eta)/2, v_\zeta = 0,$$
$$\frac{\partial v_\xi}{\partial \xi} = \frac{\alpha}{2}, \frac{\partial v_\xi}{\partial \eta} = \frac{\alpha}{2}, \frac{\partial v_\eta}{\partial \xi} = -\frac{\alpha}{2}, \frac{\partial v_\eta}{\partial \eta} = -\frac{\alpha}{2}.$$

Thus,

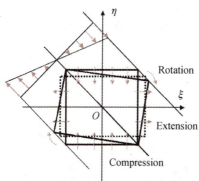

(3b) Simple shear in the coordinate system roated by 45°

Fig 8.6 Motions of fluid elements. Example 8.2.

变形速率的主方向

例题 8.2 的第(3)问的结果显示,一个简单的剪切变形可分解为一个在与流动方向倾斜 45°角方向上的单纯变形(拉伸变形)和旋转变形。一般来说,不只是单独的剪切变形,任何流体单元的运动均可以通过坐标的选择将其分解成单纯的拉伸变形和旋转。能够这样做的理由可以参考其他的参考书[今井(1973)等]。通过选择坐标后,变形中只包括单纯的拉伸和旋转时的坐标方向称为**主方向**(principal direction)。

$$\dot{\gamma} = \begin{pmatrix} 2\dfrac{\partial v_\xi}{\partial \xi} & \dfrac{\partial v_\xi}{\partial \eta}+\dfrac{\partial v_\eta}{\partial \xi} & 0 \\ \dfrac{\partial v_\eta}{\partial \xi}+\dfrac{\partial v_\xi}{\partial \eta} & 2\dfrac{\partial v_\eta}{\partial \eta} & 0 \\ 0 & 0 & 0 \end{pmatrix} = \begin{pmatrix} \alpha & 0 & 0 \\ 0 & -\alpha & 0 \\ 0 & 0 & 0 \end{pmatrix},$$

$$\boldsymbol{\omega} = \begin{pmatrix} 0 & \dfrac{\partial v_\xi}{\partial \eta}-\dfrac{\partial v_\eta}{\partial \xi} & 0 \\ \dfrac{\partial v_\eta}{\partial \xi}-\dfrac{\partial v_\xi}{\partial \eta} & 0 & 0 \\ 0 & 0 & 0 \end{pmatrix} = \begin{pmatrix} 0 & \alpha & 0 \\ -\alpha & 0 & 0 \\ 0 & 0 & 0 \end{pmatrix}, \boldsymbol{\tau} = \begin{pmatrix} \mu\alpha & 0 & 0 \\ 0 & -\mu\alpha & 0 \\ 0 & 0 & 0 \end{pmatrix}.$$

****

8.3 纳维尔-斯托克斯方程式 (Navier-Stokes equations)

流体的运动方程式被称为纳维尔-斯托克斯方程式。该方程可根据动量守恒定律推导出来。在本节中,对包含上节中介绍的粘性应力在内的流体内部产生的力的类型再稍加研究,然后在动量守恒定律基础上学习建立流体所承受的力和流体的运动之间的关系(表 8.7)。流体运动方程式就是在上述关系的基础上建立起来的。与 8.1 节相同,通过考察空间中固定的控制体建立运动方程式。

8.3.1 动量守恒定律 (conservation of momentum)

所谓动量守恒定律就是动量的变化与冲量(力×时间)相等。作用在流体上的力有**外力**(external force)和**内力**(internal force)。外力包括**体积力**(body force)、重力和电磁力等。内力就是在前节中所学的作用在控制体面上的力,由压力和粘性应力产生。外力用 $\boldsymbol{F}$ 表示,作为作用在单位体积上的力向量,$\boldsymbol{F}$ 可表示为 $\boldsymbol{F}=F_x\boldsymbol{i}+F_y\boldsymbol{j}+F_z\boldsymbol{k}$。内力可用前一节中的式(8.12)来定义其状态,利用式(8.12)可求得作用在某一个面上由内力产生的力为 $\boldsymbol{f}=f_x\boldsymbol{i}+f_y\boldsymbol{j}+f_z\boldsymbol{k}$。如图 8.7 所示,所计算的面的单位法线向量为 $\boldsymbol{n}=n_x\boldsymbol{i}+n_y\boldsymbol{j}+n_z\boldsymbol{k}$,作用在该面单位面积上的力可用下式给出

$$\begin{pmatrix} f_x \\ f_y \\ f_z \end{pmatrix} = \begin{pmatrix} -p+\tau_{xx} & \tau_{yx} & \tau_{zx} \\ \tau_{xy} & -p+\tau_{yy} & \tau_{zy} \\ \tau_{xz} & \tau_{yz} & -p+\tau_{zz} \end{pmatrix} \begin{pmatrix} n_x \\ n_y \\ n_z \end{pmatrix} \quad (8.16)$$

或者写成

$$\boldsymbol{f} = -p\boldsymbol{n} + \boldsymbol{\tau} \cdot \boldsymbol{n} \quad (8.17)$$

比如,对 x 面来讲,其单位法向量的各分量分别为 $n_x=1, n_y=0, n_z=0$,作用在 x 面上的力 $\boldsymbol{f}$ 则为

$$\begin{pmatrix} f_x \\ f_y \\ f_z \end{pmatrix} = \begin{pmatrix} -p+\tau_{xx} & \tau_{yx} & \tau_{zx} \\ \tau_{xy} & -p+\tau_{yy} & \tau_{zy} \\ \tau_{xz} & \tau_{yz} & -p+\tau_{zz} \end{pmatrix} \begin{pmatrix} 1 \\ 0 \\ 0 \end{pmatrix}$$

表 8.7 动量守恒定律

单位时间内增加的动量
=
纯流入的动量
+
外力(重力等)
+
内力(压力+粘性应力)

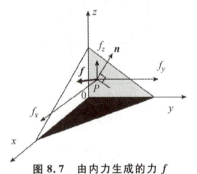

图 8.7 由内力生成的力 $\boldsymbol{f}$

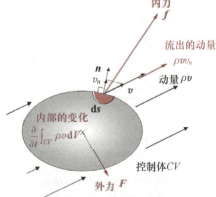

图 8.8 对控制体 CV 应用动量守恒定律

8.3 纳维尔-斯托克斯方程式

$$= \begin{pmatrix} (-p+\tau_{xx})\times 1+\tau_{yx}\times 0+\tau_{zx}\times 0 \\ \tau_{xy}\times 1+(-p+\tau_{yy})\times 0+\tau_{zy}\times 0 \\ \tau_{xz}\times 1+\tau_{yz}\times 0+(-p+\tau_{zz})\times 0 \end{pmatrix} = \begin{pmatrix} -p+\tau_{xx} \\ \tau_{xy} \\ \tau_{xz} \end{pmatrix}$$

下面考虑动量的变化与冲量的平衡状态。考虑如图 8.8 所示的情景，首先，控制体 CV 内流体的动量 ρv 随时间的变化为

$$\frac{\partial}{\partial t}\int_{CV}\rho v\, dV \tag{8.18}$$

另一方面，单位时间内通过表面 CS 进入控制体 CV 的流体，其速度为 v，因此，流入控制体的动量可用下式的左边项求得。利用高斯定理（表 8.8），可将面积分变为下式右边的体积分。

$$-\int_{CS}\rho v v_n dS = -\int_{CV}\left\{\frac{\partial}{\partial x}(\rho v v_x)+\frac{\partial}{\partial y}(\rho v v_y)+\frac{\partial}{\partial z}(\rho v v_z)\right\}dV \tag{8.19}$$

还有，单位时间内外力 F 对控制体 CV 内流体的作用冲量为

$$\int_{CV}\rho F dV \tag{8.20}$$

利用表 8.8 中的高斯定理，单位时间内内力 f 在控制体表面 CS 产生的作用冲量为

$$\int_{CS}f dS = \int_{CS}(-p n+\tau\cdot n)dS$$
$$= \int_{CV}(-\nabla p+\nabla\cdot\tau)dV \tag{8.21}$$

式(8.18)和式(8.19)~式(8.21)的和相等，因此由各积分项的和组成的被积函数应恒等于 0，由此可得

$$\frac{\partial}{\partial t}(\rho v) = -\left\{\frac{\partial}{\partial x}(\rho v v_x)+\frac{\partial}{\partial y}(\rho v v_y)+\frac{\partial}{\partial z}(\rho v v_z)\right\}+\rho F-\nabla p+\nabla\cdot\tau \tag{8.22}$$

将上式右边的第一项进行变形

$$\rho v\left(\frac{\partial v_x}{\partial x}+\frac{\partial v_y}{\partial y}+\frac{\partial v_z}{\partial z}\right)+v_x\frac{\partial}{\partial x}(\rho v)+v_y\frac{\partial}{\partial y}(\rho v)+v_z\frac{\partial}{\partial z}(\rho v)$$
$$=\rho v(\nabla\cdot v)+(v\cdot\nabla)(\rho v)=\rho v(\nabla\cdot v)+\rho(v\cdot\nabla)v+\{(v\cdot\nabla)\rho\}v$$

对不可压缩流体 $D\rho/Dt=\partial\rho/\partial t+(v\cdot\nabla)\rho=0$，以及根据连续方程式(8.7)，式(8.22)可简化为

$$\rho\frac{Dv}{Dt}=\rho F-\nabla p+\nabla\cdot\tau \tag{8.23}$$

（质量）×（加速度） =（外力）+（压力）+（粘性力）

上式称为**柯西运动方程式**(Cauchy's equation of motion)。∇ 和张量 τ 的点积计算如表 8.9 所示。

将粘性应力的计算式(8.15)代入式(8.23)中，可得

$$\rho\frac{Dv}{Dt}=\rho F-\nabla p+\mu\nabla^2 v \tag{8.24}$$

表 8.8 高斯定理 ②

面积分和体积分的变换公式
- 对标量 A

$$\int_{CS}A n dS=\int_{CV}\nabla A dV$$

- 对张量 T

$$\int_{CS}T\cdot n dS=\int_{CV}\nabla\cdot T dV$$

这里

$$T=\begin{pmatrix} T_{xx} & T_{xy} & T_{xz} \\ T_{yx} & T_{yy} & T_{yz} \\ T_{zx} & T_{zy} & T_{zz} \end{pmatrix}$$

表 8.9 ∇ 和张量 τ 的演算

$$\nabla\cdot\tau=\left(\frac{\partial\tau_{xx}}{\partial x}+\frac{\partial\tau_{xy}}{\partial y}+\frac{\partial\tau_{xz}}{\partial z}\right)i$$
$$+\left(\frac{\partial\tau_{yx}}{\partial x}+\frac{\partial\tau_{yy}}{\partial y}+\frac{\partial\tau_{yz}}{\partial z}\right)j$$
$$+\left(\frac{\partial\tau_{zx}}{\partial x}+\frac{\partial\tau_{zy}}{\partial y}+\frac{\partial\tau_{zz}}{\partial z}\right)k$$

表 8.10　曲线坐标系中纳维尔-斯托克斯方程式

圆柱坐标系 (r,θ,z) 中

$$\rho\left(\frac{Dv_r}{Dt}-\frac{v_\theta^2}{r}\right)=F_r-\frac{\partial p}{\partial r}$$

$$+\mu\left(\nabla^2 v_r-\frac{v_r}{r^2}-\frac{2}{r^2}\frac{\partial v_\theta}{\partial \theta}\right)$$

$$\rho\left(\frac{Dv_\theta}{Dt}+\frac{v_r v_\theta}{r}\right)=F_\theta-\frac{1}{r}\frac{\partial p}{\partial \theta}$$

$$+\mu\left(\nabla^2 v_\theta+\frac{2}{r^2}\frac{\partial v_r}{\partial \theta}-\frac{v_\theta}{r^2}\right)$$

$$\rho\frac{Dv_z}{Dt}=F_z-\frac{\partial p}{\partial z}+\mu\nabla^2 v_z$$

这里，

$$\frac{D}{Dt}=\frac{\partial}{\partial t}+v_r\frac{\partial}{\partial r}+\frac{v_\theta}{r}\frac{\partial}{\partial \theta}+v_z\frac{\partial}{\partial z}$$

$$\nabla^2=\frac{\partial^2}{\partial r^2}+6\frac{1}{r}\frac{\partial}{\partial r}+\frac{1}{r^2}\frac{\partial^2}{\partial \theta^2}+\frac{\partial^2}{\partial z^2}$$

球坐标系 (r,θ,ϕ) 中

$$\rho\left(\frac{Dv_r}{Dt}-\frac{v_\theta^2+v_\phi^2}{r}\right)=F_r$$

$$-\frac{\partial p}{\partial r}+\mu\left(\nabla^2 v_r-\frac{2v_r}{r^2}-\frac{2}{r^2}\frac{\partial v_\theta}{\partial \theta}\right.$$

$$\left.-\left(\frac{2v_\theta\cot\theta}{r^2}-\frac{2}{r^2\sin\theta}\frac{\partial v_\phi}{\partial \phi}\right)\right.$$

$$\rho\left(\frac{Dv_\theta}{Dt}+\frac{v_r v_\theta-v_\phi^2\cot\theta}{r}\right)=F_\theta$$

$$-\frac{1}{r}\frac{\partial p}{\partial \theta}+\mu\left(\nabla^2 v_\theta+\frac{2}{r^2}\frac{\partial v_r}{\partial \theta}\right.$$

$$\left.-\frac{v_\theta}{r^2\sin^2\theta}-\frac{2\cos\theta}{r^2\sin^2\theta}\frac{\partial v_\phi}{\partial \phi}\right)$$

$$\rho\left(\frac{Dv_\phi}{Dt}+\frac{v_\phi v_r}{r}+\frac{v_\theta v_\phi\cos\theta}{r}\right)=F_\phi$$

$$-\frac{1}{r\sin\theta}\frac{\partial p}{\partial \phi}+\mu\left(\nabla^2 v_\phi+\frac{2}{r^2\sin\theta}\frac{\partial v_r}{\partial \phi}\right.$$

$$\left.+\frac{2\cos\theta}{r^2\sin^2\theta}\frac{\partial v_\theta}{\partial \phi}-\frac{v_\phi}{r^2\sin^2\theta}\right)$$

这里，

$$\frac{D}{Dt}=\frac{\partial}{\partial t}+v_r\frac{\partial}{\partial r}+\frac{v_\theta}{r}\frac{\partial}{\partial \theta}+\frac{v_\phi}{r\sin\theta}\frac{\partial}{\partial \phi}$$

$$\nabla^2=\frac{1}{r^2}\frac{\partial}{\partial r}\left(r^2\frac{\partial}{\partial r}\right)$$

$$+\frac{1}{r^2\sin\theta}\frac{\partial}{\partial \theta}\left(\sin\theta\frac{\partial}{\partial \theta}\right)+\frac{1}{r^2\sin^2\theta}\frac{\partial^2}{\partial \phi^2}$$

式(8.24)为**纳维尔-斯托克斯方程式**(Navier-Stokes equations)，是流体力学最基础的运动方程。在直角坐标系中，其分量形式可写成为

$$\rho\left(\frac{\partial v_x}{\partial t}+v_x\frac{\partial v_x}{\partial x}+v_y\frac{\partial v_x}{\partial y}+v_z\frac{\partial v_x}{\partial z}\right)=F_x-\frac{\partial p}{\partial x}+\mu\left(\frac{\partial^2 v_x}{\partial x^2}+\frac{\partial^2 v_x}{\partial y^2}+\frac{\partial^2 v_x}{\partial z^2}\right)$$

$$\rho\left(\frac{\partial v_y}{\partial t}+v_x\frac{\partial v_y}{\partial x}+v_y\frac{\partial v_y}{\partial y}+v_z\frac{\partial v_y}{\partial z}\right)=F_y-\frac{\partial p}{\partial y}+\mu\left(\frac{\partial^2 v_y}{\partial x^2}+\frac{\partial^2 v_y}{\partial y^2}+\frac{\partial^2 v_y}{\partial z^2}\right)$$

$$\rho\left(\frac{\partial v_z}{\partial t}+v_x\frac{\partial v_z}{\partial x}+v_y\frac{\partial v_z}{\partial y}+v_z\frac{\partial v_z}{\partial z}\right)=F_z-\frac{\partial p}{\partial z}+\mu\left(\frac{\partial^2 v_z}{\partial x^2}+\frac{\partial^2 v_z}{\partial y^2}+\frac{\partial^2 v_z}{\partial z^2}\right)$$

另外，在一般的流体力学问题中外力通常为重力。若取重力的作用方向为沿 z 轴向下，重力则是位势的梯度，$\rho \boldsymbol{F}=\rho\nabla(-gz)=-\rho g\boldsymbol{k}$。因此重力的作用可包含在压力中，重新定义 p 为 $p+\rho gz$，则有

$$\rho\frac{D\boldsymbol{v}}{Dt}=-\nabla p+\mu\nabla^2\boldsymbol{v} \tag{8.25}$$

该形式的纳维尔-斯托克斯经常被使用。这时压力的边界条件中包含了重力的作用效果。

曲线坐标系中纳维尔-斯托克斯方程式如表 8.10 所示。

8.3.2　纳维尔-斯托克斯方程式的近似解 (approximation of Navier-Stokes equations)

能够给出纳维尔-斯托克斯方程式精确解的只限于一些简单的流动。因此，多数情况下一般需要对方程式做某种形式的近似。在对方程式进行近似求解时，重要的是对方程中的各项中哪项值大哪项值小要有一个分析。值小的项和值大的项相比，若是可以忽略的话，在多数情况下，可以较容易地对方程进行求解。虽然对方程式中各项值大小进行精确评价是困难的，但是比如考虑用长度、速度和时间作为各种不同流动中典型的特征量，这时，其他各量用上述特征量来进行无量纲化，无量纲量就是其值为 1 的量级的量。特征量一般取特征长度 L（物体的大小、管的内径等）、特征速度 U（物体的速度、管内的平均流速）和特征时间 L/U。另外，压力 p 的值根据贝努利方程可由 $\rho U^2/2$ 来估算。定义下述的无量纲数

$$x^*=\frac{x}{L},y^*=\frac{y}{L},z^*=\frac{z}{L},v_x^*=\frac{v_x}{U},v_y^*=\frac{v_y}{U},v_z^*=\frac{v_z}{U},$$

$$t^*=\frac{t}{L/U},p^*=\frac{p}{\rho U^2/2} \tag{8.26}$$

用上述无量纲数来表示纳维尔-斯托克斯方程，例如方程在 z 方向的分量形式可表示为

$$\frac{\rho U^2}{L}\left(\frac{\partial v_z^*}{\partial t^*}+v_x^*\frac{\partial v_z^*}{\partial x^*}+v_y^*\frac{\partial v_z^*}{\partial y^*}+v_z^*\frac{\partial v_z^*}{\partial z^*}\right)=-\frac{\rho U^2}{L}\frac{\partial p^*}{\partial z^*}$$

$$+\frac{\mu U}{L^2}\left(\frac{\partial^2 v_z^*}{\partial x^{*2}}+\frac{\partial^2 v_z^*}{\partial y^{*2}}+\frac{\partial^2 v_z^*}{\partial z^{*2}}\right)$$

8.3 纳维尔-斯托克斯方程式

上式两边同时除以 $\rho U^2/L$，考虑 $Re=\rho UL/\mu$，可得

$$\frac{D\boldsymbol{v}^*}{Dt^*}=-\nabla^*p^*+\frac{1}{Re}\nabla^{*2}\boldsymbol{v}^* \qquad (8.27)$$

其中，

$$\frac{D}{Dt^*}=\frac{\partial}{\partial t^*}+v_x^*\frac{\partial}{\partial x^*}+v_y^*\frac{\partial}{\partial y^*}+v_z^*\frac{\partial}{\partial z^*},\ \nabla^*=\boldsymbol{i}\frac{\partial}{\partial x^*}+\boldsymbol{j}\frac{\partial}{\partial y^*}+\boldsymbol{k}\frac{\partial}{\partial z^*}$$

作为一种近似，雷诺数 Re 非常大时，也就是和惯性力相比较，粘性应力可以被忽略时，方程右边的第二项就可以忽略。忽略后的方程式在 8.4 节中会加以介绍。

由式（8.27）可以理解在 1.3.1 节中学习过的雷诺相似定律的意义。即两个流动若它们具有几何相似的边界条件，并且它们的雷诺数是相同的，则这两个流动的方程式就是相同的，求解后得到的流动形式也是相似的。这就是被称为相似定律的原因。

另一近似解就是雷诺数 Re 非常小时，也就是惯性力可以被忽略的情况。这时流体动能非常小，可以预测压力 p 与动能不是同一量级，而是与粘性力同一量级。无量纲化的压力可以定义为

$$p^*=\frac{p}{\mu U/L} \qquad (8.28)$$

其中，$\mu U/L$ 是粘度和特征速度梯度相乘得到的量，在某种程度上代表了粘性力的大小。时间无量纲化可以这样考虑，对非定常流动，如习题【8.4】所示，粘性会引起空间中某一位置处的流动变化，而粘性能够影响的距离为 $\sqrt{\nu t}$ 量级，$L\sim\sqrt{\nu t}$，因此可假定 $t\sim L^2/\nu$，所以无量纲化的时间可定义为

$$t^*=\frac{\nu t}{L^2} \qquad (8.29)$$

其他的量可与式（8.26）一样进行无量纲化，无量纲化后可得如下方程式

$$\frac{\partial \boldsymbol{v}^*}{\partial t^*}+Re(\boldsymbol{v}^*\cdot\nabla^*)\boldsymbol{v}^*=-\nabla^*p^*+\nabla^{*2}\boldsymbol{v}^* \qquad (8.30)$$

考虑雷诺数 Re 非常小的流动，取 Re 为 0 进行近似处理，可得

$$\frac{\partial \boldsymbol{v}^*}{\partial t^*}=-\nabla^*p^*+\nabla^{*2}\boldsymbol{v}^* \qquad (8.31)$$

省略惯性项 $(\boldsymbol{v}^*\cdot\nabla^*)\boldsymbol{v}^*$ 的近似解被称为**斯托克斯近似**（Stokes's approximation），该近似适应于 $Re\ll 1$ 的**蠕流**（creeping flow），可应用于微尺度的微细流动或者是粘度非常高的液体的流动。习题【8.5】中，分析流体薄膜的润滑问题时就可以应用斯托克斯近似。另外，给出一微细流动的例子，直径为 $D=10\ \mu m$ 的粉尘，运动粘度 $\nu=1.8\times 10^{-5}\ m^2/s$。在静止

相似律的应用

下面的两张图片是用丝絮（短布条）的运动状态显示的翼型表面上的流动状态。模型和真机的雷诺数相同时，如图所示得到相同的流动状态。

模型　　　　　真机

选自《幻灯片集 流动》
日本机械学会编著（1984）

准定常流动

研究非定常流动采用的时间尺度为 L^2/ν，这里考虑某类流动，其时间变化的尺度 T（比如是使流体流动的物体运动的周期）与 L^2/ν 相比较足够长时，对时间进行无量纲化，取 $t^*\equiv t/T$。式（8.31）变成

$$\frac{L^2}{\nu T}\frac{\partial \boldsymbol{v}^*}{\partial t^*}=-\nabla^*p^*+\nabla^{*2}\boldsymbol{v}^*$$

因为 $L^2/\nu T\ll 1$，所以

$$\nabla^*p^*+\nabla^{*2}\boldsymbol{v}^*\approx 0$$

上式是定常流动的方程式。在物体运动的周期内，流动就是在每个瞬间满足该时刻边界条件的定常解的连续。这样的流动称为准定常流动（quai-steady flow）。流动静态地满足每个时刻的边界条件时，在流动中就会产生急剧的变化，这是因为方程中缺少了阻止流动急剧变化的惯性项，对静止的边界条件，也会出现相同的问题。比如管内流动的进口段，（参照式（6.6a）），随着雷诺数变小会变短，因此在较短的进口段内，流动会产生急剧变化。

的空气中以 $U=1\,\mathrm{cm/s}$ 的速度运动时,雷诺数 $Re=DU/\nu=10\times10^{-6}\times 0.01/(1.8\times10^{-5})\approx0.0056$,因此对该粉尘周围的微细流动就可以应用斯托克斯近似。

8.3.3 边界条件 (boundary conditions)

求解流动问题时,要将纳维尔-斯托克斯方程式和连续方程式总计 4 个方程联立求解 (v_x,v_y,v_z,p) 4 个未知数。因为所有方程式均为偏微分方程,因此对一个流动问题求解时,边界条件是必不可缺的。沿着固体表面的流动,如图 8.9 所示,贯通表面的速度分量 v_y 和在固体表面上的沿着表面方向的速度分量 v_x 均为 0,即

$$v_x=0,\ v_y=0 \tag{8.32}$$

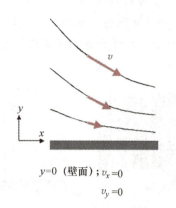

图 8.9 固体壁面的边界条件

$v_x=0$ 的条件称为**无滑移**(no-slip)条件。除了稀薄气体和一部分高分子液体之外,无滑移条件的成立已被实验所证明。对压力一般给定某一位置的压力值作为边界条件。比如,管路内的流动给定进口的压力,物体绕流则给定物体壁面上一点的压力,或者像下面例题 8.3 中那样给定离物体无限远处的压力作为边界条件。

对气液界面,液体不是和固体壁面直接相连接,具有自由表面的情况时的边界条件和式(8.32)稍有不同。为了简单些,考虑界面的形状不随时间变化的情况。如图 8.10 所示,气体的速度、压力和粘度用上标 * 来表示,与液体的对应量进行区分。因为可以忽略界面形状的变化,垂直于界面方向的速度 v_y 为 0,沿着界面方向的速度 v_x 不是 0,但是气体侧的切应力和液体侧的切应力应相同,由此可得 v_x 的边界条件。所以,在界面处

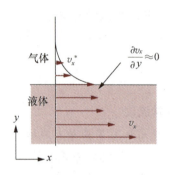

图 8.10 流体之间的边界条件

$$v_y=v_y^*=0,\ \mu\frac{\partial v_x}{\partial y}=\mu^*\frac{\partial v_x^*}{\partial y} \tag{8.33}$$

气体的粘度和液体的粘度相比非常小,因此如图所示只考虑液体侧流动时,$\mu^*/\mu\ll 1$,可以近似认为 $\partial v_x/\partial y=0$,并可应用该条件求解 v_x。压力在界面上为 $p=p^*$,考虑到气体侧的流动可忽略不计时,在界面上压力 $p=$ 常数,可取为大气压;而在界面具有一定的曲率时,由于存在表面张力,在气液之间产生压力差 $\Delta p=T/R$,这里,T 为表面张力、R 为曲率半径。另外,对气液界面来说,式(8.33)只是对没有混合的两层液体界面成立。若存在混合时,不是要考虑表面张力而是要考虑界面张力。

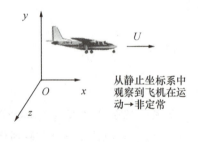
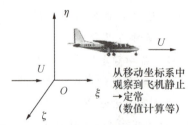

图 8.11 移动坐标的应用

8.3.4 移动和旋转坐标系 (moving and rotating coordinate system)

一般来说,与定常流动不同研究非定常流动时必须考虑流动随时间的变化,所以较为烦琐。比如,研究汽车和飞机等移动物体周围的流动时,若从图 8.11 所示的空间中固定的静止坐标系 (x,y,z) 中来观察,其流动为非定常,分析起来稍嫌烦琐。但是,同样的流动若从以与物体相同速度移动的坐标系 (ξ,η,ζ) 上观察,流动就可看作为定常的,因而方便进行数值分析。基于此目的,常常不用静止坐标系而是采用和物体以相

8.3 纳维尔-斯托克斯方程式

同速度移动的移动坐标系。移动坐标和静止坐标之间存在如下关系

$$\xi = x - Ut, \eta = y, \zeta = z \tag{8.34}$$

其中，x 和 ξ 之间的坐标变换被称为伽利雷变换（Galilei's transformation），不同的坐标系下纳维尔-斯托克斯方程式的解是相同的（参考下面的讨论）。

在流体力学的实验中，经常会在风洞及循环流动的水槽中以一定的速度形成均匀流场，在流场中对静止的物体进行流动实验。在这种情况下，正如图 8.12 所示，物体静止而流体以一定的流速流动，在静止坐标系 (x,y,z) 中进行实验。该流动和从移动坐标系 (ξ,η,ζ) 中观察到的物体在运动，而周围流体静止的流动存在伽利雷变换关系。坐标移动的速度为常数时，不同坐标系下纳维尔-斯托克斯方程式的解是相同的，因此可以选择方便求解的坐标系使用。

坐标系的移动速度不是常数，而是存在着加速度的情况下，不同坐标系下的纳维尔-斯托克斯方程式的解就会不一致。比如，振动物体引起的流动和振动的均匀流场中物体周围的流动，从建立在振动物体或振动流体上的坐标系上观察，均匀流动或物体运动是相同的。但是在式（8.34）中，定义 U 为流动的振动速度，它包含有加速度项，不同坐标系下，流动之间的伽利雷变换（专栏中的式（8.35））也不成立。在研究工程应用中重要的风机、泵等旋转机械内部流动时，经常采用以与旋转体相同速度旋转的坐标系。即使流动在旋转坐标系中是静止的，但是在静止坐标系中观察流动时，其指向旋转轴的加速度也在一刻不停地发生作用。因此，此种情况下，伽利雷变换不成立，在旋转坐标系中，对运动方程式必须进行修正，增加离心力（centrifugal force）。另外，流体在旋转的同时在半径方向存在着运动的情况下，为了保存流体所具有的动量矩，向内运动时，角速度要变大，而向外运动时角速度变小。对应于这种运动状态的力被称为科氏力（Coriolis force）。该力也需要作为修正项对运动方程式进行修正。作为实例，图 8.13 中给出了在自转的地球表面大气和海洋流动中增加的附加项的作用方向。

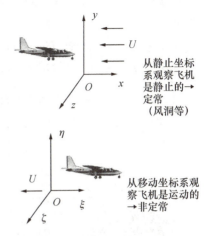

图 8.12 静止坐标系的使用

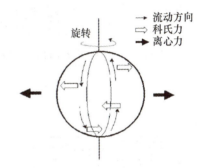

图 8.13 作用在沿地球表面南北方向上流动上的力

风洞及其应用的例子

风洞实验室
（资料提供 北京大学工学院风洞实验室）

汽车风洞试验

纳维尔-斯托克斯方程式(Navier-Stokes equations)的伽利雷(Galilei's transformation)变换

伽利雷变换式在静止坐标系(t,x,y,z)中的(v_x,v_y,v_z,p)和移动坐标系(t,ξ,η,ζ)中的$(v_\xi^*,v_\eta^*,v_\zeta^*,p^*)$之间有如下关系

$$\begin{aligned}&v_x(t,x,y,z)=v_\xi^*(t,x-Ut,y,z)+U, & &v_y(t,x,y,z)=v_\eta^*(t,x-Ut,y,z)\\ &v_z(t,x,y,z)=v_\zeta^*(t,x-Ut,y,z), & &p(t,x,y,z)=p^*(t,x-Ut,y,z)\end{aligned} \quad (8.35)$$

现在证明若(v_x,v_y,v_z,p)是在静止坐标系中纳维尔-斯托克斯方程式的解时,在移动坐标系中$(v_\xi^*,v_\eta^*,v_\zeta^*,p^*)$也是纳维尔-斯托克斯方程式的解。为了使证明简单,考虑$v_y=v_z=0$(因此$v_\eta^*=v_\zeta^*=0$)的情况。由式(8.34)和式(8.35)可得

$$\frac{\partial v_x}{\partial t}=\left[\frac{\partial(v_\xi^*+U)}{\partial t}\right]_{x=\mathrm{const.}}=\frac{\partial v_\xi^*}{\partial t}+\frac{\partial(x-Ut)}{\partial t}\frac{\partial v_\xi^*}{\partial \xi}=\frac{\partial v_\xi^*}{\partial t}-U\frac{\partial v_\xi^*}{\partial \xi}$$

$$\frac{\partial v_x}{\partial x}=\frac{\partial \xi}{\partial x}\frac{\partial v_\xi^*}{\partial \xi}=\frac{\partial v_\xi^*}{\partial \xi}, \quad \frac{\partial v_x}{\partial y}=\frac{\partial \eta}{\partial y}\frac{\partial v_\xi^*}{\partial \eta}=\frac{\partial v_\xi^*}{\partial \eta}, \quad \frac{\partial v_x}{\partial z}=\frac{\partial \zeta}{\partial z}\frac{\partial v_\xi^*}{\partial \zeta}=\frac{\partial v_\xi^*}{\partial \zeta}, \quad \frac{\partial p}{\partial x}=\frac{\partial \xi}{\partial x}\frac{\partial p^*}{\partial \xi}=\frac{\partial p^*}{\partial \xi}$$

将上面的式子代入静止坐标系下的纳维尔-斯托克斯方程式,可得下式

$$\rho\left(\frac{\partial v_\xi^*}{\partial t}+v_\xi^*\frac{\partial v_\xi^*}{\partial \xi}\right)=-\frac{\partial p^*}{\partial \xi}+\mu\left(\frac{\partial^2 v_\xi^*}{\partial \xi^2}+\frac{\partial^2 v_\xi^*}{\partial \eta^2}+\frac{\partial^2 v_\xi^*}{\partial \zeta^2}\right)$$

上式就是在移动坐标系下的纳维尔-斯托克斯方程式,因此$(v_\xi^*,v_\eta^*,v_\zeta^*,p^*)$就是该方程的解。

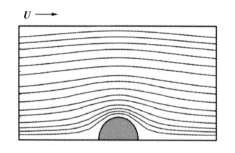

图8.14 球绕流的斯托克斯流动(例题8.3)

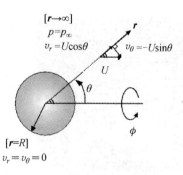

图8.15 球坐标和球绕流的边界条件(例题8.3)

【例题 8.3】 ********************

作为斯托克斯近似的应用,考虑图8.14中所示绕球的缓慢流动。如图8.15所示,采用球坐标系(r,θ,ϕ),因为流动具有轴对称性,所以$v_\phi=0$。另外,r和θ方向上的速度v_r和v_θ分别是r和θ的函数,因此

连续方程式 $\quad \dfrac{1}{r^2}\dfrac{\partial(r^2 v_r)}{\partial r}+\dfrac{1}{r\sin\theta}\dfrac{\partial(v_\theta \sin\theta)}{\partial \theta}=0 \quad$ (A)

运动方程式 $\quad \dfrac{\partial p}{\partial r}=\mu\left(\nabla^2 v_r-\dfrac{2}{r^2}v_r-\dfrac{2}{r^2}v_r\dfrac{\partial v_\theta}{\partial \theta}-\dfrac{2}{r^2}v_\theta\cot\theta\right) \quad$ (B)

$\dfrac{1}{r}\dfrac{\partial p}{\partial \theta}=\mu\left(\nabla^2 v_\theta-\dfrac{2}{r^2}\dfrac{\partial v_r}{\partial \theta}-\dfrac{v_\theta}{r^2\sin^2\theta}\right) \quad$ (C)

边界条件 $r=R$:$v_r=v_\theta=0$,$r\to\infty$:$v_r=U\cos\theta$,$v_\theta=-U\sin\theta$,$p=p_\infty$

这里,R为球的半径、U为离球足够远位置处的速度的大小。当$r\to\infty$时,v_r、v_θ必须满足边界条件。因此v_r、v_θ的解可以推测应为$v_r=UF(r)\cos\theta$,$v_\theta=-UG(r)\sin\theta$。$F(r)$和$G(r)$是$r$的函数,且必须满足边界条件$F(R)=G(R)=0$以及$F(\infty)=G(\infty)=1$。实际上这样的解是否存在必须具体求解计算才能确定。但是幸运的是在本题情况下,对θ和r两个变量根据变量分离法可以求出$F(r)$和$G(r)$的解。由分离变量法可求得v_r和v_θ的表达式为如下所示

$$v_r = U\left(1 - \frac{3R}{2r} + \frac{R^3}{2r^3}\right)\cos\theta, \qquad v_\theta = -U\left(1 - \frac{3R}{4r} - \frac{R^3}{4r^3}\right)\sin\theta \qquad \text{(D)}$$

利用求得的速度解,可计算作用在球上的阻力 F_D。

【解】 作用在球表面上的力有压力和粘性应力,它们在流动方向的分量作为阻力作用在球上。将式(D)代入式(B),并对 r 进行积分,可求得压力 p 为

$$p = p_\infty - \frac{3\mu R U \cos\theta}{2r^2} \qquad \text{(E)}$$

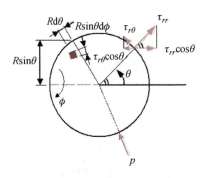

图 8.16 作用在球上的压力和粘性应力(例题 8.3)

$r = R$ 时,作用在球表面上的粘性应力有三项 τ_{rr}、$\tau_{r\theta}$ 和 $\tau_{r\phi}$,但因在 ϕ 方向上没有流动,可只考虑 τ_{rr} 和 $\tau_{r\theta}$。利用前一节的结果,可得

$$\tau_{rr} = \mu\dot\gamma_{rr} = 2\mu\frac{\partial v_r}{\partial r} = 2\mu U\cos\theta\left(\frac{3R}{2r^2} - \frac{3R^3}{2r^4}\right)$$

$$\tau_{r\theta} = \mu\dot\gamma_{r\theta} = \mu\left\{r\frac{\partial}{\partial r}\left(\frac{v_\theta}{r}\right) + \frac{1}{r}\frac{\partial v_r}{\partial \theta}\right\} = -\frac{3\mu U R^3}{2r^4}\sin\theta \qquad \text{(F)}$$

由图 8.16 可得压力和粘性应力在流动方向的分量为

$$\{-p\cos\theta + \tau_{rr}\cos\theta - \tau_{r\theta}\sin\theta\}_{r=R} \qquad \text{(G)}$$

将压力和粘性应力的计算式(E)和(F)代入上式,沿球的表面进行积分,可得作用在球表面上的阻力 F_D 为

$$\begin{aligned}F_D &= \int_0^{2\pi}\int_0^\pi \{-p\cos\theta + \tau_{rr}\cos\theta - \tau_{r\theta}\sin\theta\}_{r=R}R^2\sin\theta\,d\theta\,d\phi \\ &= 6\pi\mu R U\end{aligned} \qquad \text{(H)}$$

这就是**斯托克斯阻力定律**(Stokes's law for drag)。若定义雷诺数 $Re = 2\rho R U/\mu$,根据 7.1 节所学的阻力系数 $C_D = \dfrac{F_D}{(\rho U^2/2)\cdot \pi R^2}$ 的定义,用式(H)代替阻力 F_D,可知

$$C_D = \frac{24}{Re} \qquad \text{(I)}$$

流动为轴对称时不产生升力。一般情况下,对形状复杂的物体多数是通过实验研究阻力系数和雷诺数之间的关系。对球来说,通过解析计算得到的斯托克斯阻力定律只在 $Re < 1$ 时成立。

* * * * * * * * * * * * * * * * * * *

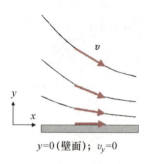

图 8.17 欧拉方程式的边界条件

从牛顿到斯托克斯

流体与人类的关系正如第 1 章所述，从古代就开始了。仅在本章中就已出现了多个历史人物的名字。据说伽利略也是通过研究自由落体的运动研究阻力的影响。在此简单介绍牛顿以后的流体力学的发展。牛顿（1642—1727）研究发现在流动中的物体除了承受惯性阻力之外还承受粘性阻力的作用，提出了流体内部两个面之间存在着与其速度梯度成比例的切应力的观点。但是欧拉（1707—1783）忽略粘性力的作用，只考虑惯性力的作用，开展了理想流体的运动方程式的理论研究，这些理论进一步由拉格朗日（1736—1813）完成。牛顿提出的粘性概念逐渐地被其他研究者分析阐述证明。但是，粘性的基本概念被引进三维的运动方程式中是在牛顿提出这个概念 150 年以后，由纳维尔（1785—1836）和斯托克斯（1819—1903）等人完成。在本教科书中只是约 10 页左右的内容中渗透了很多天才研究者的热情和执着。

8.4 欧拉方程式（Euler's equations）

雷诺数非常大时，纳维尔-斯托克斯方程式（8.27）中的 $Re \to \infty$，可以导出下面的欧拉方程式

$$\frac{D\boldsymbol{v}^*}{Dt^*} = -\nabla^* p^* \tag{8.36}$$

若考虑外力时，则有下面有量纲的方程式

$$\rho \frac{D\boldsymbol{v}}{Dt} = \rho \boldsymbol{F} - \nabla p \tag{8.37}$$

在直角坐标系中，欧拉方程可写成下面的展开式

$$\rho \left(\frac{\partial v_x}{\partial t} + v_x \frac{\partial v_x}{\partial x} + v_y \frac{\partial v_x}{\partial y} + v_z \frac{\partial v_x}{\partial z} \right) = F_x - \frac{\partial p}{\partial x}$$

$$\rho \left(\frac{\partial v_y}{\partial t} + v_x \frac{\partial v_y}{\partial x} + v_y \frac{\partial v_y}{\partial y} + v_z \frac{\partial v_y}{\partial z} \right) = F_y - \frac{\partial p}{\partial y}$$

$$\rho \left(\frac{\partial v_z}{\partial t} + v_x \frac{\partial v_z}{\partial x} + v_y \frac{\partial v_z}{\partial y} + v_z \frac{\partial v_z}{\partial z} \right) = F_z - \frac{\partial p}{\partial z}$$

纳维尔-斯托克斯方程式是关于速度的二阶偏微分方程式，而欧拉方程是速度的一阶偏微分方程式，偏微分阶数少了 1，所需满足的边界条件就可以减少一个。具体来说，因为流动不能穿过壁面，所以取垂直于壁面方向的速度分量为 0，沿着壁面表面的流动速度不能取为 0。也就是如图 8.17 所示的那样，不能满足无滑移边界条件。因此，根据欧拉方程式不能正确计算壁面附近的流动，也不能计算得到作用在壁面上的粘性应力。欧拉方程虽然是简化的方程，但是求得它的解析解在一般情况下也是困难的。但是，正如在第 10 章所讲述的那样，对于一些基本的流动可以得到它的解析解，远离壁面区域的流动可以求得其近似解。另外，将欧拉方程和将在第 9 章学习的边界层理论结合在一起，对于大雷诺数的高速流动，也可以高精度地计算包括壁面附近区域流场的解。

【Example 8.4】 ********************

Show that Bernoulli's equation can be given by integrating Euler's equation (8.37) along the streamline. Suppose that the flow is steady, and select the coordinate system with the z-axis vertical so that the acceleration of gravity vector is expressed as $\rho \boldsymbol{F} = -\rho g \nabla z$.

【Solution】 We apply the vector identity

$$(\boldsymbol{v} \cdot \nabla)\boldsymbol{v} = \frac{1}{2}\nabla(\boldsymbol{v} \cdot \boldsymbol{v}) - \boldsymbol{v} \times (\nabla \times \boldsymbol{v})$$

to the left hand side of Eq. (8.37), and can derive the following equation.

$$\nabla p + \frac{1}{2}\rho\nabla(\boldsymbol{v}\cdot\boldsymbol{v}) + \rho g\nabla z = \boldsymbol{v}\times(\nabla\times\boldsymbol{v})$$

The dot product of each term with a differential length $d\boldsymbol{s} = dx\boldsymbol{i} + dy\boldsymbol{j} + dz\boldsymbol{k}$ along a streamline gives

$$\nabla p\cdot d\boldsymbol{s} + \frac{1}{2}\rho\nabla(\boldsymbol{v}\cdot\boldsymbol{v})\cdot d\boldsymbol{s} + \rho g\nabla z\cdot d\boldsymbol{s} = \{\boldsymbol{v}\times(\nabla\times\boldsymbol{v})\}\cdot d\boldsymbol{s} \quad (J)$$

The each term of the left hand side is written in the form of the total differentiation,

$$\nabla p\cdot d\boldsymbol{s} = \frac{\partial p}{\partial x}dx + \frac{\partial p}{\partial y}dy + \frac{\partial p}{\partial z}dz = dp$$

$$\nabla(\boldsymbol{v}\cdot\boldsymbol{v})\cdot d\boldsymbol{s} = \nabla(v_x^2 + v_y^2 + v_z^2)\cdot d\boldsymbol{s} = \nabla(U^2)\cdot d\boldsymbol{s}$$
$$= \frac{\partial U^2}{\partial x}dx + \frac{\partial U^2}{\partial y}dy + \frac{\partial U^2}{\partial z}dz = d(U^2)$$

$$\rho g\nabla z\cdot d\boldsymbol{s} = \rho g\boldsymbol{k}\cdot(dz\boldsymbol{k}) = \rho g dz$$

where $U^2 = v_x^2 + v_y^2 + v_z^2$. In the right hand side of Eq. (J), the cross product of $\boldsymbol{v}$ and $\nabla\times\boldsymbol{v}$ is perpendicular to $\boldsymbol{v}$, which is parallel to $d\boldsymbol{s}$. Thus, $\boldsymbol{v}\times(\nabla\times\boldsymbol{v})$ is perpendicular to $d\boldsymbol{s}$, and their dot product is zero. Equation (J) becomes

$$dp + \frac{1}{2}\rho d(U^2) + \rho g dz = 0.$$

The left-hand side, which is the change along the differential length on the streamline, is integrated to give the Bernoulli's equation.

$$\frac{p}{\rho} + \frac{U^2}{2} + gz = \text{const.}$$

Here, we assumed the steady inviscid flow and the integral along a streamline. Note that these conditions are just same as those used to derive Bernoulli's equation in Chapter 4.

****

===== 习 题 =====================

【8.1】 In Example 8.1 on the continuity equation, suppose that at $t=0$ the mass distribution $F(x)$ is given by $F(x) = \rho_0\{1 + k(x/L)\}$ for the control volume CV of $0 \leqslant x \leqslant L$.

(1) Derive the mass M in the region CV from

$$M = S\int_0^L F(x - Ut)dx.$$

(2) Derive the temporary change of the mass I_V from

$$I_V = \frac{\partial M}{\partial t}.$$

(3) Derive the net rate of mass flux I_S into the region CV. Show that I_S equals to I_V.

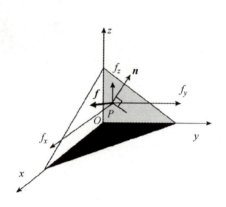

图 8.18 习题 8.2

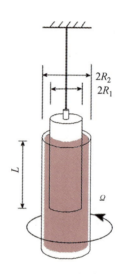

图 8.19 习题 8.3

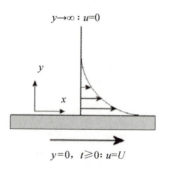

Fig 8.20 Problem 8.4

【8.2】 在直角坐标系中流体某一点 P 的变形速率 $\dot{\gamma}$ 如下所述，单位为 $[1/s]$。

$$\dot{\gamma}=\begin{pmatrix} 2\dfrac{\partial v_x}{\partial x} & \dfrac{\partial v_x}{\partial y}+\dfrac{\partial v_y}{\partial x} & \dfrac{\partial v_x}{\partial z}+\dfrac{\partial v_z}{\partial x} \\ \dfrac{\partial v_y}{\partial x}+\dfrac{\partial v_x}{\partial y} & 2\dfrac{\partial v_y}{\partial y} & \dfrac{\partial v_y}{\partial z}+\dfrac{\partial v_z}{\partial y} \\ \dfrac{\partial v_z}{\partial x}+\dfrac{\partial v_x}{\partial z} & \dfrac{\partial v_z}{\partial y}+\dfrac{\partial v_y}{\partial z} & 2\dfrac{\partial v_z}{\partial z} \end{pmatrix}=\begin{pmatrix} 1\,300 & 4\,800 & 3\,400 \\ 4\,800 & 800 & 5\,200 \\ 3\,400 & 5\,200 & -2\,100 \end{pmatrix}$$

(1) 确认在 P 处的流动满足不可压缩流体的连续方程式。

(2) 当流体为 20℃的水（粘度 $\mu=0.001$ Pa·s）时，计算点 P 处的粘性应力张量 τ。

(3) 如图 8.18 所示，考虑包含 P 点的某个面，该面的单位法线向量为 $n=0.35i+0.35j+0.87k$。计算粘性应力张量 τ 引起的作用在过 P 点的面上的单位面积上的力 f。

【8.3】 如图 8.19 所示，考虑同轴的两圆筒之间的流动，两个圆筒的半径分别为 R_1 和 R_2，内筒浸没在液体中的长度为 L。两圆筒之间的间隙处充满了粘度为 μ(Pa·s) 的液体。作为同轴圆筒粘度测量计，该流动常被用来测定粘度，当外筒以 Ω(rad/s) 的角速度旋转时，两筒之间的流体也会产生周向流动，该周向流动会引起作用在内圆筒上的力矩。内圆筒用金属丝吊起，由于内圆筒受到力矩的作用，金属丝会产生扭曲。

(1) 当两圆筒间的间隙非常窄时，可取 $v_r=v_z=0$，计算此时两圆筒间液体周向速度在半径方向的分布。

(2) 忽略作用在内圆筒上的端面力矩，试分别给出作用在内圆筒表面上的切应力 $\tau_{r\theta}$ 和力矩 T 与粘度 μ 和外圆筒角速度 Ω 之间的函数关系。

(3) 当外圆筒的角速度 $\Omega=9.42$ rad/s（旋转速度为 90 rpm）时，通过金属丝的扭曲角度求得的力矩 $T=1$ mN·m，计算此时圆筒间的液体的粘度 μ。此时，已知 $R_1=12$ mm，$R_2=13$ mm，$L=36$ mm。

【8.4】 Consider the problem in Fig 8.20, where at $t=0$ the rigid boundary $y=0$ suddenly moves in the x-direction with constant speed U. By the no-slip condition, the fluid in contact with the boundary will immediately move with velocity U. The initial condition for the parallel shear flow $u(y,t)$ is

$$u(y,0)=0, y>0$$

and the boundary conditions are as follows

$$u(0,t)=U \text{ for } t>0, \text{ and } u(\infty,t)=0 \text{ for } t>0.$$

Any pressure gradient is not applied externally and thus $\partial p/\partial x=0$.

Navier-Stokes equation in the x direction becomes

$$\frac{\partial u}{\partial t} = \mu \frac{\partial^2 u(y,t)}{\partial y^2}.$$

This problem is known as a Rayleigh problem, and $u(y, t)$ has a solution $u/U = f(\eta)$ of a single combination $\eta = y/(2\sqrt{\nu t})$. Table 8.11 shows the calculated results for $f(\eta)$.

(1) Sketch the velocity profile u/U as a function of η.

(2) We define δ as the distance from the plane boundary where the velocity u is reduced to 0.5% of U. Show that $\delta \approx 4(\nu t)^{1/2}$ from Table 8.11.

(3) Derive the shear stress τ_w on the boundary as a function of t. Suppose that $f'(0) = \dfrac{2}{\sqrt{\pi}}$.

(4) We define the frictional coefficient $C_f \equiv \tau_w/(\rho U^2/2)$ and the Reynolds number $Re \equiv U^2 t/\nu$, where the characteristic length L is assumed to be Ut. Derive the relationship between C_f and Re.

(5) Suppose that $U = 0.04$ ft/s, $\nu = 1.6 \times 10^{-4}$ ft^2/s (air at 20°C) and $t = 10$ s. Calculate the distance δ and the Reynolds number Re.

Table 8.11 $f(\eta) - \eta$

η	$f(\eta)$
0	1.00000
0.2	0.77730
0.4	0.57161
0.6	0.39614
0.8	0.25790
1	0.15730
1.2	0.08969
1.4	0.04771
1.6	0.02365
1.8	0.01091
2	0.00468
2.2	0.00186
2.4	0.00069

【8.5】 The two-dimensional inclined slider bearing is shown in Fig 8.21. In lubrication flow, the Reynolds number based on $h(x)$ will usually be close to unity and Stokes's approximation is applied. Since the film of fluid is very thin compared to L, the velocity in the y direction is negligible. Taking these approximations into account, Navier-Stokes's equation in the x direction becomes simply

$$0 = -\frac{dp(x)}{dx} + \mu \frac{\partial^2 u(x,y)}{\partial y^2}.$$

(1) Suppose that $h(x) = h_0\{k - (k-1)x/L\}$. Solve for $u(x,y)$ by using the boundary conditions that $u(x,0) = U$ and $u(x,h(x)) = 0$.

(2) Derive the volume flux Q by integrating $u(x,y)$ from $y=0$ to $h(x)$.

(3) Since Q must be independent of x, $dQ/dx = 0$. Using this condition, derive the following equation

$$\frac{d}{dx}\left(\frac{h^3}{\mu}\frac{dp}{dx}\right) - 6U\frac{dh}{dx} = 0,$$

which is a fundamental equation of lubrication theory known as the Reynolds equation.

(4) Solve for $p(x)$ by using the boundary condition of $p = p_0$ at $x = 0, L$.

(5) Integrating $p - p_0$ from $x = 0$ to L, derive the total vertical load W (per unit width of slider) that the bearing can support. Find the optimum value of k to get the maximum value of W.

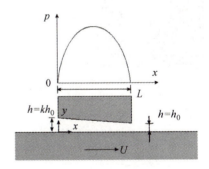

Fig 8.21 Problem 8.5

【8.6】 在杯中倒入粘度为 $\mu = 0.1$ Pa·s、密度为 $\rho = 1\,300$ kg/m^3 的糖浆。如图 8.22 所示,用一细棒以速度 $U = 1$ cm/s 来搅拌糖浆,细棒的前端安装有半径为 $R = 2$ mm 的小球。

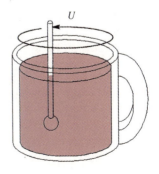

图 8.22 习题 8.6

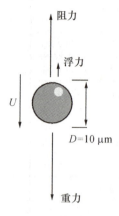

图 8.23　习题 8.7

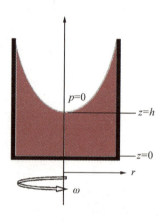

Fig 8.24　Problem 8.8

(1) 计算球的雷诺数 $Re = 2\rho RU/\mu$。
(2) 用斯托克斯公式计算作用在球上的阻力 D。
(3) 忽略作用在细棒上的阻力，当细棒长度为 $L = 10$ cm 时，求作用在细棒上的力矩 T。

【8.7】 如图 8.23 所示，在无风的室内，从高度 2 m 的位置落下一个直径为 $D = 10$ μm、密度为 $\rho_s = 2\,500$ kg/m³ 的球状的微型颗粒。若空气的粘度为 $\mu = 1.78 \times 10^{-5}$ Pa·s，应用斯托克斯公式计算该粒子到达地面的时间 T。另外，计算该时刻的雷诺数 $Re = \rho DU_t/\mu$。其中，U_t 被称为极限速度，也就是重力和阻力达到平衡时的速度。

【8.8】 Consider a solid-body rotational flow generated in a rotating tank as shown in Fig 8.24. As discussed in Example of Section 8.2, fluid elements in the solid-body rotation do not deform. Strain rates and viscous stresses are zero. Therefore we can apply the Euler equations to this rotational flow. As a body force, gravity acts in the negative z direction.
(1) Simplify the Euler equations in cylindrical coordinates by substituting $v_\theta = \omega r/2$. and $v_r = v_z = 0$.
(2) Solve for $p(r,z)$.
(3) Derive the free surface height z_0 as a function of r, where pressure is assumed to be zero.

【答案】

【8.1】 (1) $M = S\int_0^L F(x-Ut)\,dx = \rho_0 S \int_0^L \left(1 + k\dfrac{x-Ut}{L}\right)dx$
$= \rho_0 S\{(1+0.5k)L - kUt\}$

(2) $I_V = \dfrac{\partial M}{\partial t} = \rho_0 S \dfrac{\partial}{\partial t}\{(1+0.5k)L - kUt\}$
$= -\rho_0 kSU$

(3) $I_S = SUF(-Ut) - SUF(L-Ut)$
$= SU\left\{\rho_0\left(1+k\dfrac{-Ut}{L}\right) - \rho_0\left(1+k\dfrac{L-Ut}{L}\right)\right\}$
$= -\rho_0 kSU$

【8.2】 (1) $\dfrac{\partial v_x}{\partial x} + \dfrac{\partial v_y}{\partial y} + \dfrac{\partial v_z}{\partial z} = \dfrac{1}{2} \times (1\,300 + 800 - 2\,100) = 0$

(2) $\tau = \mu\gamma = 0.001 \times \begin{pmatrix} 1\,300 & 4\,800 & 3\,400 \\ 4\,800 & 800 & 5\,200 \\ 3\,400 & 5\,200 & -2\,100 \end{pmatrix}$
$= \begin{pmatrix} 1.3 & 4.8 & 3.4 \\ 4.8 & 0.8 & 5.2 \\ 3.4 & 5.2 & -2.1 \end{pmatrix}$ (Pa)

(3) $f = \begin{pmatrix} 1.3 & 4.8 & 3.4 \\ 4.8 & 0.8 & 5.2 \\ 3.4 & 5.2 & -2.1 \end{pmatrix}\begin{pmatrix} 0.35 \\ 0.35 \\ 0.87 \end{pmatrix}$

$$= \begin{pmatrix} 1.3\times0.35+4.8\times0.35+3.4\times0.87 \\ 4.8\times0.35+0.8\times0.35+5.2\times0.87 \\ 3.4\times0.35+5.2\times0.35-2.1\times0.87 \end{pmatrix} = \begin{pmatrix} 5.093 \\ 6.484 \\ 1.183 \end{pmatrix}$$
(Pa)

【8.3】(1) 因为 $v_r = v_z = 0$, $v_\theta = v_\theta(r)$, 所以在 θ 方向上的纳维尔-斯托克斯方程为

$$r^2 \frac{d^2 v_\theta}{dr^2} + r \frac{dv_\theta}{dr} - v_\theta = 0$$

将上式进行积分, 并且利用边界条件, $r = R_1$ 时 $v_\theta = 0$; $r = R_2$ 时 $v_\theta = R_2 \Omega$, 可得下式

$$v_\theta = \frac{r\Omega(1-(R_1/r)^2)}{1-(R_1/R_2)^2}$$

(2) 在圆周方向的切应力, $\tau_{r\theta} = \mu \gamma_{r\theta} = \mu r \frac{d}{dr}\left(\frac{v_\theta}{r}\right) = \frac{2\mu\Omega(R_1/r)^2}{1-(R_1/R_2)^2}$。因此, 在 $r = R_1$ 时, 切应力和力矩分别为

$$[\tau_{r\theta}]_{r=R_1} = \frac{2\mu\Omega}{1-(R_1/R_2)^2}, \quad T = 2\pi R_1^2 L [\tau_{r\theta}]_{r=R_1}$$
$$= \frac{4\pi\mu\Omega R_1^2 L}{1-(R_1/R_2)^2}$$

(3) $\mu = 0.241$ Pa·s

【8.4】(1) omitted.　(2) omitted.

(3) $\tau_w = \mu\left(\frac{\partial u}{\partial y}\right) = \frac{\mu U f'(0)}{2(\nu t)^{1/2}} = \frac{\mu U}{(\pi \nu t)^{1/2}}$

(4) $Cf = \frac{\tau_w}{\frac{1}{2}\rho U^2} = \frac{2/\sqrt{\pi}}{\sqrt{Re}}$

(5) $\delta = 0.16$ ft, $Re = 100$

【8.5】(1) $u = U\left(1-\frac{y}{h}\right)\left(1-\frac{h^2}{2\mu U}\frac{dp}{dx}\frac{y}{h}\right)$

(2) $Q = \int_0^{h(x)} u dy = \frac{1}{2}Uh - \frac{h^3}{12\mu}\frac{dp}{dx}$

(3) omitted.

(4) $\frac{p-p_0}{6\mu UL} = \frac{(h-h_0)(kh_0-h)}{(k^2-1)h_0^2 h^2}$

(5) $W = \frac{6\mu UL^2}{(k-1)^2 h_0^2}\left\{\ln k - \frac{2(k-1)}{k+1}\right\}$

The optimum value of k is 2.19, which gives the maximum load $W_{max} = 0.160 \mu UL^2/h_0^2$. Note that the ratio L/h_0 is usually very high (of the order of 10^3).

【8.6】(1) $Re = 2\rho RU/\mu = 2\times1300\times2\times10^{-3}\times10^{-2}/0.1 = 0.52$

(2) $D = 6\pi\mu RU = 6\pi\times0.1\times2\times10^{-3}\times10^{-2} = 3.77\times10^{-5}$ (N)

(3) $T = DL = 3.77\times10^{-6}$ (N·m)

【8.7】如图 8.23 所示, 作用在粒子上的力有向下的重力, 因粒子向下运动而产生的向上作用的阻力和空气的浮力。当这些力

达到平衡时，粒子以不变的速度 U_t 下落。该速度被称为极限速度（terminal velocity），可由下式表示的平衡条件计算

$$6\pi\mu R U_t = \frac{4}{3}\pi R^3 (\rho_s - \rho_f) g$$

其中，R 为粒子半径，ρ_s 和 ρ_f 分别是粒子和空气的密度，g 为重力加速度。$R = 5\mu m, \rho_s = 2\,500\,\text{kg/m}^3, \rho_f = 1.2\,\text{kg/m}^3, \mu = 1.78\times 10^{-5}\,\text{Pa}\cdot\text{s}$ 时，计算得到的 $U_t = 7.64\times 10^{-3}\,\text{m/s}$。粒子的下落速度从下落开始就认为达到 U_t 值，因此下落到地面所需要的时间 $T = 2/U_t = 262\,\text{s}$。由于 $Re = 5.15\times 10^{-3}$，所以也满足斯托克斯近似的条件 $Re < 1$。

【8.8】 (1) $\dfrac{\partial p}{\partial r} = \dfrac{\rho\omega^2}{4}r, \dfrac{\partial p}{\partial z} = -\rho g$

(2) $p(r,z) = \dfrac{\rho\omega^2}{8}r^2 - \rho g z + \text{const.}$

(3) $z_0(r) = \dfrac{\omega^2}{8g}r^2 + h$

第 8 章　参考文献

[1] ファン，Y.C.，連続体の力学入門(1974)，培風館.

[2] 今井功，流体力学(1973)，裳華房.

[3] 川端晶子ほか，サイコレオロジーと咀嚼(1995)，建帛社.

[4] 日本機械学会編，スライド集 流れ.

[5] 阪田敏夫，日本機械学会誌(1987)，Vol 230, 90-819.

[6] Shama, F. and Sherman, P. J., *Texture Stud.* (1973), Vol 4, 111.

第 9 章

剪切流

(Shear Flows)

9.1 边界层(boundary layer)

9.1.1 边界层理论 (boundary layer theory)

工业上遇到的流动一般来说均为大雷诺数流动。对这样的流动，在物体附近因粘性的作用速度降低，在物体表面上速度为 0，但若稍微远离物体表面则粘性的影响几乎消失，流体可以近似地看成理想流体。考虑到大雷诺数流动中的这种性质，普朗特 1904 年提出把流动分成物体壁面附近应该考虑粘性的薄层和薄层外侧的理想流体的思想。这种思想被称为**边界层理论**（boundary layer theory），必须考虑粘性的物体附近的薄层叫作**边界层**（boundary layer），其外侧可以忽略粘性的流动叫作**主流**(main flow)或者**自由流**(free stream)。图 9.1 给出了物体绕流的边界层的示意图。

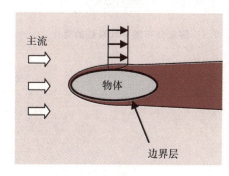

图 9.1 边界层的概念

从物体表面测量得到的边界层的厚度称为**边界层厚度**(boundary layer thickness)。可以将因粘性的影响导致速度降低的区域看成是边界层厚度 δ，不过因为边界层的速度是逐渐接近主流速度的，利用实验或数值计算来确定边界层厚度并不是一件容易的事情。因此，如图 9.2 所示，定义**从物体表面到流体速度达到主流速度的 99% 处的位置的厚度为边界层厚度 $\delta_{0.99}$**，习惯上用该厚度代表边界层厚度 δ。但是，有些场合利用边界层内的速度分布确定的 $\delta_{0.99}$ 是没有物理意义的。因此，常常使用下面定义的厚度为边界层厚度（粘性影响能达到的特征厚度）。

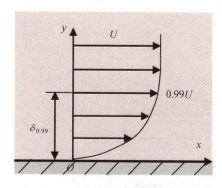

图 9.2 边界层厚度 $\delta_{0.99}$

排挤厚度(displacement thickness) $\quad \delta^* = \dfrac{1}{U}\int_0^\infty (U-u)\,\mathrm{d}y \quad$ (9.1)

动量厚度(momentum thickness) $\quad \theta = \dfrac{1}{U^2}\int_0^\infty u(U-u)\,\mathrm{d}y \quad$ (9.2)

能量厚度(energy thickness) $\quad \theta^* = \dfrac{1}{U^3}\int_0^\infty u(U^2-u^2)\,\mathrm{d}y \quad$ (9.3)

这里，U 为主流流速，y 为距离物体表面的垂直距离，u 为边界层内的速度分布。这些厚度分别表示因存在边界层而被排挤的流体体积、流体动量和流体动能的总量换算成主流流体的相应量时流体所应有的厚度。图 9.3 给出了排挤厚度的概念图。另外，上述公式中的积分范围取为 $0\sim\infty$，不过因在边界层的外侧 u 与 U 相等，对积分没有影响，所以积分范围可取为 $0\sim\delta$。

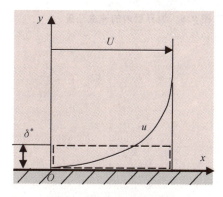

图 9.3 排挤厚度的概念

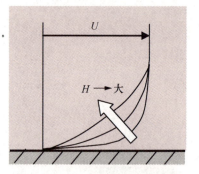

图 9.4 速度分布随形状系数的变化

众所周知,边界层内的速度分布随雷诺数、压力梯度、壁面粗糙度和壁面曲率的变化而有很大的变化。可以用由排挤厚度 δ^* 和动量厚度 θ 定义的下述参数来描述边界层内速度分布的形状。

$$H = \frac{\delta^*}{\theta} \tag{9.4}$$

该参数被称为**形状系数**(shape factor)。图 9.4 给出了边界层内的速度分布随形状系数 H 变化的情况。由此可见,随着形状系数 H 的增大,边界层内速度快速降低。

【例题 9.1】 ************************
汽车车顶上形成的边界层内的速度分布可由下式给出

$$u = U \left(\frac{y}{\delta} \right)^{\frac{1}{2}}$$

其中,U 为均匀流速(车速),y 为从汽车车顶开始计算的距离,δ 为边界层厚度。计算边界层的排挤厚度、动量厚度和形状系数。

【解】 将速度分布分别代入式(9.1)、式(9.2)可求得排挤厚度和动量厚度

$$\delta^* = \frac{1}{U} \int_0^\infty \left\{ U - U \left(\frac{y}{\delta} \right)^{\frac{1}{2}} \right\} \mathrm{d}y = \frac{1}{3} \delta$$

$$\theta = \frac{1}{U^2} \int_0^\infty U \left(\frac{y}{\delta} \right)^{\frac{1}{2}} \left\{ U - U \left(\frac{y}{\delta} \right)^{\frac{1}{2}} \right\} \mathrm{d}y = \frac{1}{6} \delta$$

另外,形状系数可由式(9.4)计算

$$H = \frac{\delta^*}{\theta} = \frac{\delta/3}{\delta/6} = 2$$

****

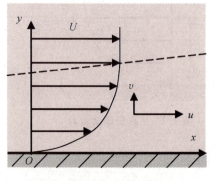

图 9.5 边界层内的速度分量

9.1.2 边界层方程(boundary layer equation)

如图 9.5 所示,考虑平板上形成的边界层。假定边界层内的流动为二维不可压缩流动,该流动可由下面的连续方程式(continuity equation)和纳维尔-斯托克斯方程(Navier-Stokes equation)来描述。

连续性方程:

$$\frac{\partial u}{\partial x} + \frac{\partial v}{\partial y} = 0 \tag{9.5}$$

9.1 边界层

纳维尔-斯托克斯方程：

$$\frac{\partial u}{\partial t}+u\frac{\partial u}{\partial x}+v\frac{\partial u}{\partial y}=-\frac{1}{\rho}\frac{\partial p}{\partial x}+\nu\left(\frac{\partial^2 u}{\partial x^2}+\frac{\partial^2 u}{\partial y^2}\right) \tag{9.6}$$

$$\frac{\partial v}{\partial t}+u\frac{\partial v}{\partial x}+v\frac{\partial v}{\partial y}=-\frac{1}{\rho}\frac{\partial p}{\partial y}+\nu\left(\frac{\partial^2 v}{\partial x^2}+\frac{\partial^2 v}{\partial y^2}\right) \tag{9.7}$$

其中，u、v 分别为 x、y 方向的速度分量(图 9.5)，p 为压力，ρ 为密度，ν 为运动粘度。上面的方程是严格成立的，因此可适用于任何边界层，不过通过估算方程中各项的大小(量级)，可以得到虽然是近似的但是被简化的描述边界层内流动的方程。下面，就对这种近似方法予以说明。

边界层内的流动沿主流方向是非常薄的，因此可以假定边界层的流动具有如下的量级特性：$x\sim L$，$y\sim\varepsilon$(其中，$\varepsilon\ll L$)，$u\sim U$。这里，符号"$\sim$"表示量级相同的意思。比如，如果考虑飞机机翼上的边界层流动，可以认为 L 是机翼弦长的量级，U 是飞机飞行速度的量级(图 9.6)。

可以推定，边界层内各参数的变化最多也不会超过该参数的量级，比如，主流方向速度的变化量为 $\Delta u\sim U$。

将这些量级应用到连续性方程(9.5)中的各项中，则可得到

$$\frac{\partial u}{\partial x}+\frac{\partial v}{\partial y} \sim \frac{\Delta u}{\Delta x}+\frac{\Delta v}{\Delta y} \sim \frac{U}{L}+\frac{v}{\varepsilon}=0 \tag{9.8}$$

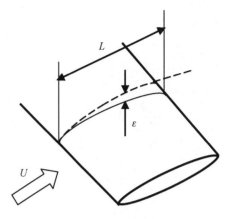

图 9.6 边界层的量级

其中，因不知 y 方向的速度分量 v 的量级，直接将其写成了 v (以下相同)。如果连续性方程的左边第 2 项比第 1 项小很多(即 $v/\varepsilon\ll U/L$)，那么该项相对于第 1 项就可以忽略，因此

$$\frac{\partial u}{\partial x}=0 \tag{9.9}$$

但是，该式就意味着 u 在 x 方向不变，这与边界层内流动沿流动方向逐渐减速而其厚度逐渐增加的实验结果相矛盾。相反，如果认为第 2 项远大于第 1 项也会产生矛盾。因此第 1 项和第 2 项必须是相同量级，第 2 项的量级为 U/L，则 $v\sim U\varepsilon/L$。

同样，如果将各参数的量级应用于纳维尔-斯托克斯方程(9.6)中，则可得到

$$\frac{U}{t}+U\frac{U}{L}+\frac{U\varepsilon}{L}\frac{U}{\varepsilon}=\frac{1}{\rho}\frac{p}{L}+\nu\left(\frac{U}{L^2}+\frac{U}{\varepsilon^2}\right)$$

因此 $$\frac{U}{t}+\frac{U^2}{L}+\frac{U^2}{L}=\frac{p}{\rho L}+\nu\left(\frac{U}{L^2}+\frac{U}{\varepsilon^2}\right) \tag{9.10}$$

可以认为左边第 1 项(时间项)、右边第 1 项(压力项)、右边第 2 项(粘性项)的量级与左边第 2、3 项(对流项)相同，所以 $t\sim L/U$，$p/\rho\sim U^2$，$\nu\sim U\varepsilon^2/L$。因此，在方程(9.6)中，只有粘性项中的第 1 项与其他各项

相比可以忽略。

最后,如果将各参数的量级应用于纳维尔-斯托克斯方程(9.7)中,则可得到

$$\frac{U\varepsilon/L}{L/U}+U\frac{U\varepsilon/L}{L}+\frac{U\varepsilon}{L}\frac{U\varepsilon/L}{\varepsilon}=\frac{U^2}{\varepsilon}+\frac{U\varepsilon^2}{L}\left(\frac{U\varepsilon/L}{L^2}+\frac{U\varepsilon/L}{\varepsilon^2}\right)$$

$$\frac{U^2\varepsilon}{L^2}+\frac{U^2\varepsilon}{L^2}+\frac{U^2\varepsilon}{L^2}=\frac{U^2}{\varepsilon}+\left(\frac{U^2\varepsilon^3}{L^4}+\frac{U^2\varepsilon}{L^2}\right) \tag{9.11}$$

如果考虑到方程(9.6)中的各项的量级为 U^2/L,可以发现方程(9.7)中剩下(即应该考虑其影响)的项只有右边第1项的压力项。

归纳以上结果,描述边界层内的流动状态的方程可以简化为下述方程。

连续性方程式:

$$\frac{\partial u}{\partial x}+\frac{\partial v}{\partial y}=0 \tag{9.12}$$

纳维尔-斯托克斯方程式:

$$\frac{\partial u}{\partial t}+u\frac{\partial u}{\partial x}+v\frac{\partial u}{\partial y}=-\frac{1}{\rho}\frac{\partial p}{\partial x}+\nu\frac{\partial^2 u}{\partial y^2} \tag{9.13}$$

$$\frac{\partial p}{\partial y}=0 \tag{9.14}$$

上述的方程简化方式被称为**边界层近似**(boundary layer approximation),被简化后的方程称为**边界层方程**(boundary layer equation)。并且,由方程式(9.14)可知,边界层内的压力沿垂直于壁面方向上固定不变,只是主流方向的函数。

求得了边界层方程的解,即可获知边界层内的流动状态,这是不言自明的。但是,即使不知道边界层内的速度分布,如果能得到边界层在主流方向上的变化,同样也可获得对工程设计有用的信息。因此,将边界层方程在边界层厚度 y 方向上进行积分,将其变换成为仅仅是主流方向 x 的方程。下面,推导该方程。

为简单起见,假定流动为定常。首先,将方程式(9.13)从壁面($y=0$)到边界层厚度($y=\delta$)进行积分可得到下式

$$\int_0^\delta u\frac{\partial u}{\partial x}\mathrm{d}y+\int_0^\delta v\frac{\partial u}{\partial y}\mathrm{d}y=-\int_0^\delta \frac{1}{\rho}\frac{\partial p}{\partial x}\mathrm{d}y+\int_0^\delta \nu\frac{\partial^2 u}{\partial y^2}\mathrm{d}y \tag{9.15}$$

将上式中左边第2项利用连续性方程式(9.12)进行变换,则有

$$\int_0^\delta v\frac{\partial u}{\partial y}\mathrm{d}y=\int_0^\delta \left(-\int_0^y \frac{\partial u}{\partial x}\mathrm{d}y\right)\frac{\partial u}{\partial y}\mathrm{d}y$$

$$=-U\int_0^\delta \frac{\partial u}{\partial y}\mathrm{d}y+\int_0^\delta u\frac{\partial u}{\partial x}\mathrm{d}y \tag{9.16}$$

其次，考虑式(9.15)右边的第 1 项。因为在边界层的外侧($y=\delta$)y方向上的梯度项消失，根据方程(9.13)可得

$$-\frac{1}{\rho}\frac{\partial p}{\partial x}\bigg|_{y=\delta}=u\frac{\partial u}{\partial x}\bigg|_{y=\delta}=U\frac{\mathrm{d}U}{\mathrm{d}x} \tag{9.17}$$

因此，式(9.15)右边第 1 项可变形为

$$-\int_0^\delta \frac{1}{\rho}\frac{\partial p}{\partial x}\mathrm{d}y=\int_0^\delta U\frac{\mathrm{d}U}{\mathrm{d}x}\mathrm{d}y \tag{9.18}$$

最后，利用牛顿摩擦定律，方程(9.15)右边第 2 项可写成

$$\int_0^\delta \nu\frac{\partial^2 u}{\partial y^2}\mathrm{d}y=\nu\frac{\partial u}{\partial y}\bigg|_{y=\delta}-\nu\frac{\partial u}{\partial y}\bigg|_{y=0}=-\frac{\tau_\mathrm{w}}{\rho} \tag{9.19}$$

其中，τ_w 为壁面剪切力。

根据上述变换分析，方程式(9.15)变为

$$\int_0^\delta \left(2u\frac{\partial u}{\partial x}-U\frac{\partial u}{\partial x}-U\frac{\mathrm{d}U}{\mathrm{d}x}\right)\mathrm{d}y=-\frac{\tau_\mathrm{w}}{\rho} \tag{9.20}$$

利用莱布尼兹公式以及动量厚度 θ(式(9.2))、形状系数 H(式(9.4))的定义式对上式进行整理，可得

$$\frac{\mathrm{d}\theta}{\mathrm{d}x}+(2+H)\frac{\theta}{U}\frac{\mathrm{d}U}{\mathrm{d}x}=\frac{\tau_\mathrm{w}}{\rho U^2} \tag{9.21}$$

该方程称为边界层的**动量积分方程**（momentum integral equation）或**卡门积分方程**（Karman's integral equation）。

9.1.3 边界层沿流动方向的变化（downstream change of boundary layer）

虽然边界层的生成始于物体前方的驻点，但其开始阶段一般为层流。边界层内的流动为层流状态时，该边界层称为**层流边界层**（laminar boundary layer）。布拉休斯提出了边界层方程的求解方法，通过数值计算给出了层流边界层内的速度分布。图 9.7 给出的就是层流边界层内的速度分布(布拉休斯分布)。

层流边界层随着流体向下游流动逐渐变厚，并向湍流状态转变。这个转变称为**转捩**（transition）或**边界层转捩**（boundary layer transition）。转捩不是在某一点突然发生的，而是在时间上和空间上都有一个振动的转变范围。另外，转捩发生时的雷诺数称为**临界雷诺数**（critical Reynolds number）。对于平板上的边界层，通过实验得到的临界雷诺数为

$$Re_C=\left(\frac{Ux}{\nu}\right)_\mathrm{crit}=3.5\times10^5\sim2.8\times10^6 \tag{9.22}$$

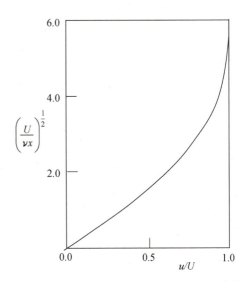

图 9.7 层流边界层的速度分布(布拉休斯分布)

但是，转捩的发生受到主流的紊乱强度、压力梯度、表面粗糙度、表面曲率和表面热传导等参数的影响很大。

另外，根据边界层内流动是处于层流状态还是湍流状态的不同，壁面上的切应力（即摩擦力）和热传导系数明显不同。因此，准确地预测边界层的转捩位置成为工程应用中非常重要的问题。

【例题 9.2】 ***********************

在均匀流动中放置一与流动方向平行的平板。若均匀流速为 30 m/s，流体的运动粘度为 $1.5\times10^{-5}\,\mathrm{m^2/s}$，求从平板的前端开始在何处发生边界层的转捩。这里，假定临界雷诺数为 1.0×10^5。

【解】 根据式(9.22)定义的临界雷诺数，计算转捩位置。

$$Re_C = \frac{30.0 \times x}{1.5 \times 10^{-5}} = 1.0 \times 10^6$$

因此 $x=0.5(\mathrm{m})$

****

边界层转捩完成后，边界层内的流动变成在时间上和空间上不规则的湍流状态。这时的边界层称为**湍流边界层**(turbulent boundary layer)。在湍流边界层内存在各种各样大小不同的涡，这些涡非常活跃地从主流向壁面附近输送动量和能量。因此，与层流边界层相比湍流边界层内的速度较大，所以，壁面切应力也增大。湍流边界层的内部结构从壁面开始依次为：首先是因有壁面的存在，湍流紊乱受到抑制，粘性起决定作用的**粘性底层**(viscous sublayer)；粘性底层外侧是被称为**迁移层**(buffer layer)的流层；紧接迁移层的是处于完全湍流状态的流层。从壁面开始到完全湍流层为止称为**内层**(inner layer)。内层的厚度约占边界层厚度的 15%～20%。从壁面开始到此为止，与 6.2.3 节中讨论的圆管湍流的情况完全相同。但是，对湍流边界层来说，内层的外侧还存在一个湍流状态和主流流动状态相互间断出现的**外层**(outer layer)。图 9.8 给出湍流边界层内的层状结构。

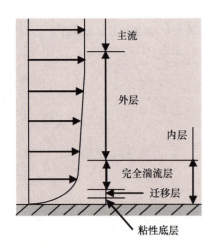

图 9.8 湍流边界层的层状结构

> **湍流边界层的紊乱是随机的吗？**
>
> 在湍流边界层中，存在着各种不同尺度的涡，这些涡的尺度从边界层厚度大小到 0.1 mm 程度，各种各样尺度的涡混杂在一起并且杂乱运动着。这些涡（也就是紊乱），乍看起来好像是随机地运动着。但是，克兰 1967 年通过可视化实验发现湍流边界层中的紊乱具有某种结构，即并非是完全随机的。根据随后的研究，表明 ejection（壁面附近的低速流体团离开壁面向外的上升运动）、sweep（主流附近的高速流体团由边界层外面向壁面冲击的下降运动）、strip（在壁面附近生成的具有与主流方向平行的旋转轴的横向运动）等结构在湍流紊乱的生成中起着重要的作用。上述这些结构被称为大涡结构、拟序结构或者 correlation 结构。

9.1.4 雷诺平均与雷诺应力 (Reynolds average and Reynolds stress)

图 9.9 给出了在湍流边界层内一点的速度随时间的变化。从图中可以清晰地看出,湍流边界层内的流动处于时时刻刻变化的非常紊乱的状态。求解这样的非定常流动并不容易。而且,在工程上常常只须知道流动的时间平均特性即可。因此,要对湍流的物理量和控制方程进行时间平均。

雷诺提出了将流动的物理量分成时间平均值和波动值的处理方法。即物理量 f 可表示为

$$f = \bar{f} + f' \tag{9.23}$$

其中,上横线表示时间平均值,撇表示波动值,这被称为 雷诺分解(Reynolds decomposition)。时间平均的定义为

$$\bar{f} = \frac{1}{T} \int_0^T f \, \mathrm{d}t \tag{9.24}$$

$$\overline{f'} = \frac{1}{T} \int_0^T f' \, \mathrm{d}t = 0 \tag{9.25}$$

表示在一定的时间间隔 T 内的平均值。这样的平均化变换称为 雷诺平均(Reynolds average)。

根据雷诺平均的定义,下述法则对各种代数变换成立。

$$\left. \begin{array}{l} \overline{\bar{f}} = \bar{f} \;,\quad \overline{f+g} = \bar{f} + \bar{g} \\ \overline{\bar{f} \cdot g} = \bar{f} \cdot \bar{g} \;,\quad \overline{\dfrac{\partial f}{\partial s}} = \dfrac{\partial \bar{f}}{\partial s} \end{array} \right\} \tag{9.26}$$

【例题 9.3】 ✱✱✱✱✱✱✱✱✱✱✱✱✱✱✱✱✱✱✱✱✱

证明 $\overline{f+g} = \bar{f} + \bar{g}$ 成立。

【解】 根据时间平均的定义

$$\overline{f+g} = \frac{1}{T} \int_0^T (f+g) \, \mathrm{d}t = \frac{1}{T} \int_0^T f \, \mathrm{d}t + \frac{1}{T} \int_0^T g \, \mathrm{d}t = \bar{f} + \bar{g}$$

✱✱✱✱✱✱✱✱✱✱✱✱✱✱✱✱✱✱✱✱✱

将雷诺分解应用于连续方程式和纳维尔-斯托克斯方程式(式(9.5)到式(9.7))中的各个变量,利用式(9.26)中给出的公式,对整个方程进行时间平均计算,最后应用边界层近似,可求得时间平均的边界层方程。

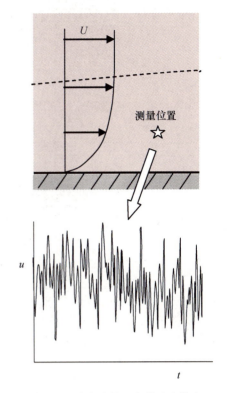

图 9.9 湍流边界层中的速度轨迹

连续方程式：

$$\frac{\partial \overline{u}}{\partial x} + \frac{\partial \overline{v}}{\partial y} = 0 \tag{9.27}$$

纳维尔-斯托克斯方程式：

$$\frac{\partial \overline{u}}{\partial t} + \overline{u}\frac{\partial \overline{u}}{\partial x} + \overline{v}\frac{\partial \overline{u}}{\partial y} = -\frac{1}{\rho}\frac{\partial \overline{p}}{\partial x} + \nu \frac{\partial^2 \overline{u}}{\partial y^2} - \frac{\partial \overline{u'^2}}{\partial x} - \frac{\partial \overline{u'v'}}{\partial y} \tag{9.28}$$

$$-\frac{1}{\rho}\frac{\partial \overline{p}}{\partial y} - \frac{\partial \overline{v'^2}}{\partial y} = 0 \tag{9.29}$$

式(9.28)右边中第 3、4 项以及式(9.29)左边第 2 项是由于对流项的非线性而生成的项，描述的是紊乱对平均流动的影响，将这些速度脉动相关项乘以密度得到的量 $\rho\overline{u'^2}$、$\rho\overline{v'^2}$ 和 $\rho\overline{u'v'}$ 称为**雷诺应力**(Reynolds stress)。其中，$\rho\overline{u'^2}$ 和 $\rho\overline{v'^2}$ 称为雷诺应力的垂直分量(normal component)，$\rho\overline{u'v'}$ 称为雷诺应力的剪切分量(shear component)。另外，像边界层这样单纯的剪切流动中，雷诺应力的垂直分量 $\rho\overline{u'^2}$ 和 $\rho\overline{v'^2}$ 对平均流动影响较小，常常可以忽略。

9.1.5 湍流边界层的平均速度分布(mean velocity profile in turbulent boundary layer)

在主流方向上为细长流动，从这一现象来看，边界层流动和圆管内的流动具有相似的特性。实际上，这两种流动的控制方程都是边界层方程。因此，湍流边界层内的时间平均速度分布和 6.2.3 节中描述的圆管内的湍流速度分布几乎相同。只是因边界条件的不同须作若干修正，下面进行讨论。

1. $1/n$ 次方律($1/n$ power law)或者**指数律**(power law)：

以距离为基准，对圆管流动时(式(6.50))使用圆管半径 R。考虑边界层流动时，以边界层厚度 δ 为基准。因此可表示为

$$\frac{\overline{u}}{U} = \left(\frac{y}{\delta}\right)^{\frac{1}{n}} \tag{9.30}$$

其中，U 为主流流速，y 为从壁面开始计算的距离。另外，在实际的流动中常常使用 $n=7$，所以也被称为 $1/7$ 次方律(式(6.49))，这和圆管流动的情况是相同的。

2. 对数律(logarithmic law)或者**壁面律**(wall law)：

使用壁面上的切应力 τ_w 定义**摩阻速度**(friction velocity)

$$u_* = \sqrt{\frac{\tau_w}{\rho}} \tag{9.31}$$

同时，利用**壁面坐标**(wall unit) $y^+ \left(=\dfrac{u_* y}{\nu}\right)$，时间平均速度可表示为

$$u^+ = \frac{\bar{u}}{u_*} = 2.5\ln y^+ + 5.5 = 5.75\log y^+ + 5.5 \qquad (9.32)$$

这与圆管流动的情况(式(6.35))相一致。但是，在圆管的情况下对数律直到管中心都是成立的；与此相反，在边界层中因为存在外层，所以在边界层一个很宽的区域内，流速分布与对数律不相符合，这一点需要注意。

粘性底层的速度为

$$u^+ = \frac{\bar{u}}{u_*} = \frac{u_* y}{\nu} = y^+ \qquad (9.33)$$

呈线性分布，这一分布对圆管流动(方程(6.37))和边界层内流动是一样的。图 9.10 为湍流边界层内平均速度的分布示意图。

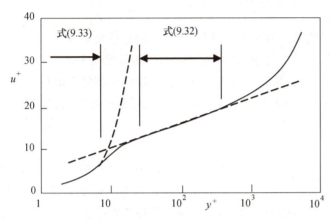

图 9.10 湍流边界层的平均速度分布

9.1.6 边界层的分离和边界层控制 (boundary layer separation and boundary layer control)

在边界层内，由于存在速度梯度而产生粘性摩擦力(牛顿粘性定律，式(1.6))，使流体的动能转换为热能。因此，若流体向下游方向的流动过程中压力增加，则原本在壁面附近速度梯度非常大的流体逐渐减速，最终在壁面上速度梯度变为 0，这时则有流体从壁面上脱离。这种现象称为边界层分离(boundary layer separation)，分离产生的位置称为分离点(separation point)。作为产生分离的条件是流道的截面积越往下游越大(即减速流动)，压力梯度为正值($\mathrm{d}p/\mathrm{d}x > 0$；$p$ 为压力，x 为流动方向的坐标)，即流体是克服逆压梯度流动的情况。

边界层发生分离后，边界层厚度会迅速增加，而且，在其下游侧因为没有来自上游流体的供给而产生回流。产生回流的区域称为再循环区域(recirculation region)或者分离泡(separation bubble)。另外，根据流动条件，分离了的边界层会重新附着在壁面上。这种现象称为分离的再附着(reattachment)，流体再附着的位置称为再附着点(reattachment point)。图 9.11 是边界层的分离和再附着的示意图。

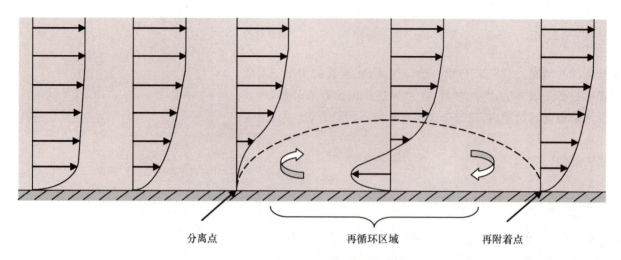

图 9.11　边界层的分离和再附着

如果边界层发生分离,则意味着伴随有很大的损失。因此,在流体机械或流道的设计中,必须考虑避免边界层发生分离。作为防止边界层分离的对策,常常对边界层进行控制进而控制整个流场,这被称为**边界层控制**(boundary layer control)。下面介绍具有代表性的边界层控制方法。

(1)**湍流激励**(turbulence promotion):湍流边界层比起层流边界层来不易分离,这是因为边界层内存在的湍流涡更多地将主流侧的动量输送到壁面附近,壁面附近的流体不易产生减速。因此,可以强制地使边界层湍流化,从而使边界层难以发生分离。这就是所谓的湍流激励。作为激励边界层湍流化的装置,可以在边界层内设置钢丝、小突起、沙粒等(图 9.12)。

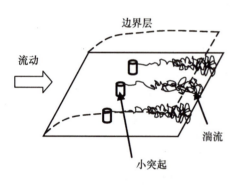

图 9.12　湍流激励

(2)**涡发生器**(vortex generator):如图 9.13 所示,若在壁面上设置与边界层厚度相当的小平板并使其具有一定攻角,绕过平板的流动会形成横向涡。利用这些横向涡把主流侧的高能流体带到壁面附近,从而抑制分离产生的装置称作涡发生器。除平板以外,也可以安装能生成横向涡的一些其他形状的涡发生器。

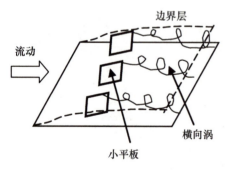

图 9.13　涡发生器

(3)**边界层吹除**(injection):通过壁面上开设缝隙或小孔,沿壁面切线方向注入流体,可以为壁面附近的低速流体供给能量。这样的边界层控制方法称为边界层吹除,并已经实际应用在缝隙翼中(图 9.14)。

(4)**边界层吸入**(suction 或 bleed):和边界层吹除相反,在壁面上开设孔口,把壁面附近的低速流体吸走,从而控制边界层分离的方法称为边界层吸入(图 9.15)。

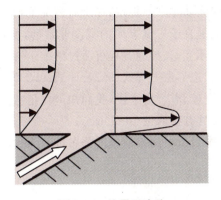
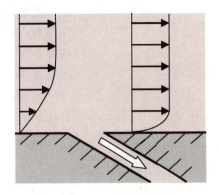

图 9.14 边界层吹除　　　　图 9.15 边界层吸入

其他的边界层控制方法

控制边界层,除了上述的抑制边界分离的方法之外,还有许多减小摩擦阻力的方法。比如,在边界层内加入高分子溶液或直径很小的气泡(微型气泡),在壁面上粘贴微小高度的鱼鳞波板状(liplate)衬垫或绒毛纤维,对壁面进行超疏水加工等方法。这些方法通过减弱边界层内的流动紊乱,尤其是壁面附近产生的强烈紊乱,减低壁面上的速度梯度,从而降低摩擦阻力。由于采用的方法不同,摩擦阻力的降低效果也不同,比如,微型气泡可以降低80%阻力,鱼鳞状衬垫可以获得10%的减阻效果,鱼鳞衬垫已经应用于游泳比赛的泳衣、速度滑冰的服装上等。

9.2　射流、尾迹、混合层(jet, wake and mixing layer)

如图 9.16 所示,流体以远高于周围流体的速度从喷嘴喷出时的流动称为**射流**(jet);如图 9.17 所示,流体中在物体下游侧形成的低速区域称为**尾迹**(wake);如图 9.18 所示,速度不同的两种流动混合后形成的流动称为**混合层**(mixing layer)。上述这些流动统称为**自由剪切层**(free shear layer)。这些流动也是工程上常见的重要流动。

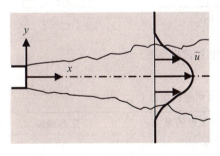 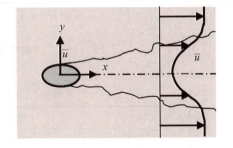 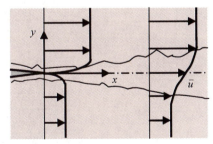

图 9.16 射流　　　　图 9.17 尾迹　　　　图 9.18 混合层

上述这些流动非常不稳定,在所有情况下均会转捩为湍流,而且与主流方向相比垂直于主流方向的宽度非常薄,所以可以和湍流边界层同样处理。实际上,其控制方程可通过纳维尔-斯托克斯方程的边界层近似得到,以和边界层方程式(9.27)~式(9.29)的相同形式给出。

对射流、尾迹、混合层来说,我们知道在足够远的下游,平均速度以及脉动的分布具有**相似性**(similarity)。

例如,二维射流时的相似速度分布可由下式给出

$$\frac{\bar{u}}{u_{max}} = e^{-0.6749\eta^2}(1+0.0269\eta^4) \tag{9.34}$$

$$\eta = \frac{y}{b} \tag{9.35}$$

这里,u_{max} 是射流中心的平均速度,y 是距中心轴的距离,b 是射流中速度为中心流速的 1/2 时 y 的取值。另外,称 b 为**半宽**(half width)。图 9.19 给出的是利用上述公式计算的速度分布和实验数据的比较,可见在 5 个不同的下游截面,上述公式均具有较好的近似。

同样,如果主流流速为 u_e,二维尾迹中的相似速度分布可以由下述公式给出。

$$\frac{\bar{u} - u_e}{(\bar{u} - u_e)_{max}} = e^{-0.6619\eta^2}(1+0.0465\eta^4) \tag{9.36}$$

对自由剪切层来说,最大速度差和半宽沿流动方向的变化与从**假想原点**(virtual origin)测得的距离 x 的幂指数成正比。表 9.1 给出了不同自由剪切层流的幂次率公式。

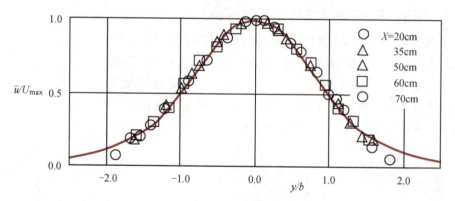

图 9.19 二维射流的相似速度分布

表 9.1 自由剪切层的指数公式

	最大速度差的亏损	半宽的增幅
二维射流	$x^{-1/2}$	x
轴对称射流	x^{-1}	x
二维尾迹	$x^{-1/2}$	$x^{1/2}$
轴对称尾迹	$x^{-2/3}$	$x^{1/3}$
混合层	x^0	x

第 9 章 习 题

【9.1】 宽 1 m、长 2 m 的平板与流动方向平行放置在流速为 5 m/s 的水流中。平板上的边界层速度分布和边界层厚度如下

$$\frac{u}{U} = \left(\frac{y}{\delta}\right)^{\frac{1}{2}}, \qquad \delta = x^{\frac{1}{2}}$$

求平板两面承受的摩擦力。

【9.2】 计算上题中平板后缘处的排挤厚度。

【9.3】 圆管内的流动在整个区域都是边界层,若给出截面上平均流速(＝体积流量/截面积),计算圆管半径。这里,假定平均速度分布遵循 1/7 次方律。

【9.4】 均匀流动中平板与流动方向平行放置,求湍流发生点距离平板前缘的距离。假定均匀流速为 10 m/s,流体为常温空气,临界雷诺数为 5×10^5。

【9.5】 根据二维纳维尔-斯托克斯方程推导出描述空调出气口处的流体流动方程。

【9.6】 Consider a plate located in an uniform water flow. When the length and width of the plate are 1.0 m and 2.0 m respectively, the velocity is 3.0 m/s, and the velocity profile and the growth of the boundary layer thickness are given by the following equations, calculate the force acting on the both sides of the plate.

$$\frac{u}{U} = \left(\frac{y}{\delta}\right)^{\frac{1}{7}}, \qquad \delta = x^{\frac{1}{2}}$$

【9.7】 A car is driving with the speed of 80 km/h. If the boundary layer starts at the upstream edge of the roof, where does the boundary layer transition occur? Assume that the temperature of air is 20℃, the roof is nearly flat, and the critical Reynolds number is 4×10^5.

【9.8】 Consider a diffuser in which separation takes place (see below). How to suppress the separation region?

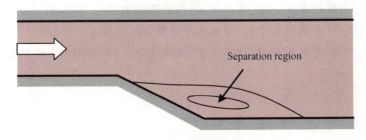

【9.9】 A round jet of air with the uniform velocity of 10 m/s is injected into the atmosphere. If the virtual origin is 10 cm from the jet exit, what is the maximum velocity at 3 m downstream from the exit?

【9.10】 Consider the boundary layer on a flat plate parallel to an uniform flow of 15 m/s. If the pressure gradient is 1.0 N/m³, how to express the free stream velocity along the outer edge of the boundary layer? Assume the flow is air, and the temperature is 20℃.

【答案】

【9.1】 1.18×10^4 (N)

提示：使用动量积分方程，沿着平板的压力梯度很小可以忽略。

【9.2】 471(mm)

【9.3】 0.758R （R 为管的半径）

【9.4】 0.75(m)

【9.5】 可以认为射流是与边界层流动相同的流动，且处于湍流状态，所以控制方程为

$$\frac{\partial \bar{u}}{\partial x} + \frac{\partial \bar{v}}{\partial y} = 0$$

$$\frac{\partial \bar{u}}{\partial t} + \bar{u}\frac{\partial \bar{u}}{\partial x} + \bar{v}\frac{\partial \bar{u}}{\partial y} = -\frac{1}{\rho}\frac{\partial \bar{p}}{\partial x} + \nu \frac{\partial^2 \bar{u}}{\partial y^2} - \frac{\partial \overline{u'^2}}{\partial x} - \frac{\partial \overline{u'v'}}{\partial y}$$

$$-\frac{1}{\rho}\frac{\partial \bar{p}}{\partial y} - \frac{\partial \overline{v'^2}}{\partial y} = 0$$

其中，x 为射流的流出方向，y 为喷流的截面方向。

【9.6】 3.50×10^3 (N)

【9.7】 0.27(m)

【9.8】 Boundary layer suction under the separation bubble is the most effective way to suppress the separation in the diffuser. Vortex generator located around the upstream corner is also effective.

【9.9】 0.33(m/s)

【9.10】 $U = \sqrt{225 - 1.67x}$ (m/s)

提示：利用边界层外侧的流速和压力梯度之间的关系。

第 9 章 参考文献

[1] 生井武文，井上雅弘著，粘性流体の力学(1978)，理工学社.

[2] 日本機械学会編，機械工学便覧 A5 流体工学(1988).

[3] 田古里哲夫，荒川忠一著，流体工学(1989)，東京大学出版会.

第 10 章

势流

（Potential Flow）

10.1 势流的基本公式（fundamental equations of potential flow）

可忽略粘性及传热影响的不可压缩流体称为**理想流体**（ideal fluid）。理想流体的流动是势流流动的一种，势流是流体一般流动的重要基础。雷诺数无穷大时的流动，其极限是分子的粘性影响为零的情况，从而在时间平均情况下呈现出理想流体的特性。反之，流动粘性的影响很大，也就是说，与理想流体处于对立状态的是雷诺数很小的流动。因此，一般流体是处于两种流动之间的。本章内容讨论势流的基础及有代表性的势流流动。

10.1.1 复数的定义（definition of complex number）

用复数来描述势流已经得到了很好的发展。在对势流进行讲解之前，对复数相关的基本知识进行叙述。

复数记作 $z=a+ib$，a 称为**实部**（real part），b 称为**虚部**（imaginary part），分别记作 Rez、Imz。当改变虚部的符号为 $a-ib$ 时，称为 z 的**共轭复数**（conjugate），记作 $\bar{z}$。复数 z 的**绝对值**（magnitude，表示大小）可以用 z 和 $\bar{z}$ 表示。

$$|z|=\sqrt{z\bar{z}}=\sqrt{a^2+b^2} \tag{10.1}$$

复数在复平面上可利用向量来表述，横轴表示实部，纵轴表示虚部。另外，使用极坐标可以方便地表示复数。如图 10.1 所示，引进半径 r 以及 r 与 x 轴的夹角 θ，则有

$$r=|z|,\theta=\arg z \tag{10.2}$$

θ 称为**辐角**（argument）。若采用极坐标，复数 z 则可以如下的形式来表示，

$$z=x+iy=r(\cos\theta+i\sin\theta) \tag{10.3}$$

可以和实数计算一样定义复数的加、减、乘、除计算。这里给出复平面上加和乘的计算。如图 10.2 所示，复数和是 2 个向量的合成。另外，对于乘法，采用极坐标的形式更易于理解。积的大小为 $r=r_1 r_2$，辐角为 $\theta=\theta_1+\theta_2$。就是说，积是向量的大小变为 $r=r_1 r_2$，角度再旋转 θ_2（如图 10.3 所示）。在这里，说明一下虚数单位 i 的作用。如图 10.4 所示，(1,0)乘上虚数单位 i 会变成(0,i)，再乘一次虚数单位 i 就被变成

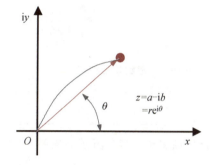

图 10.1　复平面上复数的表示方法

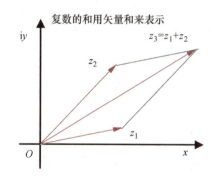

图 10.2　复数的加法

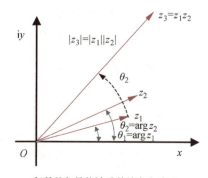

复数的积是将被乘数的大小乘以乘数的大小，再将其辐角旋转乘数的角度。

图 10.3　复数的乘法

(−1,0)。因此,复数乘虚数单位 i 的过程意味着坐标旋转 90°。对于实数,乘 −1 意味着旋转 180°;对于复数,乘虚数单位 i 意味着旋转 90°。这就是将实数扩展到虚数的本质部分。

复数的微分计算与实数的微分计算的公式和形式均不同。任意复变函数 $f=f(z)=A+iB$ 的微分,当函数 f 仅用一个自变量 z 表示时,其微分的形式和实数的微分相同;用两个自变量 x、y 表示时需计算偏微分,则有两个关系式

$$\frac{df}{dz}=\frac{\partial f}{\partial x}=\frac{\partial A}{\partial x}+i\frac{\partial B}{\partial x}, \quad \frac{df}{dz}=\frac{1}{i}\frac{\partial f}{\partial y}=-i\frac{\partial A}{\partial y}+\frac{\partial B}{\partial y} \tag{10.4}$$

这里,两个关系式的实部和虚部的等值关系可从以下的柯西、黎曼方程式(Cauchy-Riemann equations)得到

$$\frac{\partial A}{\partial x}=\frac{\partial B}{\partial y}, \quad \frac{\partial A}{\partial y}=-\frac{\partial B}{\partial x} \tag{10.5}$$

10.1.2 理想流体的基本方程 (fundamental equations of ideal flows)

二维无旋流动和由复杂函数描述的正则函数密切相关。因此,可用复变函数的关系式来表述流动。首先,考虑理想流体的运动表达式。理想流体的连续方程如式(8.5)所示为

$$\frac{D\rho}{Dt}+\rho \mathrm{div}\ \boldsymbol{v}=0 \tag{10.6}$$

根据欧拉运动方程式(8.37),可得

$$\frac{D\boldsymbol{v}}{Dt}=\boldsymbol{F}-\frac{1}{\rho}\mathrm{grad}\ p \tag{10.7}$$

对不可压缩流体,密度的物质微分 $D\rho/Dt=0$,于是连续方程可写成如下的形式(式(8.7)、式(8.8))

$$\mathrm{div}\ \boldsymbol{v}=0, \text{或者} \quad \frac{\partial u}{\partial x}+\frac{\partial v}{\partial y}=0 \tag{10.8}$$

另外,运动方程的物质微分项可变化为如下形式

$$\frac{D\boldsymbol{v}}{Dt}=\frac{\partial \boldsymbol{v}}{\partial t}+(\boldsymbol{v}\cdot\mathrm{grad})\boldsymbol{v}=\frac{\partial \boldsymbol{v}}{\partial t}+\mathrm{grad}\left(\frac{1}{2}v^2\right)-\boldsymbol{v}\times\mathrm{rot}\ \boldsymbol{v} \tag{10.9}$$

上式中出现的 rot $\boldsymbol{v}$ 项可表示为

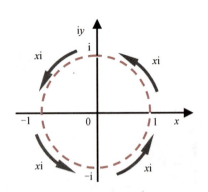

图 10.4 虚数单位 i 的意义

拉普拉斯算子 ∇ 和各算子的关系

∇ 的定义:

$$\nabla=\boldsymbol{i}\frac{\partial}{\partial x}+\boldsymbol{j}\frac{\partial}{\partial y}+\boldsymbol{k}\frac{\partial}{\partial z}$$

梯度 f 的定义:

$$\mathrm{grad}\ f=\nabla f=\boldsymbol{i}\frac{\partial f}{\partial x}+\boldsymbol{j}\frac{\partial f}{\partial y}+\boldsymbol{k}\frac{\partial f}{\partial z}$$

向量 $\boldsymbol{A}=(A_x,A_y,A_z)$ 的散度:

$$\mathrm{div}\ \boldsymbol{A}=\nabla\cdot\boldsymbol{A}=\frac{\partial A_x}{\partial x}+\frac{\partial A_y}{\partial y}+\frac{\partial A_z}{\partial z}$$

向量 $\boldsymbol{A}=(A_x,A_y,A_z)$ 的旋度:

$$\mathrm{rot}\ \boldsymbol{A}=\nabla\times\boldsymbol{A}=\begin{vmatrix}\boldsymbol{i} & \boldsymbol{j} & \boldsymbol{k}\\ \frac{\partial}{\partial x} & \frac{\partial}{\partial y} & \frac{\partial}{\partial z}\\ A_x & A_y & A_z\end{vmatrix}$$

$$\operatorname{rot} \boldsymbol{v} \equiv \boldsymbol{\omega} \tag{10.10}$$

这里，$\boldsymbol{\omega}=(\omega_x,\omega_y,\omega_z)$是2.1.5节中讲述的涡量(式(2.20)~(2.22))。如图10.5所示，流体粒子若满足上式，则其以平移速度 $\boldsymbol{v}$ 运动的同时还以角速度$|\boldsymbol{\omega}|/2$旋转。此外，如果外力 $\boldsymbol{F}$ 是与重力类似的有势力，则用其势函数 A（重力的情况下：$A=gz$，g 是重力加速度的大小，z 是高度）可表达为

$$\boldsymbol{F}=-\operatorname{grad} A \tag{10.11}$$

因此，运动方程(10.7)可变化为下述形式

$$\frac{\partial \boldsymbol{v}}{\partial t}=-\operatorname{grad}\left(\frac{p}{\rho}+\frac{1}{2}v^2+A\right)+\boldsymbol{v}\times\boldsymbol{\omega} \tag{10.12}$$

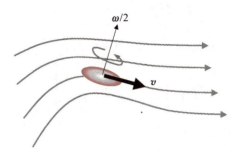

图 10.5 流体的运动

上式的意义如图10.6所示。根据上述方程式，流体的运动取决于由$p/\rho+v^2/2+A$的梯度计算得到的加速度和$\boldsymbol{v}\times\boldsymbol{\omega}$之和。若用图例表示，则如图10.6，小球从势函数山上的下落运动，由小球的翻滚运动以及涡量影响产生的运动的两部分叠加而成。

对上式两边取旋度，可进一步得到有意义的方程式。对任意函数 ϕ，均有 $\operatorname{rot}\operatorname{grad}\phi=0$ 成立，梯度项就可以消去，因此取旋度以后，得到

$$\frac{\partial \boldsymbol{\omega}}{\partial t}=\operatorname{rot}(\boldsymbol{v}\times\boldsymbol{\omega}) \tag{10.13}$$

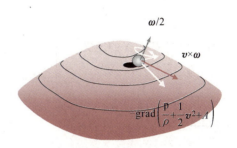

图 10.6 势函数曲面

上式称为涡量方程式。$\boldsymbol{\omega}=0$ 时称为**无旋流动**(irrotational flow)。这时如式(10.12)所示，物体运动方程完全可以用势函数的形式来表示，这样的流动称为势流。因此，势流应该满足的条件为 $\boldsymbol{\omega}=0$ 就非常易于理解了。

10.2 速度势 (velocity potential)

若有 $\boldsymbol{\omega}=\operatorname{rot}\boldsymbol{v}=0$，从 $\operatorname{rot}\operatorname{grad} f=0$ 的恒定关系可以推导得出存在标量势函数 Φ 的梯度

$$\boldsymbol{v}=\operatorname{grad}\Phi \tag{10.14}$$

Φ 称为**速度势**(velocity potential)。此时，运动方程式(10.12)变为

$$\operatorname{grad}\left(\frac{\partial \Phi}{\partial t}+\frac{p}{\rho}+\frac{1}{2}v^2+A\right)=0 \tag{10.15}$$

速度向量 $\boldsymbol{v}$ 的大小若为 $V=|\boldsymbol{v}|$，则 $v^2=\boldsymbol{v}\cdot\boldsymbol{v}=V^2$。上式则变为

$$\frac{\partial \Phi}{\partial t}+\frac{p}{\rho}+\frac{1}{2}V^2+A=f(t) \tag{10.16}$$

速度势和拉普拉斯方程

$\boldsymbol{\omega}=\operatorname{rot}\boldsymbol{v}=\boldsymbol{0}$

↓

存在 Φ，$\boldsymbol{v}=\operatorname{grad}\Phi$

$+$

$\operatorname{div}\boldsymbol{v}=0$

↓

$\dfrac{\partial^2 \Phi}{\partial x^2}+\dfrac{\partial^2 \Phi}{\partial y^2}=0$

上式就是一般化的贝努利方程,又称为压力方程式。

若流动为定常、不可压缩并且没有外力作用,则有

$$\mathrm{grad}\left(\frac{p}{\rho}+\frac{1}{2}V^2\right)=\mathbf{0} \tag{10.17}$$

式(10.16)或式(10.17)与式(10.8)联立,可对流动进行求解。对连续方程应用 $v=\mathrm{grad}\Phi$,可得

$$\mathrm{div}\,v=\mathrm{div}(\mathrm{grad}\Phi)=\Delta\Phi=\left(\frac{\partial^2}{\partial x^2}+\frac{\partial^2}{\partial y^2}\right)\Phi=0 \tag{10.18}$$

这就是拉普拉斯方程。也就是说,由连续条件求解拉普拉斯方程,得到 Φ,由 $v=\mathrm{grad}\Phi$ 可求出速度,由速度和运动方程可求解得出压力。因此,如果利用速度势 Φ,x、y 方向的速度可由下式得出

$$u=\frac{\partial\Phi}{\partial x},\quad v=\frac{\partial\Phi}{\partial y} \tag{10.19}$$

10.3 流函数(stream function)

连续方程为

$$\frac{\partial u}{\partial x}+\frac{\partial v}{\partial y}=0 \tag{10.20}$$

与速度势类似,引进

$$u=\frac{\partial\Psi}{\partial y},\quad v=-\frac{\partial\Psi}{\partial x} \tag{10.21}$$

由于连续方程是自始至终满足的。考虑

$$\Psi=\text{常数} \tag{10.22}$$

所表示的物理意义。如果对 Ψ 求全微分,则有

$$\mathrm{d}\Psi=\frac{\partial\Psi}{\partial x}\mathrm{d}x+\frac{\partial\Psi}{\partial y}\mathrm{d}y=0 \tag{10.23}$$

将式(10.21)代入上式可以得到

$$-v\mathrm{d}x+u\mathrm{d}y=0,\quad \text{因此}\ \frac{\mathrm{d}x}{u}=\frac{\mathrm{d}y}{v} \tag{10.24}$$

上式就是流线的方程式(2.10)。也就是,$\Psi=$ 常数的曲线就是**流线**(stream line),因此称 Ψ 为**流函数**(stream function)。速度势和流函数如图10.7所示。

对不可压缩的无旋流动,由连续性条件,可得

$$\frac{\partial^2\Phi}{\partial x^2}+\frac{\partial^2\Phi}{\partial y^2}=0$$

将上式与式(10.16)变形,则有

$$\frac{\partial\Phi}{\partial t}+\frac{1}{2}(\mathrm{grad}\Phi)^2+F+\frac{p}{\rho}=f(t)$$

求解上面的运动方程可以得到流体流动的全部特性。

拉普拉斯算子 Δ 的定义

$$\Delta=\nabla^2=\nabla\cdot\nabla$$
$$=\frac{\partial^2}{\partial x^2}+\frac{\partial^2}{\partial y^2}+\frac{\partial^2}{\partial z^2}$$

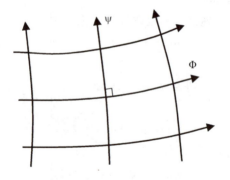

图 10.7 速度势和流函数

10.4 复势 (complex potential)

整理式(10.19)和式(10.21)可以得到

$$u = \frac{\partial \Phi}{\partial x} = \frac{\partial \Psi}{\partial y}$$
$$v = \frac{\partial \Phi}{\partial y} = -\frac{\partial \Psi}{\partial x} \tag{10.25}$$

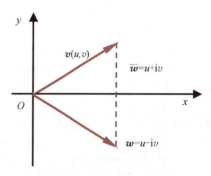

上述两式和柯西-黎曼关系式相同，因此 $\Phi + \mathrm{i}\Psi$ 是变量 $x + \mathrm{i}y$ 的正则函数。所以在复平面上对流动进行描述时，则有

$$W = \Phi + \mathrm{i}\Psi,\quad z = x + \mathrm{i}y \tag{10.26}$$

W 称为**复势**(complex potential)。如果 W 对 z 的微分为 w，则有

$$w = \frac{\mathrm{d}W}{\mathrm{d}z} = \frac{\partial W}{\partial x} = \frac{\partial \Phi}{\partial x} + \mathrm{i}\frac{\partial \Psi}{\partial x} = u - \mathrm{i}v \tag{10.27}$$

w 为**共轭复速度**(conjugate complex velocity)，如图 10.8 所示，或者只称为**复速度**(complex velocity)。

对 W 求微分得到的是 w，但通常情况下，速度 $v(u,v)$ 直接对应着的是共轭复数 $\overline{w}$。从这个意义上，w 称为共轭复速度。

图 10.8 共轭复速度

沿任意曲线 C 对 w 进行积分，

$$\begin{aligned}\int_C w\,\mathrm{d}z &= \int_C (u - \mathrm{i}v)\,\mathrm{d}z = \int_C (u - \mathrm{i}v)(\mathrm{d}x + \mathrm{i}\mathrm{d}y) \\ &= \int_C (u\mathrm{d}x + v\mathrm{d}y) + \mathrm{i}\int_C (-v\mathrm{d}x + u\mathrm{d}y) \\ &= \int_C \mathrm{d}\Phi + \mathrm{i}\int_C \mathrm{d}\Psi\end{aligned} \tag{10.28}$$

从上式第 2 项开始考察。图 10.9 中所示曲线 C 上的线元 $\mathrm{d}s = (\mathrm{d}x, \mathrm{d}y)$ 上所通过的流量，由垂直于曲线 C 的速度分量 v_n 可得

$$\begin{aligned}v_n\mathrm{d}s &= -v\mathrm{d}x + u\mathrm{d}y \\ &= \frac{\partial \Psi}{\partial x}\mathrm{d}x + \frac{\partial \Psi}{\partial y}\mathrm{d}y = \mathrm{d}\Psi\end{aligned} \tag{10.29}$$

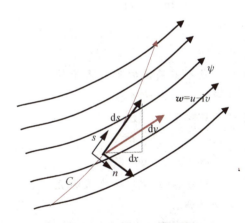

图 10.9 沿着曲线方向上速度的积分

即，通过曲线 C 的流量可表示为

$$Q = \int_C \mathrm{d}\Psi = \Psi|_C \tag{10.30}$$

也就是流量可表示为流函数值的差。对沿着图 10.9 中曲线 C 上线元 $\mathrm{d}s$ 方向上的速度分量 v_s 进行积分，同样得到

$$\begin{aligned}v_s\mathrm{d}s &= u\mathrm{d}x + v\mathrm{d}y \\ &= \frac{\partial \Phi}{\partial x}\mathrm{d}x + \frac{\partial \Phi}{\partial y}\mathrm{d}y = \mathrm{d}\Phi\end{aligned} \tag{10.31}$$

上式是沿着曲线 C 的积分值，可用下式给出的**环量**(circulation)Γ 来定义。

复势 W 的值
实部：$\Phi_2 - \Phi_1 = \Delta\Gamma$
虚部：$\Psi_2 - \Psi_1 = \Delta Q$

图 10.10 流量和环量的值

$$\Gamma = \int_C \mathrm{d}\Phi = \Phi|_C \tag{10.32}$$

将二者和在一起,则有

$$W|_C = \int_C w\mathrm{d}z = \Phi|_C + i\Psi|_C = \Gamma(C) + iQ(C) \tag{10.33}$$

因此,沿着曲线 C 的速度势的差为环量,流函数的差为流量(如图 10.10 所示)。

10.5 基本的二维势流(fundamental two-dimensional potential flows)

10.5.1 均匀流 (uniform flows)

如图 10.11 所示,与 x 轴成 α 角度的均匀流动,可用如下的复势来表示

$$W = U e^{-i\alpha} z \quad (均匀流) \tag{10.34}$$

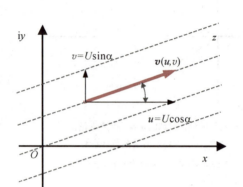

图 10.11 均匀流

上式表示的流动可确认为如图 10.11 所示流动。对 W 求 z 的微分,则有

$$\frac{\mathrm{d}W}{\mathrm{d}z} = u - iv = U e^{-i\alpha} = U(\cos\alpha - i\sin\alpha) \tag{10.35}$$

因此,可得

$$u = U\cos\alpha, \quad v = U\sin\alpha \tag{10.36}$$

可以看出流动是与 x 轴成 α 夹角、速度为 U 的均匀流动。

【例题 10.1】 **********************

对式(10.34)所表示的均匀流,用 x 和 y 表示速度势 Φ 和流函数 Ψ,并且给出流线。

【解】 由 $W = U e^{-i\alpha} z$,可得
$$\begin{aligned} W &= \Phi + i\Psi = U e^{-i\alpha} z = U(\cos\alpha - i\sin\alpha)(x+iy) \\ &= U(x\cos\alpha + y\sin\alpha) + iU(-x\sin\alpha + y\cos\alpha) \end{aligned}$$

因此
$$\Phi = U(x\cos\alpha + y\sin\alpha), \quad \Psi = U(-x\sin\alpha + y\cos\alpha)$$

对任意流函数的值 Ψ_1,则有
$$y = \tan\alpha \cdot x + \frac{\Psi_1}{U}$$

当 $\alpha = 0$ 时,流线为 $y = \Psi_1/U$,是一组水平的直线群;当 $\alpha \neq 0$ 时,流线为一组在 y 轴上的截距为 Ψ_1/U,斜率为 $\tan\alpha$ 的直线群。

****

$W = Uz$

这个最简单的形式表示的是平行与 x 轴的流动。
$$W = Uz = Ux + iUy = \Phi + i\Psi$$
$$\Phi = Ux, \quad \Psi = Uy$$
$\Psi = $ 常数,也就是 $y = $ 常数的直线为流线。

$W = U e^{-i\alpha} z$

$W = U e^{-i\alpha} z$ 是在 $W = Uz$ 上乘以 $e^{-i\alpha}$ 而得到的,可用图 10.3 来进行说明,将 $W = Uz$ 整体旋转 $-\alpha$ 角,因此,这个乘积计算的结果是流线沿顺时针方向倾斜 α 角度。共轭复速度的共轭复数 $\overline{w}$ 为实际的速度场,从而可得到图 10.11 所示的流场。请在后面特别留意这一点,再阅读下面的内容。

10.5.2 点源和点汇 (source and sink)

考虑下面的函数所表示的流动

$$W = \frac{Q}{2\pi}\ln z \qquad (源、汇) \tag{10.37}$$

上式对 z 求微分,得到

$$\frac{dW}{dz} = u - iv = \frac{Q}{2\pi z} = \frac{Q}{2\pi r}(\cos\theta - i\sin\theta) \tag{10.38}$$

因此,在位置

$$(x, y) = (r\cos\theta, r\sin\theta) \tag{10.39}$$

处的速度为

$$(u, v) = \left(\frac{Q}{2\pi r}\cos\theta, \frac{Q}{2\pi r}\sin\theta\right) \tag{10.40}$$

也就是速度向量和位置向量具有相同的方向,其大小为

$$V_r = \frac{Q}{2\pi r} \tag{10.41}$$

下面考察该流动的等势线和流线。采用极坐标 $z = re^{i\theta}$,则有

$$\Phi + i\Psi = \frac{Q}{2\pi}(\ln r + i\theta) \tag{10.42}$$

因此

$$\Phi = \frac{Q}{2\pi}\ln r, \quad \Psi = \frac{Q}{2\pi}\theta \tag{10.43}$$

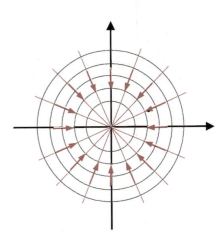

图 10.12 汇 ($Q<0$)

所以,等势线 $\Phi =$ 常数是以原点为中心、$r =$ 常数的同心圆;流线 $\Psi =$ 常数是从原点出发 $\theta =$ 常数的放射状直线。得到的流动如图 10.12 所示。上述流动,当 $Q>0$ 时,流动表示的是位于原点的源(source);当 $Q<0$ 时,流动所表示的是位于原点的汇(sink)。源与汇的流量均为 Q。考虑绕原点一周的闭曲线 C 上的流函数,可以得到

$$\Psi|_C = \frac{Q}{2\pi} \times 2\pi = Q \tag{10.44}$$

10.5.3 涡（vortex）

下面，将 $\ln z$ 乘上单位虚数 i，考察该函数所表示的流动。

$$W = -i\frac{\Gamma}{2\pi}\ln z \qquad (涡) \tag{10.45}$$

因此，可得到如下的关系式

$$\Phi + i\Psi = -i\frac{\Gamma}{2\pi 0}(\ln r + i\theta) \tag{10.46}$$

所以

$$\Phi = \frac{\Gamma}{2\pi}\theta, \quad \Psi = -\frac{\Gamma}{2\pi}\ln r \tag{10.47}$$

这是将源或汇的 Φ 和 Ψ 相互代替后得到的算式。速度则为

$$\frac{dW}{dz} = u - iv = -i\frac{\Gamma}{2\pi z} = -\frac{\Gamma}{2\pi r}(\sin\theta + i\cos\theta) \tag{10.48}$$

如图 10.13 所示，复势 W 所表示的流动，是将源和汇的 Φ 和 Ψ 相互替代的流动，所以此时的流动是在以原点为圆心的同心圆的旋转流动。

由式（10.48）可得，速度的大小为

$$V_\theta = \frac{\Gamma}{2\pi r} \tag{10.49}$$

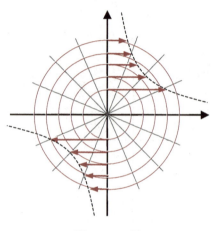

图 10.13 涡

这就是自由涡的速度分布（可参照 2.2.3 节）。因此，式（10.45）所给出的流动是以原点为旋涡中心的自由涡，或者说是**涡**(vortex)。

10.5.4 偶极子（doublet）

源和汇成对出现时形成的流动用复势表示为

$$W = \frac{Q}{2\pi}(\ln(z+a) - \ln(z-a)) \tag{10.50}$$

源位于 $x = -a$ 位置处，汇位于 $x = a$ 位置处。在这里，给出当 $a \to 0$ 时，也就是源和汇无限接近时复势的表达式。将上式对 a/z 进行泰勒级数展开，可得

$$\begin{aligned}
W &= \frac{Q}{2\pi}\{\ln(z+a) - \ln(z-a)\} \\
&= \frac{Q}{2\pi}\left\{\ln\left(1 + \frac{a}{z}\right) - \ln\left(1 - \frac{a}{z}\right)\right\} \\
&= \frac{Q}{2\pi}\left[\left\{\frac{a}{z} - \frac{1}{2}\left(\frac{a}{z}\right)^2 + \frac{1}{3}\left(\frac{a}{z}\right)^3 + \cdots\right\} \right.\\
&\quad \left. + \left\{\frac{a}{z} + \frac{1}{2}\left(\frac{a}{z}\right)^2 + \frac{1}{3}\left(\frac{a}{z}\right)^3 + \cdots\right\}\right] \\
&= \frac{2Qa}{2\pi z}\left\{1 + \frac{1}{3}\left(\frac{a}{z}\right)^2 + \cdots\right\}
\end{aligned} \tag{10.51}$$

其中，$a \to 0$ 时有 $|a/z| < 1$。但是，考虑流量 Q 与源和汇之间的距离 $2a$ 的乘积 $2Qa$ 趋于一有限定值，即 $2Qa \to \mu$。若满足此条件，则有

$$W \to \frac{\mu}{2\pi z} \tag{10.52}$$

即

$$W = \frac{\mu}{2\pi}\frac{1}{z} \quad （偶极子） \tag{10.53}$$

上式描述的是如图 10.14 所示的源和汇在原点处重合的流动，这样的流动称为**偶极子**(doublet)。

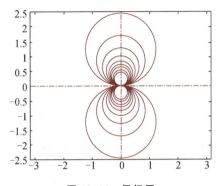

图 10.14 偶极子

10.6 圆柱绕流 (flow around a circular cylinder)

复势所表示的流动，叠加后仍然为势流。下面给出一个例子，考虑均匀流与偶极子相叠加后的流动，合成后的流动是绕圆柱的流动。

与 x 轴平行的均匀流的复势表达式为 $W = Uz$。同时，偶极子的复势的表达式为 $W = k/z$。两者相加得到下式

$$W = Uz + \frac{k}{z} \tag{10.54}$$

现考虑此复势所描述的流动的流线。将 $z = re^{i\theta}$ 代入，可得

$$\Phi + i\Psi = Ure^{i\theta} + \frac{k}{r}e^{-i\theta}$$

$$= \left(Ur + \frac{k}{r}\right)\cos\theta + i\left(Ur - \frac{k}{r}\right)\sin\theta$$

因此 $\Phi = U\left(r + \frac{k}{Ur}\right)\cos\theta, \quad \Psi = U\left(r - \frac{k}{Ur}\right)\sin\theta \tag{10.55}$

当 $\theta = 0$ 和 π 时，由于 $\Psi = 0$，可以看出 x 轴就是一条流线。另外，$r - k/Ur = 0$，也即是，$r = \sqrt{k/U}$ 时，也能得到 $\Psi = 0$。也就是半径取为 $R = \sqrt{k/U}$ 时，得到半径 $r = R$ 的圆周边界为流线。如将 k 用 U 和 R 表示，则有

$$W = U\left(z + \frac{R^2}{z}\right) \quad （圆柱绕流） \tag{10.56}$$

这也就是流过半径为 R 的圆柱的均匀流的复势。

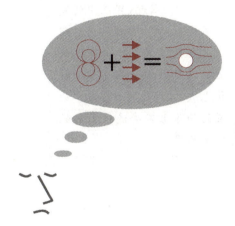

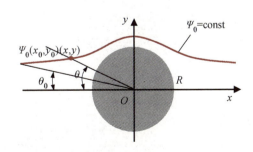

Fig 10.15 **Drawing a streamline around a cylinder.**

【Example 10.2】 **********************

Draw the streamlines of potential flow around a cylinder.

【Solution】 See the streamline in Fig 10.15. For drawing the stre-

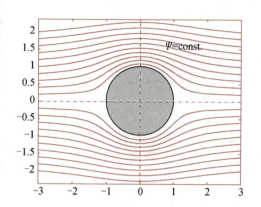

Fig 10.16 Streamlines around a cylinder

amline, we have to know the value of stream function, Ψ_0. From, Eq. (10.55), we can obtain Ψ_0 immediately on the stream line at the starting point (x_0, y_0).

$$r_0 = \sqrt{x_0^2 + y_0^2}, \quad \sin\theta_0 = y_0/r_0$$

then

$$\Psi_0 = U(r_0 - R^2/r_0)\sin\theta_0$$

For the given Ψ_0, and θ, the coordinates at any point (x, y) on the same stream line will be calculated from the solutions, (x, y) for the following quadratic equation.

$$U(r^2 - R^2)\sin\theta - \Psi_0 r = 0$$
$$\therefore r = \frac{\Psi_0 + \sqrt{\Psi_0^2 + 4U^2 R^2 \sin^2\theta}}{2U\sin\theta} \tag{A}$$
$$x = r\cos\theta, \quad y = r\sin\theta$$

A streamline will be obtained for $0 \leq \theta \leq \pi$, and the counterpart for $\pi \leq \theta \leq 2\pi$. Fig 10.16 shows streamline around a cylinder.

****

达朗贝尔悖论 (d'Alembert's paradox)

从图 10.16 可以看出,圆柱绕流对 y 对称是对称的,沿着圆柱表面一周压力的积分值为 0。因此,势流中的圆柱不受力,这个结论称为达朗贝尔悖论。这个悖论不仅仅是针对圆柱,对一般形状的物体也成立,因为均匀势流中放置的物体上不受流体引起的阻力作用。

【例题 10.3】 ********************
试求旋转圆柱周围流动的速度势、流函数及速度 (u,v)。

【解】 将自由涡的复势和式 (10.56) 相叠加,可得到旋转圆柱周围流动的复势 W

$$W = U\left(z + \frac{R^2}{z}\right) + \frac{i\Gamma}{2\pi}\ln z \tag{B}$$

由复势实部和虚部可以求得速度势 Φ 和流函数 Ψ。

$$W = \Phi + i\Psi = U\left(r + \frac{R^2}{r}\right)\cos\theta - \frac{\Gamma}{2\pi}\theta + i\left\{U\left(r - \frac{R^2}{r}\right)\sin\theta + \frac{\Gamma}{2\pi}\ln r\right\}$$
$$\therefore \Phi = U\left(r + \frac{R^2}{r}\right)\cos\theta - \frac{\Gamma}{2\pi}\theta, \quad \Psi = U\left(r - \frac{R^2}{r}\right)\sin\theta + \frac{\Gamma}{2\pi}\ln r \tag{C}$$

另外,利用下式可以求得速度

$$\frac{dW}{dz} = U\left(1 - \frac{R^2}{z^2}\right) + \frac{i\Gamma}{2\pi}\frac{1}{z}$$
$$= U - \frac{UR^2}{r^2}(\cos 2\theta - i\sin 2\theta) + \frac{i\Gamma}{2\pi r}(\cos\theta - i\sin\theta) \tag{D}$$
$$= u - iv$$
$$\therefore u = U - \frac{UR^2}{r^2}\cos 2\theta + \frac{\Gamma}{2\pi r}\sin\theta, \quad v = -\frac{UR^2}{r^2}\sin 2\theta - \frac{\Gamma}{2\pi r}\cos\theta \tag{E}$$

10.6 圆柱绕流

特别是在圆柱表面上的速度,将 $r=R$ 代入时,可得到

$$u_{r=R}=\left(2U\sin\theta+\frac{\Gamma}{2\pi R}\right)\sin\theta, \quad v_{r=R}=-\left(2U\sin\theta+\frac{\Gamma}{2\pi R}\right)\cos\theta \quad (F)$$

由上式可以得出在圆柱表面上,圆周方向的速度为

$$V=2U\sin\theta+\frac{\Gamma}{2\pi R} \tag{G}$$

图 10.17 中给出了旋转圆柱绕流的情形。

****

【Example 10.4】 **********************

Potential flows around a corner has a complex velocity potential

$$W=Az^n, \tag{H}$$

where, A is a constant. When $n=2$, the potential function shows a flow around a 90° corner. Find a velocity potential and stream function.

【Solution】 From Eq. (H) with $z=re^{i\theta}$, the real part and imaginary part of W are expressed as

$$\begin{aligned}W&=Az^n\\&=A(r^n\cos n\theta+ir^n\sin n\theta)\\&=\Phi+i\Psi\end{aligned}$$

then

$$\begin{aligned}\Phi&=Ar^n\cos n\theta,\\ \Psi&=Ar^n\sin n\theta.\end{aligned} \tag{I}$$

And,

$$\begin{aligned}\frac{dW}{dz}&=Anz^{n-1}\\&=Anr^{n-1}\cos(n-1)\theta+iAnr^{n-1}\sin(n-1)\theta\\&=u-iv\end{aligned}$$

$$\begin{aligned}u&=Anr^{n-1}\cos(n-1)\theta,\\ v&=-Anr^{n-1}\sin(n-1)\theta.\end{aligned} \tag{J}$$

When $n=2$, Φ and Ψ are

$$\Phi=Ar^2\cos2\theta \text{ and } \Psi=Ar^2\sin2\theta, \tag{K}$$

Then, velocity u and v are

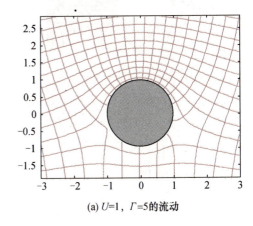

(a) $U=1$,$\Gamma=5$ 的流动

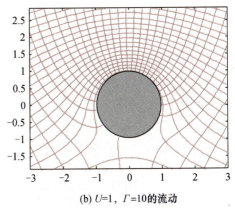

(b) $U=1$,$\Gamma=10$ 的流动

图 10.17 旋转圆柱绕流

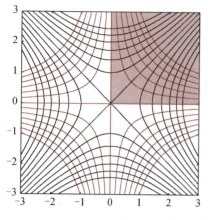

Fig 10.18 $W=z^2$

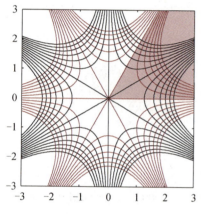

Fig 10.19 $W=z^3$

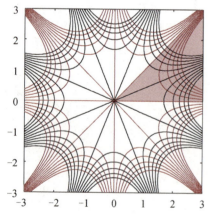

Fig 10.20 $W=z^4$

$$\frac{dW}{dz}=2Az$$

$$u=2Ax, v=-2Ay. \qquad (L)$$

Contour lines of Φ and Ψ are plotted for $A=1$ in Fig 10.18. Φ and Ψ are expressed with black and blue lines, respectively. Streamline $\Psi=0$ at $\theta=0, 1/2\pi, \pi, 3/2\pi$ corresponds to walls. As shown in this figure, since the flow velocity is expressed with Eq. (L), the flow is slow near origin and fast in far region. At the origin, since $u=v=0$ from Eq. (L), the condition seems to be a stagnation point. It is noted that any of streamlines may be taken as fixed boundaries in the figure.

Velocity potential and stream function for $n=3$ and 4 are also demonstrated in Fig 10.19 and Fig 10.20.

****

10.7 儒科夫斯基变换 (Joukowski's transformation)

z 平面上定义的调和函数 h，经过复数 $\zeta=f(z)$ 的映射变换后仍然是调和函数，反之亦然。这里利用映射变换的这种性质，给出极为有用的流动分析例子，其中之一是**儒科夫斯基变换**(Joukowski's transformation)

$$z=\zeta+\frac{a^2}{\zeta} \qquad (10.57)$$

其中，a 是 ξ 轴与圆的交点坐标（实数）。下面给出该变换所表示的图形。首先，考虑 ζ 平面上半径为 a 的圆 $\zeta=ae^{i\theta}$，将其代入上式可以得到

$$x=2a\cos\theta, \quad y=\pm 0 \qquad (10.58)$$

也就是，在 z 平面上为一长度为 $4a$ 的平板。因为圆柱绕流在复平面上容易求解，所以在 ζ 平面上圆柱周围的流动，将其向 z 平面上进行映射，可变换为 z 平面上的平板绕流。

移动 $\zeta(=\xi+i\eta)$ 平面上圆的圆心位置，将圆的圆心坐标设定为 (ξ_0, η_0)。如图 10.21 给出的圆的圆心为 $(\xi_0, \eta_0)=(0, 0.1)$ 时，z 平面和 ζ 平面之间的映射变换。利用儒科夫斯基变换，ζ 平面上圆心上移 η_0 的圆，在 z 平面上其映射为向上弯曲的平板。

下面给出 $(\xi_0, \eta_0)=(-0.1, 0.1)$ 时儒科夫斯基的变换情形。如图 10.22 所示，在 ζ 平面上 $(\xi_0, \eta_0)=(-0.1, 0.1)$ 的圆，在 z 平面上的变换为翼型。这样的翼型称为儒科夫斯基翼型。圆的上半部分变换为翼型的上半部分，圆的下半部分变换为翼型的下半部分。绕翼型的流动，可以根据图 10.22(a)中绕圆柱的势流，通过式(10.57)的映射变换求得。图 10.23 给出了多种 (ξ_0, η_0) 组合的儒科夫斯基翼型。ξ_0 的变化决定翼型的厚度，η_0 决定翼型的弯曲程度（参照图

7.7)。儒科夫斯基翼型是最基本的翼型，实际使用的翼型是修正过的儒科夫斯基翼型。

【Example 10.5】 ********************

Draw the streamlines of potential flow around a Joukowski's airfoil.

【Solution】 The potential flow around a Joukowski's airfoil can be given by the transformation Eq. (10.57). In the practical computation, the following procedure is useful for the drawing.

① Obtain a potential flow around a cylinder whose center is on the origin in ζ'-plane. Streamlines of potential flow around a cylinder can be obtained as shown in Example 10.2.

② Transform the ζ'-plane into ζ-plane by
$\zeta = \zeta' + \zeta_0, \zeta_0 = (\xi_0, \eta_0)$.

③ Transform the ζ-plane into z-plane with Eq. (10.57). The practical forms of the transformation of Eq. (10.57) are

$$z = \zeta + \frac{a^2}{\zeta} = (\xi + i\eta) + \frac{a^2}{\xi + i\eta}$$

$$x = \left(1 + \frac{a^2}{\xi^2 + \eta^2}\right)\xi, \quad y = \left(1 - \frac{a^2}{\xi^2 + \eta^2}\right)\eta$$

A sample is demonstrated in Fig 10.24, where $(\xi_0, \eta_0) = (-0.1, 0.1)$. In this case U and R in Eq. (10.56) are unity.

****

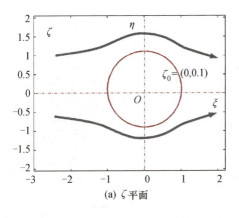
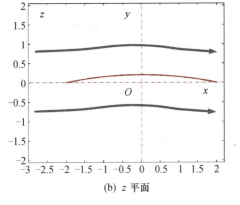

图 10.21 $(\xi_0, \eta_0) = (0, 0.1)$ 的情况

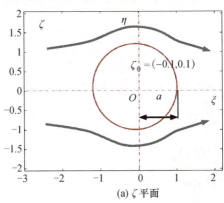
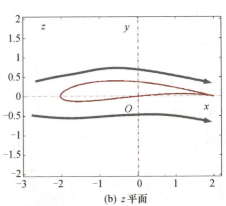

图 10.22 $(\xi_0, \eta_0) = (-0.1, 0.1)$ 的情况

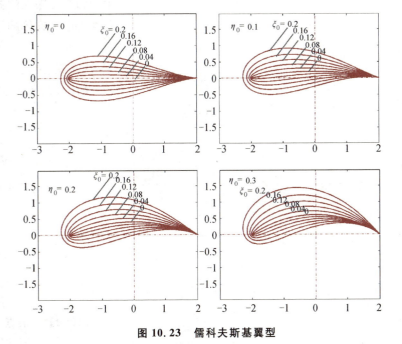

图 10.23 儒科夫斯基翼型

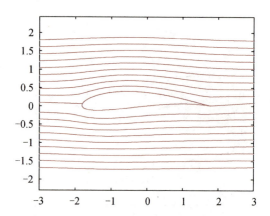

Fig 10.24 Potential flow around a Joukowski's wing, where $(\xi_0, \eta_0)=(-0.1, 0.1)$

(Example 10.5)

===== 习 题 =====================

【10.1】 The two-dimensional stream function for a flow is $\Psi = 1+x-y+xy$. Find the velocity potential.

【10.2】 考虑 $u=ax+by, v=cx+dy$ 所表示的流动。试计算该流动为不可压缩、无旋流动时的 a、b、c、d 应满足的条件。并且，计算此时的速度势和流函数。

【10.3】 Find the pressure distribution around the cylinder surface in a potential flow. The density of fluid is ρ.

【10.4】 在 $(0, ia)$ 和 $(0, -ia)$ 处分别放置有顺时针和逆时针旋转环量为 Γ 和 $-\Gamma$ 的点涡，当 2 个涡无限接近时，所形成的流动为偶极子流动，试求该偶极子描述的流动。

【10.5】 Show that the complex potential of stagnation flow is $W = Az^2$ (as shown in Fig 10.24).

【10.6】 Show that the complex potential of flow around a flat plate is $W = Az^{\frac{1}{2}}$.

【10.7】 均匀流中，在原点处放置流量为 Q 的源，这时流动所表示的为半无限大的钝体绕流，计算该半无限大钝体绕流的驻点坐标以及半无限大钝体的形状。

【答案】

【10.1】 Calculating with Cauchy-Riemann equations,

$$\frac{\partial \Psi}{\partial y} = -1+x = \frac{\partial \Phi}{\partial x}$$

$$\Phi = -x + \frac{1}{2}x^2 + f(y)$$

Alternatively, we can get the following relation.

$$-\frac{\partial \Psi}{\partial x} = -1-y = \frac{\partial \Phi}{\partial y}$$

$$\Phi = -y - \frac{1}{2}y^2 + g(x)$$

因此 $\Phi = -x - y + \frac{1}{2}x^2 - \frac{1}{2}y^2 + \text{const.}$

【10.2】 根据不可压缩流的连续条件

$$\frac{\partial u}{\partial x} + \frac{\partial v}{\partial y} = a + d = 0$$

因此 $a = -d$

根据无旋条件，则有

$$\frac{\partial v}{\partial x} - \frac{\partial u}{\partial y} = c - b = 0$$

所以 $b = c$

下面计算速度势

根据 $u = \frac{\partial \Phi}{\partial x} = ax + by$,可得 $\Phi = \frac{1}{2}ax^2 + byx + f_1(y)$

根据 $v = \frac{\partial \Phi}{\partial y} = cx + dy$,可得 $\Phi = cxy + \frac{1}{2}dy^2 + g_1(x)$

因此 $\Phi = \frac{1}{2}a(x^2 - y^2) + bxy + \text{const.}$

另外,利用柯西-黎曼条件可计算得到流函数。

根据 $\frac{\partial \Psi}{\partial y} = \frac{\partial \Phi}{\partial x} = ax + by$,可得 $\Psi = axy + \frac{1}{2}by^2 + f_2(x)$

根据 $\frac{\partial \Psi}{\partial x} = -\frac{\partial \Phi}{\partial y} = -cx - dy$,可得 $\Psi = -\frac{1}{2}bx^2 - dxy + g_2(y)$

因此 $\Psi = axy + \frac{1}{2}b(y^2 - x^2) + \text{const.}$

【10.3】 From the Bernoulli's equation,

$$p + \frac{1}{2}\rho u^2 = p_0 + \frac{1}{2}\rho U^2.$$

The velocity on the cylinder surface is expressed as a function of θ, which is the polar angle in the cylindrical coordinate.

$u = 2U\sin\theta$

$$p - p_0 = \frac{1}{2}\rho U^2 - \frac{1}{2}\rho u^2 = \frac{1}{2}\rho U^2 \left(1 - \frac{u^2}{U^2}\right)$$

$$= \frac{1}{2}\rho U^2 (1 - 4\sin^2\theta)$$

【10.4】 在 $z_0 = ia$, $z_0 = -ia$ 处的点涡的环量大小分别为 Γ 和 $-\Gamma$,所以复势为

$$W = -i\frac{\Gamma}{2\pi}(\ln(z - ia) - \ln(z + ia))$$

和式(10.51)相同,将上式右边项对 $\frac{a}{z}$ 展开

$$W = -i\frac{\Gamma}{2\pi}\{\ln(z - ia) - \ln(z + ia)\}$$

$$= i\frac{\Gamma}{2\pi}\left[\left\{i\frac{a}{z} + \frac{1}{2}\left(\frac{a}{z}\right)^2 - i\frac{1}{3}\left(\frac{a}{z}\right)^3 + \cdots\right\} - \left\{-i\frac{a}{z} + \frac{1}{2}\left(\frac{a}{z}\right)^2 + i\frac{1}{3}\left(\frac{a}{z}\right)^3 + \cdots\right\}\right]$$

$$= i\frac{\Gamma}{2\pi}\left\{2i\frac{a}{z} - 2i\frac{1}{3}\left(\frac{a}{z}\right)^3 + \cdots\right\}$$

$$= -\frac{2\Gamma a}{2\pi z}\left\{1 - \frac{1}{3}\left(\frac{a}{z}\right)^2 + \cdots\right\}$$

当 $a \to 0$ 时,$\Gamma a \to$ 有限定值,并且 $\left|\frac{a}{z}\right| \leqslant 1$,令 $-2\Gamma a = \mu$,则有

$$W=\frac{\mu}{2\pi}\frac{1}{z}$$

得到和式(10.53)同样的结果。

【10.5】 (Omitted)

【10.6】 (Omitted)

【10.7】 取均匀流速度为 U，则复势表达式为

$$W=Uz+\frac{Q}{2\pi}\ln z$$

由 $z=re^{i\theta}$ 可知，速度和流函数分别为

$$u-iv=\frac{dW}{dz}=U+\frac{Q}{2\pi}\frac{1}{z}$$

$$\Psi=Ur\sin\theta+\frac{Q}{2\pi}\theta$$

因此，驻点的位置位于实轴上，其坐标为 $r=Q/2\pi U$，$\theta=\pi$。将驻点坐标值代入上式，得到 $\Psi=Q/2$。因此，半无限体的形状为

$$Ur\sin\theta=\frac{Q}{2\pi}(\pi-\theta)$$

记 $\varphi=\pi-\theta$，代入上式，得到

$$r=\frac{Q\varphi}{2\pi U\sin\varphi}$$

研究皮托管的绕流时，可以以上述势流为基础进行分析考察。

第 11 章

可压缩流体的流动

（Compressible Flow）

11.1 根据马赫数的流动分类（flow regimes with Mach number）

在低速流动或液体等不可压缩流体的流动中，决定流动的物理量是速度和压力。在这样的流动中，压力的变化将瞬间传遍整个流场，但是对于可压缩流体，流场中某处产生的变动，将会以波的形式在流场中传播。在变动小的情况下以声波，在变化大的情况下以激波传播。下面首先讨论**可压缩流动**（compressible flow）的分类。

流体速度 u 与声速 a 之比是一个重要的无量纲数，称为**马赫数**（Mach number）。马赫数的定义为

$$M = \frac{u}{a} \tag{11.1}$$

另外，马赫数是由 J. Ackeret 以这研究领域的开创者 Ernst Mach 的名字命名的。

对流动中存在扰动源时波的传播进行描述。图 11.1(a) 给出的是在静止气体中声波的传播状态，声波从扰动源开始以同心圆的形状向四周传播。下面考虑周围的气体开始向右运动时的情形，当周围的气体以一定的速度运动时，因声波对传播介质来说是做相对运动，声波的圆心向下游方向流动。如图 11.1(c) 所示，当流动速度达到声速时，将在离扰动源的一定位置处形成垂直于声波的包络线，这时声音将不会向扰动源的上游传播。更进一步，当气流速度增加，超过声速值时，包络线将倾斜成为圆锥状，如图 11.1(d) 所示，这时的包络线称为**马赫波**（Mach wave），具有比声波稍强的不连续性。马赫波与主流之间的夹角称为**马赫角**（Mach angle），根据几何关系可由下式计算

$$\sin\alpha = \frac{a}{u} = \frac{1}{M}, \quad \alpha = \sin^{-1}\frac{1}{M} \tag{11.2}$$

下面考察上述图例中给出的声波的圆线和包络线的物理意义。如图 11.1 所示，实线表示声波的峰值。声波从声源以一定的频率发射后，经过声源的点划线上的声波波形为：$u=0$ 时，是一波长为常数的正弦波；$u<a$ 时，声源上游侧波长变短，下游侧波长变长；$u=a$ 时，在包络线上，波峰与波谷重合，在下游侧则是具有长波长的正弦波；$u>a$ 时，向上游行进的波与向下游侧行进的波重合叠加为复杂的波形。对于以与运动气

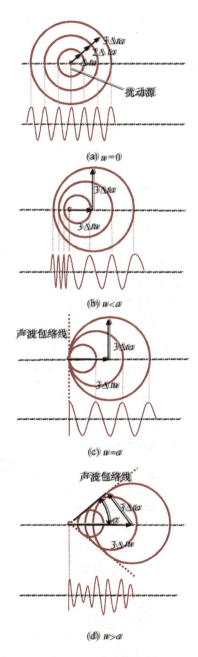

图 11.1 声音的传播

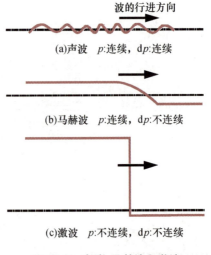

图 11.2 声波、马赫波和激波

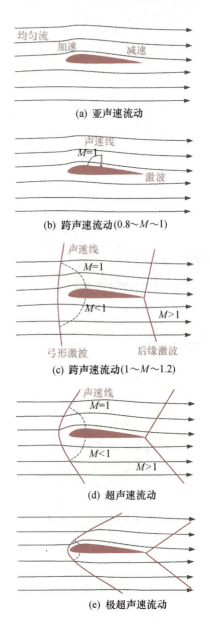

图 11.3 流动分类

体相同速度移动的观察者来说，$u<a$ 时，观察者在靠近声源时听到高频声音，在远离声源时听到低频声音。当气流速度达到声速时，观测者即使到了声源处也听不到声音；到达包络线时，能听到不连续的声音；经过声源后立即听到不连续的声音。$u>a$ 时，到达包络线时同样能听到不连续的声音，过了包络线能听到频率不定的呼啸声。在上述说明中，首先对声波、马赫波与激波的分类进行了讨论。后面会进行说明，马赫波与声波不同，是弱不连续波。

如上所述，当超声速流动流向稍有倾斜的壁面时就被压缩，从角上开始形成马赫波。若在下游连续有倾斜的壁面，则在该壁面的角上也会形成马赫波。两个马赫波若叠加，会形成更强烈的不连续波，这就是激波。现在，用数学公式简单地描述这些物理概念。假定因声波产生的压力升为 dp，如图 11.2 所示，声波的波形（压力 p 的波形）不但处处连续，而且其导数也连续。倾斜壁面角上产生的马赫波，虽然在波线上压力 p 是连续的，但 dp 是不连续的。即：压力 p 的导数在以马赫线为边界的线上不连续。激波的不连续性比马赫波还剧烈，其压力 p 本身就不连续。

可压缩流动，因马赫数的不同而具有如下特征：

1. 亚声速流动 (subsonic flow)

如图 11.3(a) 所示，作为翼型绕流的一个例子，整个流场中的流速均比声速低。也就是，主流的马赫数 $M_\infty<1$（M_∞ 是离翼型足够远处的均匀来流速度与声速之比），该流动被称作亚声速流动。虽然在翼型周围的流线会被弯曲而加速，但若 M_∞ 远小于 1，翼面附近的流动仍将是亚声速流动。

2. 跨声速流动 (transonic flow)

主流马赫数 M_∞ 约为 0.8 时，如图 11.3(b) 所示，翼面附近流动被加速，其速度将有可能超过声速。流经翼型的流动，因此变成亚声速流动。一般情况下，如图所示，流动在从超声速减速变为亚声速的区域中将形成激波，这种流动就称为跨声速流动。当 M_∞ 增大，接近 1 时，超声速的区域将随之增大，产生激波的范围也随着扩大。

当 M_∞ 比 1 稍大时，在图 11.3(b) 中形成的激波将从翼型表面上脱落，会在翼型前方形成如图 11.3(c) 所示的流动形状，该激波称为**弓形激波**（bow shock）。虽然弓形激波后的流动在很大区域范围内均是亚声速流动，但随后会被加速为超声速流动。翼型上表面的流动与下表面的流动在机翼尾缘处合流后会再次形成激波，大致在 $M_\infty<1.2$ 范围内形成上述流动。如上所述在 $0.8<M_\infty<1.2$ 范围内，亚声速流动与超声速流动会混合存在，这种流动被称作跨声速流动。

3. 超声速流动(supersonic flow)

$M_\infty > 1$ 的流动称为超声速流动(图 11.3(d))。翼型绕流的流型与图 11.3(c)相同。在超声速流动中,激波上游的流动将不受翼型的影响,流动的流线不会弯曲而是成直线形状。流线在通过激波时其角度会产生不连续的变化。随着 M_∞ 增大,弓形激波与流线间的夹角会越来越小。

4. 极超声速流动(hypersonic flow)

流经激波的流动会被加热。通常,M_∞ 在 5 以上时,气体的温度会非常高,并且伴随电解、分离及等离子化等现象。上述现象发生后的气体是不满足通常的气体状态方程的,必须采取特殊的处理方式。因此,$M_\infty > 5$ 的流动就称为极超声速流动。

11.2 可压缩流动的基本方程式 (fundamental equations for compressible flow)

11.2.1 热力学关系式 (thermodynamic equations)

1. 状态方程式(equation of state)

一般来说,在通常的压力和温度下,单位体积气体所含的物质的量 $N[\text{kmol/m}^3]$ 与压力 $p[\text{Pa}]$ 成正比,与温度 $T[\text{K}]$ 成反比

$$p = N\Re T \tag{11.3}$$

其中,$\Re$ 被称为**普适气体常数**(universal gas constant),$\Re = 8\,314.3$ J/(kmol·K)。当用质量代替物质的量时,可以得到如下关系式

$$p = N\Re T = \frac{\rho}{W}\Re T = \rho\frac{\Re}{W}T = \rho RT \tag{11.4}$$

这里,W 为分子量[kg/kmol],ρ 为密度[kg/m³]。R 是气体的固有**气体常数**(gas constant),单位为 J/(kg·K)。式(11.4)称为**状态方程式**(equation of state)。满足该方程式的气体称为**理想气体**(ideal gas)。表 11.1 给出了几种气体的物性参数,在表中给出的气体常数大约等于普适气体常数除以分子量,读者可以试算。

2. 等温变化与等熵变化 (isothermal process and isentropic process)

如图 11.4 所示,考虑沿一条流线的流管中的流动。当流体沿流动方向发生变化时,随着流动状态的不同会产生各种不同的变化。一般来说,气体密度 ρ 与压力 $p = c\rho^n$ 之间的关系可用如下的**多变过程**(polytropic process)方程式来表示

$$p = c\rho^n \tag{11.5}$$

上式中,n 是多变指数,c 为常数。若以多变过程方程式来描述气体状态变化,则等温过程(isothermal process)$n = 1$,等压过程(isobaric

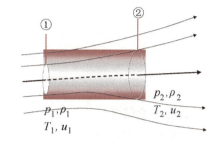

图 11.4 流动与流管

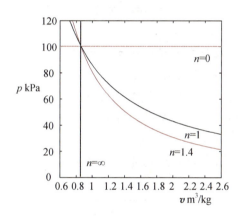

图 11.5 气体变化

表 11.1 气体的物性参数

气体	气体常数 R /(J/kgK)	比热比 κ	声速 a /(m/s)
He	2 077	1.667	1 007
Ar	208.1	1.670	319
H_2	4 124	1.406	1 304
N_2	296.7	1.404	349
O_2	259.8	1.397	326
Air	287.1	1.402	343
CO_2	188.9	1.304	261
CH_4	518.25	1.31	432

process)$n=0$,等容过程(isochoric process) $n=\infty$(图11.5)。在考虑流动变化时最重要的是,如图中所示,从状态 p_1、ρ_1、T_1 向状态 p_2、ρ_2、T_2 变化时,彼此相邻的流管之间没有热交换,即绝热状态,且状态变化过程可被看作是可逆的。在此条件下,流体的状态在变化过程熵不变。在等熵过程(isentropic process)中,$n=\kappa$,κ 为**等压比热**(specific heat at constant pressure)与**等容比热**(specific heat at constant volume)的比值,称为**比热比**(specific-heat ratio)。等压比热、等容比热及比热比的定义如下所示

定压比热
$$c_p = \left(\frac{\partial q}{\partial T}\right)_p = \left(\frac{\partial h}{\partial T}\right)_p \quad (\mathrm{J/(kg \cdot K)}) \tag{11.6a}$$

定容比热
$$c_v = \left(\frac{\partial q}{\partial T}\right)_v = \left(\frac{\partial e}{\partial T}\right)_v \quad (\mathrm{J/(kg \cdot K)}) \tag{11.6b}$$

比热比
$$\kappa = \frac{c_p}{c_v} \tag{11.6c}$$

其中,q 为单位质量气体的热量,h 为比焓(单位质量的焓),e 为比内能(单位质量气体的内能)。一般来说,等压比热、等容比热均是温度的函数,但通常在我们考虑的范围内,可以认为该值是不随温度变化的常数。因此

$$h = c_p T \tag{11.7a}$$
$$e = c_v T \tag{11.7b}$$

像这样 c_p、c_v 不随温度变化而变化的气体称为**完全气体**(perfect gas)。完全气体的平动动能和旋转动能的自由度若用 f 表示,根据热力学理论,则有

$$e = \frac{f}{2}RT \tag{11.7c}$$

根据上式,以及 $h = e + \dfrac{p}{\rho} = e + RT$ 关系,可得

$$h = \frac{f+2}{2}RT \tag{11.7d}$$

因此

$$\kappa = \frac{f+2}{f} \tag{11.7e}$$

另外,由 $h = e + RT$,可容易得到 $c_p = c_v + R$,由该式与式(11.6)的定义,可推导出下述关系式

$$c_p = \frac{\kappa}{\kappa-1}R, \quad c_p = \frac{1}{\kappa-1}R \tag{11.8}$$

理想气体与完全气体

$p = \rho RT \quad \Leftrightarrow \quad$ 理想气体

$p = \rho RT$
$+ \quad \Leftrightarrow \quad$ 完全气体
$\kappa = $ 常数

满足状态方程的气体称为理想气体,否则称为真实气体。另外,等压比热、等容比热一般随温度变化而变化。若其不随温度而改变,大致为常数(即比热比为常数)时,就其称为完全气体。

气体的比热比

从式(11.7e)可知,对完全气体,根据气体分子结构可确定比热比。因单原子分子所含能量只包括平动动能,则 $f=3$,因而 $\kappa = 5/3 = 1.67$。若考虑转动动能,双原子分子 $f=5$,则 $\kappa = 7/5 = 1.4$;同样,对含3原子以上的分子,$f=6$,则 $\kappa = 8/6 = 1.33$。还有,随着自由度的增加,可知 κ 值逐渐逼近1。有关自由度与比热比的关系可参考表11.1进行比较。

11.2.2 声速 (sound velocity)

如图 11.6(a) 所示,在断面面积为常数的管段中充满了压力为 p、密度为 ρ、温度为 T 的静止流体,考虑活塞以极小速度 du 沿 x 正方向移动时的情况。由于活塞的运动,使得活塞右侧的流体以 du 的速度被压缩,压力、密度、温度会微微地增加。压力、密度及温度的这种微小变化称为波动,波动变成声波以有限速度 a 沿 x 的正方向传播。为研究声波引起的变化,必须建立与声波一起移动的参考坐标系。图 11.6(b) 是在相对坐标系上看到的流动状态,图 11.1(a) 中所示的流动状态,加上 $-a$ 的相对速度,即可转化为相对坐标系。根据此变换,流场转换为定常。气体从右侧以 $-a$ 的速度流入波面,以 $-a+du$ 的速度流出波面。向波面流入的右侧流体的压力、密度和温度分别记为 p、ρ、T,而流出波面流体的压力、密度和温度分别为 $p+dp$、$\rho+d\rho$、$T+dT$。波面前后的连续条件可表示如下:

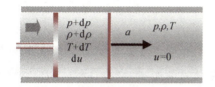

(a) 静止坐标系

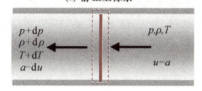

(b) 相对坐标系

图 11.6 声波的传播

$$\rho a A=(\rho+d\rho)(a-du)A \tag{11.9}$$

整理此式,可得

$$\frac{d\rho}{\rho}=\frac{du}{a} \tag{11.10}$$

同时,动量守恒可表示为

$$A[(p+dp)-p]=\rho a A[a-(a-du)] \tag{11.11}$$

整理此式并忽略二阶微小量,可得

$$dp=\rho a\, du \tag{11.12}$$

由式(11.10)与式(11.12)可知

$$\left(\frac{dp}{d\rho}\right)_s=a^2 \tag{11.13}$$

扰动的传播速度如图 11.7 所示。

因为声波的变动可看作是等熵过程,若将等熵关系式 $p/\rho^\kappa=$ 常数代替上式中的 $dp/d\rho$,可得到如下关系式

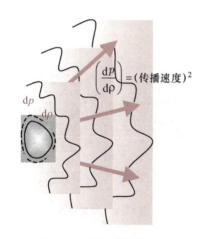

图 11.7 扰动的传播速度

$$a=\sqrt{\left(\frac{dp}{d\rho}\right)_s}=\sqrt{\frac{\kappa p}{\rho}}=\sqrt{\kappa RT} \tag{11.14}$$

根据上式,可知声速只是温度的函数。表 11.2 中给出了不同物质中的声速值。

表 11.2 不同物质中的声速

液体	声速(20℃) a/(m/s)	固体	声速(纵向波) a/(m/s)
H₂O	1483	铝	6420
C₆H₆(苯)	1324	铁	5950
CCl₄	935	金	3240
Hg	1451	铍	12890

【例题 11.1】 *******************

超声速喷气式飞机,在温度为 280 K、压力为 0.4 个大气压的上空中飞行时,能观测到飞机前缘发生马赫波,该马赫波与行进方向的夹角为 50°,计算此时喷气式飞机的飞行速度。

【解】 喷气式飞机飞行时周围气体的声速为

$$a=\sqrt{\kappa RT}=\sqrt{1.4\times 287.2\times 280}=335\ (\text{m/s})$$

另外,由马赫角与马赫数的关系式,可得到喷气式飞机的马赫数为

$$M=1/\sin 50°=1.31$$

因此,喷气式飞机的飞行速度为

$$u=Ma=1.31\times 335=439\ (\text{m/s})$$

****

> 当气体随着流动变化时,在求解中常使用条件 $a=\sqrt{\kappa p/\rho}=\sqrt{\kappa RT}$,这等价于使用等熵条件。其理由是,若在 $\dfrac{\text{d}p}{\text{d}\rho}$ 中使用等熵过程关系式 $p/\rho^\kappa=\text{const.}$,即得到 $a=\sqrt{\kappa p/\rho}$。
>
> 因 $\text{d}p/\text{d}\rho=a^2$ 总是成立的,应注意的是这与利用等熵变化求解 $\dfrac{\text{d}p}{\text{d}\rho}$ 是不同的。

11.2.3 连续方程 (continuity equation)

相对于在主流方向上的变化,若流体速度及热力学的各参数在垂直于流动方向的变化可忽略不计,则只需分析主流方向的变化就足够了,这样的流动称为准一维流动。在此,以准一维流动为例推导可压缩流动的基本方程式。

如图 11.8 所示,考虑流道截面积缓慢变化的准一维管内流动。假定截面面积为 A,流速为 u,密度为 ρ,则单位时间通过该截面的质量流量为 ρuA。如图所示,对长度为 $\text{d}x$ 的控制体微元,从该控制体右侧截面流出的质量流量为

$$\rho uA+\frac{\partial(\rho uA)}{\partial x}\text{d}x \tag{11.15}$$

控制体微元内的流体质量可表示为 $\rho A\text{d}x$,控制体微元内的质量随时间的变化等于流出与流入该控制体微元的流体质量的差,所以

$$\frac{\partial(\rho A)}{\partial t}\text{d}x=\rho uA-\left(\rho uA+\frac{\partial(\rho uA)}{\partial x}\text{d}x\right) \tag{11.16}$$

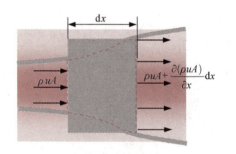

图 11.8 质量守恒

整理上式,可得

$$\frac{\partial(\rho A)}{\partial t}+\frac{\partial(\rho uA)}{\partial x}=0 \quad (\text{准一维,非定常流}) \tag{11.17}$$

若为定常流动,则方程左边第一项可消去,可得

$$\dot{m}=\rho uA=\text{常数}\ (\text{kg/s})\quad(\text{准一维,定常}) \tag{11.18}$$

11.2.4 运动方程 (equation of motion)

对图 11.9 中所示的控制体 ABCD 应用牛顿第二定律,可得

$$m\frac{Du}{Dt}=\sum F \tag{11.19}$$

上式中,$\dfrac{Du}{Dt}$ 称为物质导数 (substantial or material derivative),表示流

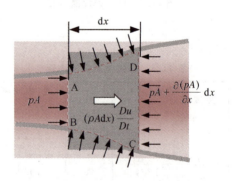

$[\text{流体质量}]\times\begin{bmatrix}\text{流体自身}\\\text{的加速度}\end{bmatrix}=\sum\begin{bmatrix}\text{作用在物}\\\text{体上的力}\end{bmatrix}$

图 11.9 运动方程式

体质点本身的加速度(参照 2.1.2 节)。若在固定的坐标系上看,质点运动可表示为

$$\frac{Du}{Dt} = \frac{\partial u}{\partial t} + u\frac{\partial u}{\partial x} \tag{11.20}$$

左边第 1 项表示 x 位置处流体的速度随时间的变化,第 2 项表示由于流场中存在速度梯度而产生的加速度,称为对流项。若断面 AB(x 位置)处的速度为 u、压强为 p,则由压强可得到作用在该断面上压力值为 PA,由压力引起的作用在断面 CD($x+\mathrm{d}x$ 的位置)处的力可表示为

$$pA + \frac{\partial(pA)}{\partial x}\mathrm{d}x$$

在控制体侧面沿 x 正方向的作用力为 $p\mathrm{d}A$。因此,式(11.19)可改写为

$$\rho A\mathrm{d}x\left(\frac{\partial u}{\partial t}+u\frac{\partial u}{\partial x}\right) = pA - \left(pA + \frac{\partial(pA)}{\partial x}\mathrm{d}x\right) + p\mathrm{d}A \tag{11.21}$$

忽略二阶小量,整理可得

$$\frac{\partial u}{\partial t} + u\frac{\partial u}{\partial x} = -\frac{1}{\rho}\frac{\partial p}{\partial x} \tag{11.22}$$

上式为无粘性流动的动量方程式,被称为**欧拉运动方程**(Euler's equation)。

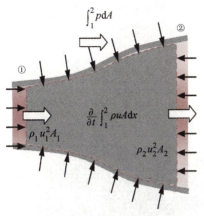

$$\begin{bmatrix}\text{控制体内动量}\\\text{随时间的变化}\end{bmatrix} = \begin{bmatrix}\text{单位时间内进出控}\\\text{制体的动量总和}\end{bmatrix} + \sum\begin{bmatrix}\text{作用在流}\\\text{体上的力}\end{bmatrix}$$

图 11.10　动量守恒

11.2.5　动量方程 (momentum equation)

如图 11.10 所示,对断面①与断面②之间的流体应用动量守恒定律。控制体内流体的动量随时间的变化率可表示为

$$\frac{\partial}{\partial t}\int_1^2 \rho uA\,\mathrm{d}x$$

另外,单位时间内流入流出控制体的动量总和为 $\rho_1 u_1^2 A_1 - \rho_2 u_2^2 A_2$。下面,考虑作用在控制体上的力,根据作用在断面①上的压力计算可得该断面上的力为 $p_1 A_1$,根据作用在断面②上的压力计算得到该面的力为 $-p_2 A_2$。还有根据作用在控制体侧面上的压力计算得到的力为

$$F_s = \int_1^2 p\cos\theta\,\mathrm{d}S = \int_1^2 p\,\mathrm{d}A$$

若忽略粘性和重力等引起的体积力,并且没有其他外力作用在控制体上,可得如下形式的动量方程式

$$\frac{\partial}{\partial t}\int_1^2 \rho uA\,\mathrm{d}x = \rho_1 u_1^2 A_1 - \rho_2 u_2^2 A_2 + p_1 A_1 - p_2 A_2 + \int_1^2 p\,\mathrm{d}A \tag{11.23}$$

11.2.6 能量方程 (energy equation)

采用与推导动量守恒方程式相同的方法,对同一控制体,应用能量守恒定律(图 11.11)。令单位质量的内能为 e,则流体所拥有的总能量为

$$e + \frac{1}{2}u^2$$

因此,控制体内总能量随时间的变化率为

$$\frac{\partial}{\partial t}\int_1^2 \rho A \left(e + \frac{1}{2}u^2\right) \mathrm{d}x$$

单位时间通过断面①与②处流入和流出的内能和动能为

$$\rho_1 u_1 A_1 \left(e_1 + \frac{1}{2}u_1^2\right) - \rho_2 u_2 A_2 \left(e_2 + \frac{1}{2}u_2^2\right)$$

另外,对控制体内的流体,断面①上作用的压力会对其做功。因流体移动速度为 u_1,单位时间压力所做的功可表示为 $p_1 A_1 \times u_1$。同样地,断面②上的压力对控制体外部的流体所做的功为 $p_2 A_2 \times u_2$。最后,若考虑单位时间从外部传递给控制体内单位质量流体的热量为 $\dot{Q}$,则传递到控制体内的热量总和为

$$\int_1^2 \rho A \dot{Q} \mathrm{d}x$$

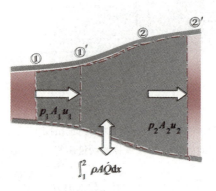

$$\begin{bmatrix}\text{控制体内能量}\\\text{随时间的变化率}\end{bmatrix} = \begin{bmatrix}\text{单位时间内流入流出}\\\text{控制体的能量总和}\end{bmatrix}$$
$$+ [\text{外力所做功}] + [\text{由外界输入的热量}]$$

图 11.11 能量守恒

由上述分析,可得如下的能量守恒方程式(图 11.11)

$$\begin{aligned}&\frac{\partial}{\partial t}\int_1^2 \rho A \left(e + \frac{1}{2}u^2\right) \mathrm{d}x \\ &= \rho_1 u_1 A_1 \left(e_1 + \frac{1}{2}u_1^2\right) - \rho_2 u_2 A_2 \left(e_2 + \frac{1}{2}u_2^2\right) + p_1 A_1 u_1 - p_2 A_2 u_2 \\ &\quad + \int_1^2 \rho A \dot{Q} \mathrm{d}x \\ &= \rho_1 u_1 A_1 \left(e_1 + \frac{p_1}{\rho_1} + \frac{1}{2}u_1^2\right) - \rho_2 u_2 A_2 \left(e_2 + \frac{p_2}{\rho_2} + \frac{1}{2}u_2^2\right) \\ &\quad + \int_1^2 \rho A \dot{Q} \mathrm{d}x \end{aligned} \qquad (11.24)$$

对定常流动,$\dot{Q}=0$,上式可简化为

$$\rho_1 u_1 A_1 \left(e_1 + \frac{p_1}{\rho_1} + \frac{1}{2}u_1^2\right) - \rho_2 u_2 A_2 \left(e_2 + \frac{p_2}{\rho_2} + \frac{1}{2}u_2^2\right) = 0 \qquad (11.25)$$

由连续方程式 $\rho_1 u_1 A_1 = \rho_2 u_2 A_2$,可得

$$e_1 + \frac{p_1}{\rho_1} + \frac{1}{2}u_1^2 = e_2 + \frac{p_2}{\rho_2} + \frac{1}{2}u_2^2 = \text{常数} \qquad (11.26)$$

因此,下式成立

$$e + \frac{p}{\rho} + \frac{1}{2}u^2 = h + \frac{1}{2}u^2 = h_0 = 常数 \tag{11.27}$$

上式中各项的单位是单位质量的能量单位。该方程沿任意流线均成立。在上式中,h 为单位质量的焓,h_0 称为单位质量的**总焓**(total entropy)。

11.2.7 流线与能量方程 (streamlines and energy equation)

以上节中的式(11.27)为基础分析流动变化。考虑在无粘绝热的定常流动中的物体绕流问题。沿着流线下面的公式成立

$$\begin{aligned}\frac{1}{2}u^2 + h &= \frac{1}{2}u^2 + c_p T \\ &= \frac{1}{2}u^2 + \frac{\kappa}{\kappa-1}RT \\ &= \frac{1}{2}u^2 + \frac{1}{\kappa-1}a^2 = h_0\end{aligned} \tag{11.28}$$

该式描述了流体运动时,流体的动能 $u^2/2$ 与热力学参数焓 h 之间的能量转换关系,但动能与焓之和保持不变。

根据绝热流动的能量方程式,可推导出不同状态下的气体声速和流速。

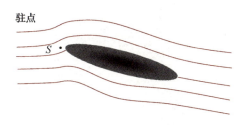

图 11.12 流线与能量

1. 驻点状态($u=0, M=0$)

放置在流场中的物体,若物体表面上某一点 S 处,其流速滞止为 0,会形成如图 11.12 的流动。沿着到达驻点的流线,流线上的任意点与驻点之间存在如下关系式

$$h + \frac{1}{2}u^2 = h_0 = c_p T_0 = \text{const.} \tag{11.29}$$

其中,T_0 是**驻点温度**(stagnation temperature),或称为**总温**(total temperature),是绝热流动中能够达到的最高温度。若该能量方程式两端同时除以 a,整理可得

$$\left(\frac{a_0}{a}\right)^2 = \frac{T_0}{T} = 1 + \frac{\kappa-1}{2}M^2 \tag{11.30}$$

在绝热状态下,上式沿着流线方向成立,它描述了流体温度与马赫数之间的关系。驻点的压力与密度分别用**驻点压力**(stagnation pressure)p_0 和**驻点密度**(stagnation density)ρ_0 表示。

2. 温度为 0 的状态($T=0, a=0, M \to \infty$)

流动的温度为 0 时,速度能够达到绝热流动状态下的最大速度。在式(11.28)中,代入 $a=0$ 的条件,可得到下面的公式

$$\frac{1}{2}u^2 + \frac{1}{\kappa-1}a^2 = \frac{1}{2}u_{\max}^2 = c_p T_0 \tag{11.31}$$

$$u_{\max}=\sqrt{2c_p T_0}=\sqrt{\frac{2\kappa}{\kappa-1}RT_0}=\sqrt{\frac{2}{\kappa-1}}a_0 \tag{11.32}$$

$u_{\max}$ 是气体的热能全部转换为动能时,流动能够达到的最大速度。

3. 临界状态($M=1,u=u^*=a^*$)

流体速度达到声速时的状态称为**临界状态**(critical state)。在临界状态下,$u=a$,为了明示其临界参数,添加上标 $*$ 表示。在临界状态,如下关系式成立:

$$\frac{1}{2}u^{*2}+\frac{1}{\kappa-1}a^{*2}=\left(\frac{1}{2}+\frac{1}{\kappa-1}\right)a^{*2}=\frac{1}{\kappa-1}a_0^2 \tag{11.33}$$

$$u^*=a^*=\sqrt{\frac{2}{\kappa+1}}a_0 \tag{11.34}$$

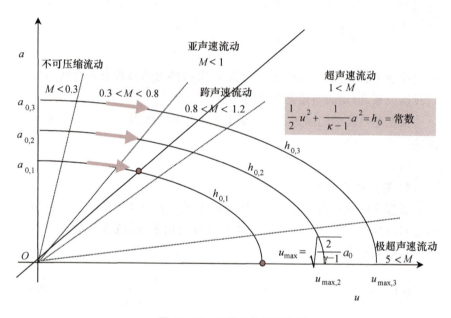

图 11.13 流线上的能量守恒

图 11.13 给出了流线上气体流速与声速之间的变化关系。在 u 和 a 为变量的平面上,式(11.28)为一椭圆方程。因为存在

$$u_{\max}=\sqrt{\frac{2}{\kappa-1}}a_0$$

的关系,若在 a 轴的截距为 a_0,则对空气 u 轴的截距 $u_{\max}=\sqrt{5}a_0$。$u=a$ 在 $M=1$ 线上,在该线左侧为亚声速区域,右侧为超声速区域。例如,考虑如图 11.14 所示的从容器内喷出的射流,可认为容器的容量足够大,且容器内气体静止。这时容器内的气体为滞止状态,气体沿图示中流线的缓慢膨胀、加速。气体的变化过程可描述为:在图 11.13 中从由滞止状态确定的 $a_{0,1}$ 出发沿椭圆线移动,根据容器的压力和温度,决定气体能达到的最高速度为 $u_{\max}$。对空气,最高速度是滞止点声速的 $\sqrt{5}$ 倍。应注意的是,气体膨胀能达到的最高速度取决于滞止温度,而不是滞止压力。举一例加以证明,比如考虑火箭的推

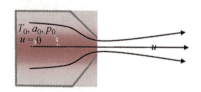

图 11.14 气体的绝热膨胀

进力。因为火箭的推进力与燃气流出时的动量 ρu^2 成正比,所以增加火箭推进力最有效的手段是加大燃气的速度。这里,注意 ρu^2 是单位面积上单位时间内流出的动量。与此相对应,式(11.28)中的 $u^2/2$ 为单位质量的动能。所以,为了增加速度,需提高燃烧温度,随着 T_0 的提高,就能得到较大值的 $u_{\max}$。

【例题 11.2】 ********************

容器中充满了空气,打开在容器上所开设的小孔,通过喷出空气而获得推力。当容器内空气以 10 倍容器外压力进行压缩时,(1)绝热压缩空气,(2)长时间地缓慢压缩,即等温压缩,比较这两种条件下得到的气体速度,而且假定空气从小孔中以声速喷出。

【解】 (1) 对绝热压缩,令周围环境空气的压力与温度分别为 p_a 和 T_a,容器内气体的压力和温度分别为 p_0 和 T_0。对环境空气进行绝热压缩时

$$\frac{p_0}{p_a} = \left(\frac{T_0}{T_a}\right)^{\frac{\kappa}{\kappa-1}} = 10, \quad T_0 = 10^{\frac{\kappa-1}{\kappa}} T_a = 1.93 T_a$$

因此,由式(11.34)得到

$$u_1^* = \sqrt{\frac{2}{\kappa+1}} a_0 = \sqrt{\frac{2\kappa}{\kappa+1} 10^{\frac{\kappa-1}{\kappa}} R T_a} = \sqrt{2.25 R T_a} \text{(m/s)}$$

(2) 对等温压缩,经长时间缓慢压缩,可认为容器内的温度与环境温度一致。此时

$$u_2^* = \sqrt{\frac{2}{\kappa+1}} a_a = \sqrt{\frac{2\kappa}{\kappa+1} R T_a} = \sqrt{1.16 R T_a} \text{(m/s)}$$

所以,由于绝热压缩时容器内气体温度高,(1)的情况下喷出的气体速度高。

****

11.3 等熵流动 (isentropic flow)

等熵流动是绝热且<u>可逆</u>(reversible)的流动。考虑图 11.15 所示的定常等熵流动。因为沿任一流线,能量守恒关系均成立,所以流线上任意点 1 与 2 的温度与马赫数之间,式(11.30)总是成立。由此可得如下关系式

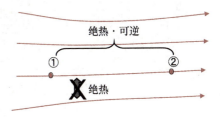

图 11.15 等熵变化

$$\frac{T_1}{T_2} = \frac{2+(\kappa-1)M_2^2}{2+(\kappa-1)M_1^2} \tag{11.35}$$

上式对绝热流动成立。进一步考虑压力和密度,由等熵变化中的温度、压力和密度的关系,可得到下述关系式

$$\left(\frac{p_1}{p_2}\right) = \left(\frac{\rho_1}{\rho_2}\right)^\kappa = \left(\frac{T_1}{T_2}\right)^{\frac{\kappa}{\kappa-1}} \tag{11.36}$$

$$\frac{p_1}{p_2} = \left(\frac{2+(\kappa-1)M_2^2}{2+(\kappa-1)M_1^2}\right)^{\frac{\kappa}{\kappa-1}} \tag{11.37}$$

$$\frac{\rho_1}{\rho_2} = \left(\frac{2+(\kappa-1)M_2^2}{2+(\kappa-1)M_1^2}\right)^{\frac{1}{\kappa-1}} \tag{11.38}$$

另外,依据上述关系式可得滞止状态与任意状态之间的关系式

$$\frac{T_0}{T} = 1 + \frac{\kappa-1}{2}M^2 \tag{11.39}$$

$$\frac{p_0}{p} = \left(1 + \frac{\kappa-1}{2}M^2\right)^{\frac{\kappa}{\kappa-1}} \tag{11.40}$$

$$\frac{\rho_0}{\rho} = \left(1 + \frac{\kappa-1}{2}M^2\right)^{\frac{1}{\kappa-1}} \tag{11.41}$$

图 11.16 一维等熵流动

考虑如图 11.16 所示的一维等熵流动,分析马赫数与断面面积之间的变化关系。首先,根据连续条件有

$$d(\rho u A) = 0 \tag{11.42}$$

由此可得

$$\rho u dA + \rho A du + u A d\rho = 0 \tag{11.43}$$

然后根据动量方程,则有

$$pA + \rho u^2 A + pdA = (p+dp)(A+dA) \\ + (\rho+d\rho)(u+du)^2(A+dA) \tag{11.44}$$

其中,pdA 是作用在控制体微元侧面上的压强所产生的力。若忽略二阶小量,整理上式可得

$$Adp + Au^2 d\rho + \rho u^2 dA + 2\rho u A du = 0 \tag{11.45}$$

由式(11.43)$\times u$ 一式(11.45),可得

$$dp = -\rho u du \tag{11.46}$$

11.3 等熵流动

将上式变形为

$$\frac{\mathrm{d}p}{\rho} = \frac{\mathrm{d}p}{\mathrm{d}\rho}\frac{\mathrm{d}\rho}{\rho}$$

因流动为等熵流动，$\mathrm{d}p/\mathrm{d}\rho$ 可用推导声速时导出的声速公式(11.14)来表示，所以

$$\frac{\mathrm{d}p}{\rho} = \frac{\mathrm{d}p}{\mathrm{d}\rho}\frac{\mathrm{d}\rho}{\rho} = a^2\frac{\mathrm{d}\rho}{\rho} = -u\mathrm{d}u$$

由上式可得

$$\frac{\mathrm{d}\rho}{\rho} = -\frac{u}{a^2}\mathrm{d}u = -M^2\frac{\mathrm{d}u}{u} \tag{11.47}$$

对连续方程进行对数微分计算，可得

$$\frac{\mathrm{d}\rho}{\rho} = -\frac{\mathrm{d}u}{u} - \frac{\mathrm{d}A}{A} \tag{11.48}$$

由公式(11.48)与式(11.44)联合消去 $\mathrm{d}\rho/\rho$，可得

$$\frac{\mathrm{d}u}{u} = \frac{1}{(M^2-1)}\frac{\mathrm{d}A}{A} \tag{11.49}$$

把式(11.49)代入式(11.47)，可得密度的关系式为

$$\frac{\mathrm{d}\rho}{\rho} = -\frac{M^2}{(M^2-1)}\frac{\mathrm{d}A}{A} \tag{11.50}$$

同样可得如下的压力、温度和声速的关系式

$$\frac{\mathrm{d}p}{p} = -\frac{\kappa M^2}{(M^2-1)}\frac{\mathrm{d}A}{A} \tag{11.51}$$

$$\frac{\mathrm{d}T}{T} = -\frac{(\kappa-1)M^2}{(M^2-1)}\frac{\mathrm{d}A}{A} \tag{11.52}$$

$$\frac{\mathrm{d}a}{a} = \frac{1}{2}\frac{\mathrm{d}T}{T} = -\frac{(\kappa-1)M^2}{2(M^2-1)}\frac{\mathrm{d}A}{A} \tag{11.53}$$

关于马赫数关系式，则有

$$\frac{\mathrm{d}M}{M} = \frac{\mathrm{d}u}{u} - \frac{\mathrm{d}a}{a} = \frac{2+(\kappa-1)M^2}{2(M^2-1)}\frac{\mathrm{d}A}{A} \tag{11.54}$$

对上式进行积分，若在 $A=A^*$ 处取 $M=1$，可得

等熵流动中各变量的变化(图11.17)

根据式(11.49)～式(11.54)，考察断面面积变化引起的各物理变量的变化。在上述方程式中，与 $\mathrm{d}A/A$ 相关的马赫数的系数对 u 和 p、ρ、T 来说，符号相反，另外，依据 M 是否大于1，这些系数的符号会反转。例如，断面积收缩的管，即 $\mathrm{d}A<0$，在亚声速时，有 $\mathrm{d}u>0$，$\mathrm{d}p<0$，$\mathrm{d}T<0$，$\mathrm{d}\rho<0$，$\mathrm{d}a<0$，因为速度上升，声速减少，即马赫数的 $\mathrm{d}M>0$。超声速时，上述值的大小符号将全部反过来，这时，速度与热力学各变量的增减变化也会反过来。因此，对亚声速流动，将沿流动方向逐渐收缩变细的管作为喷管使用，逐渐扩散变粗的管作为扩压器使用。超音速流动的情况下，喷管是逐渐扩散变粗的管，而扩压器是逐渐收缩变细的管。速度及相关热力学变量之间增减取符号变化相反的关系，同样可以依据能量守恒式(11.28)加以分析理解。

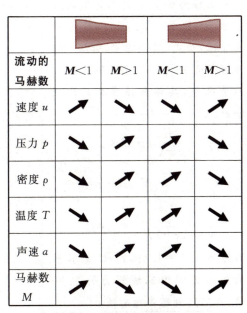

图11.17 等熵流动中断面面积与各变量之间的变化关系

$$\frac{A}{A^*}=\frac{1}{M}\left[\frac{(\kappa-1)M^2+2}{\kappa+1}\right]^{\frac{\kappa+1}{2(\kappa-1)}} \tag{11.55}$$

对任意两个断面 1 与断面 2 之间的马赫数，则有如下关系式

$$\frac{A_1}{A_2}=\frac{M_2}{M_1}\left[\frac{(\kappa-1)M_1^2+2}{(\kappa-1)M_2^2+2}\right]^{\frac{\kappa+1}{2(\kappa-1)}} \tag{11.56}$$

根据这些方程式，可按下述方法计算管内的流动。在喷管内的某断面①上，假定已知其流动的马赫数、压力及温度。喷管内任意断面②上的各变量，根据该断面与断面①的断面面积比及马赫数 M_1，利用式(11.56)，可计算断面②的马赫数 M_2。然后，其他参数可分别由式(11.35)、式(11.37)及式(11.38)求取。图 11.18 与图 11.19 给出了在等熵变化中，马赫数与压力、密度、温度及断面面积之间的关系。从图中可知，压力、密度和温度随着马赫数的增大而减少。另一方面，由断面面积与马赫数之间变化的关系可知，马赫数为 1 时断面面积为最小值。因此，不管马赫数是变小还是增大，断面面积将增大。这就是如图 11.20 所示的拉瓦尔(Laval)喷管内形成的超声速流动，在断面面积最小的位置上马赫数必然等于 1。喷管的断面面积最小的部分被称为**喉部**(throat)。

下面考察通过喷嘴的质量流量。质量流量可表示为

$$\dot{m}=\rho u A=\rho_0 a_0 A M\left(1+\frac{\kappa-1}{2}M^2\right)^{-\frac{\kappa+1}{2(\kappa-1)}} \tag{11.57}$$

在这里，重要的一点是当喉部流速达到声速后，通过喷管的流量将由喉部的声速条件而定，不会再增加。也就是能够通过喷管的最大流量是在 $A=A^*$，$M=1$ 时，

$$\dot{m}_{\max}=\rho^* a^* A^*=\rho_0 a_0 A^*\left(1+\frac{\kappa-1}{2}\right)^{-\frac{\kappa+1}{2(\kappa-1)}} \tag{11.58}$$

因此，在超声速的等熵流动中，在喉部处流速必定达到声速，通过此喉部处的流量就是该喷管的最大流量。在喷管喉部处流动的马赫数达到 1 的现象称为**堵塞**(choking)，是可压缩流动解析中的一个重要现象。

图 11.20 给出了头窄尾宽的喷管（拉瓦尔喷管）。现假定喷管入口连接在体积非常大的容器上。随着喷管出口处的压力逐渐降低，在喷管内开始形成流动。喷管内流动开始时，流动自然是处于亚声速流的状态。流到喉部为止，马赫数增加，然后沿流动方向减少。压力则是到喉部为止逐渐减少，在喉部下游方向增加。进一步减少出口压力，当达到某一值时，喉部处的马赫数达到 1，此时下游侧仍是亚声速流动。一旦在喉部处流速达到声速，如图 11.20 所示，其下游侧也可能会出现超声速。在超声速的解中，马赫数增加，压力进一步减少。图中的曲线可按式(11.56)计算求出。因出口压力可由图中的曲线确定，当出口压力

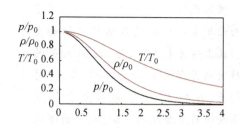

图 11.18 等熵流动中各变量与马赫数之间的关系

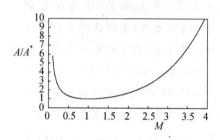

图 11.19 马赫数与截面面积之间的关系

临界状态的压力比：密度比和温度比

临界状态的压力比、密度比和温度比作为超声速流动的形成条件极为重要。式(11.39)、式(11.40)及式(11.41)中，若 $M=1$，可得下述公式。在空气($\kappa=1.4$)的情况下，具体数值在公式右侧给出。

$$\frac{T^*}{T_0}=\frac{2}{\kappa+1}=0.833$$

$$\frac{p^*}{p_0}=\left(\frac{2}{\kappa+1}\right)^{\frac{\kappa}{\kappa-1}}=0.528$$

$$\frac{\rho^*}{\rho_0}=\left(\frac{2}{\kappa+1}\right)^{\frac{1}{\kappa-1}}=0.634$$

因为 $p_0/p^*=1.89$，因此，若容器内压力是周围环境压力的 1.89 倍，则可得到超声速射流。

11.3 等熵流动

降低到依照该曲线确定的压力时,就可实现由亚声速流动加速到超声速流动。

当设定出口压力时,在亚声速解与超声速解之间存在什么样的流动呢?利用图 11.21 对此进行说明。喉部流动达到声速时的亚声速解与超声速解,可由图中所示的两条曲线来表示,因出口压力位于其中间,而且使喉部流动成为声速的等熵解不存在,所以在此条件下喷管内将出现不可逆过程从而对流动进行调整。一般来说,在喷管内产生激波,其上游为超声速流动,下游为亚声速流动。激波的上游可根据等熵关系式求解,因激波下游是等熵流动,所以也可根据等熵关系式设定的出口压力作为边界条件,从喷管出口向上游进行计算。从激波上游的超声速曲线,到下游侧的亚声速曲线,依据激波跳跃,可求解全部流动。激波的发生位置,可以依据本章随后介绍的激波关系式,并使其恰好满足上下游的流动条件来确定。

图 11.22 再次回顾总结拉瓦尔喷管内流动。降低连接在喷管下游的贮存器内压力时,气体开始流动。如前所述,在喉部气流达到声速前,喷管内的全部流动均为亚声速流动。继续降低容器内压力,在喉部下游的流动中一部分变成超声速流动,在流动中间将出现激波,激波下游为亚声速流。再缓慢降低容器内压力,该激波向下游侧移动,反而在喷管出口外侧形成激波。这时,喷管外侧流动的压力升高,此流动称为膨胀过度。当容器内压力与等熵的超声速解一致时,就不会形成激波,这被称为膨胀适度。进一步降低压力,喷管外流动进一步变化,这被称为膨胀不足。

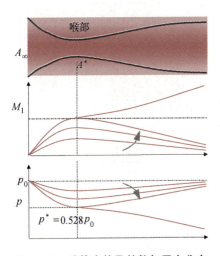

图 11.20 喷管内的马赫数与压力分布

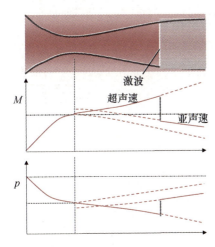

图 11.21 喷管内的激波

【例题 11.3】 ＊＊＊＊＊＊＊＊＊＊＊＊＊＊＊＊＊＊＊＊＊＊
在例题 11.2 中,比较两种情况下得到的推力。

【解】 (1) 对绝热压缩,因容器内压力 $p_{0,1}=10p_a$,温度 $T_{0,1}=10^{\frac{\kappa-1}{\kappa}}T_a$,所以

$$\rho_{0,1}=\frac{p_{0,1}}{RT_{0,1}}=10^{\frac{1}{\kappa}}\rho_a$$

膨胀到声速时的密度为

$$\rho_1^*=\left(\frac{2}{\kappa+1}\right)^{\frac{1}{\kappa-1}}\rho_{0,1}=\left(\frac{2}{\kappa+1}\right)^{\frac{1}{\kappa-1}}\cdot 10^{\frac{1}{\kappa}}\rho_a$$

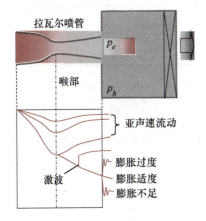

图 11.22 拉瓦尔(Laval)喷管内流动

（2）对等温压缩，因容器内压力、温度分别为 $p_{0,2}=10p_a$，$T_{o,2}=T_a$，所以

$$\rho_{0,2}=\frac{p_{0,2}}{RT_{0,2}}=10\rho_a$$

膨胀到声速时的密度为

$$\rho_2^*=\left(\frac{2}{\kappa+1}\right)^{\frac{1}{\kappa-1}}\rho_{0,2}=\left(\frac{2}{\kappa+1}\right)^{\frac{1}{\kappa-1}}\cdot 10\rho_a$$

利用上述公式与例题 11.2 中求得的速度，计算推力并进行比较，则有

$$\frac{\rho_1^* u_1^{*2}}{\rho_2^* u_2^{*2}}=\frac{\left(\frac{2}{\kappa+1}\right)^{\frac{1}{\kappa-1}}\cdot 10^{\frac{1}{\kappa}}\rho_a\cdot\frac{2\kappa}{\kappa+1}10^{\frac{\kappa-1}{\kappa}}RT_a}{\left(\frac{2}{\kappa+1}\right)^{\frac{1}{\kappa-1}}\cdot 10\rho_a\cdot\frac{2\kappa}{\kappa+1}RT_a}=1$$

因此，绝热压缩时气体射流的喷出速度增大，而密度小于等温压缩时的密度。若比较推力，两者相同。

实际上，上述结论也可通过下面的分析进行确认。气体射流以声速喷出时的推力为

$$\frac{1}{2}\rho^* u^{*2}=\frac{\kappa}{2(\kappa+1)}\frac{p_0}{\rho_0}\rho^*=\frac{\kappa}{2(\kappa+1)}\frac{\rho^*}{\rho_0}p_0$$

根据等熵关系式（11.39）、式（11.40）和式（11.41），ρ^*/ρ_0 是比热比的函数。所以，上式可变形为

$$\frac{1}{2}\rho^* u^{*2}=\frac{\kappa}{2(\kappa+1)}\left(\frac{2}{\kappa+1}\right)^{\frac{1}{\kappa-1}}p_0$$

因此，以声速喷出的气体射流的推力只是取决于驻点的压力。

****

11.4 激波关系式 (shock wave relations)

11.4.1 激波的发生 (shock wave generation)

激波是因压力波的聚集而产生的。如图 11.23 所示，考虑截面积为常数的管内，活塞加速运动的情况。一旦活塞开始运动，活塞前方的气体被压缩，压力波向右传播。该压力波以前方气体的声速传播，气体的温度将因压力波存在有微小的上升。随着活塞运动，就有连续的压力波产生，后续压力波因前方气体温度的微小升高，其传播速度也会缓缓升高。因此，后方的压力波反而会追赶上前方的压力波，所以压力波强度就会慢慢增加，最终形成激波。

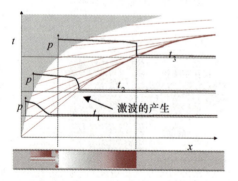

图 11.23 活塞运动引起的激波

11.4 激波关系式

与此相似的现象,在超声速流动的凹壁面处也会发生。图 11.24 是在均匀超声速流动中放置的凹壁面的绕流示意图。一旦超声速流动流入凹壁面,气体就会被压缩,产生激波。该压力波与流动之间的夹角可通过式(11.2)计算。流动沿着凹壁面的角度逐渐向内偏转,气流会慢慢地被压缩,气流温度上升。因声速增加,流速减少,下游侧的马赫角 α 逐渐增加。最终,马赫波会交叉和聚集,形成 **斜激波**(oblique shock wave)。综上所述,连续发生的压缩波,若后续产生的压缩波追赶上前面的压缩波,就会形成激波。

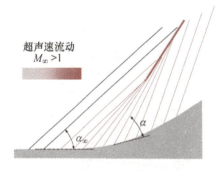

图 11.24 在凹壁面处产生的激波

11.4.2 正激波的关系式 (normal shock wave relations)

本节将推导在截面面积一定的管内形成激波后,波前波后的关系式。一般来说,激波的运动通常如图 11.25(a)所示。该图中给出了激波在截面面积一定的管内气体静止时的传播状态。令激波的传播速度为 U_s,激波前方气体的温度、压力、密度分别为 T_1、p_1、ρ_1。在激波后方,因气体被加速,其温度、压力和密度会上升。令激波后方的速度、温度、压力和密度分别为 U_2、T_2、p_2 和 ρ_2。考虑激波在运动,为计算激波前后的各变量,有必要采用随激波一起移动的相对坐标系来描述流动。

图 11.25(b)给出了与激波一起运动的坐标系中观察到的流动状态。激波上、下游的各变量分别添加下标 1 和下标 2。虽然利用相对速度进行了坐标变换,但是温度、压力和密度等热力学变量的值均不变。因此,在绝对坐标系中的各变量与在激波静止的相对坐标系中的各变量间的关系如图 11.25 中所示。对正激波,因激波前后的截面面积一定,则连续方程式、动量方程式及能量方程式可简化为

$$\rho_1 u_1 = \rho_2 u_2 \tag{11.59}$$

$$\rho_1 u_1^2 + p_1 = \rho_2 u_2^2 + p_2 \tag{11.60}$$

$$\rho_1 \left(e_1 + \frac{1}{2} u_1^2\right) u_1 + p_1 u_1 = \rho_2 \left(e_2 + \frac{1}{2} u_2^2\right) u_2 + p_2 u_2 \tag{11.61}$$

若已知上游侧的流动状态,则上式中的未知量是下游侧的 4 个变量 u_2、p_2、ρ_2 和 e_2。联立上述的 3 个方程式及状态方程式,则整个方程组是封闭的,可求解所有的未知量。在联立求解上述方程组时,以 p_2/p_1 作为参数得到 ρ_2/ρ_1、T_2/T_1 的表达式,就是有名的 **兰金-于戈尼奥关系式**(Rankine-Hugoniot relations)。

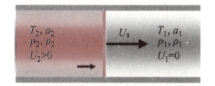

(a) 绝对坐标系中观察到的移动激波

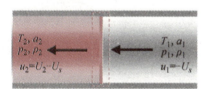

(b) 激波静止的坐标系

图 11.25 正激波

$$\frac{\rho_2}{\rho_1} = \frac{\dfrac{\kappa+1}{\kappa-1}\dfrac{p_2}{p_1}+1}{\dfrac{p_2}{p_1}+\dfrac{\kappa+1}{\kappa-1}} = \frac{u_1}{u_2}, \qquad \frac{T_2}{T_1} = \frac{\dfrac{p_2}{p_1}+\dfrac{\kappa+1}{\kappa-1}}{\dfrac{\kappa+1}{\kappa-1}+\dfrac{p_1}{p_2}} \tag{11.62}$$

兰金-于戈尼奥关系式如图 11.26 所示。

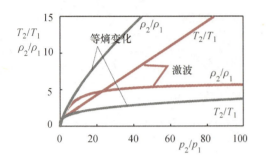

图 11.26 兰金-于戈尼奥关系式

应注意在正激波的关系式与激波的厚度无关。若在绝热的截面面积一定的管内，上下游皆为均匀流动，则不管上下游之间有何种非平衡的流动，与正激波完全相同的关系式都成立。

图 11.27 管截面面积一定的流动

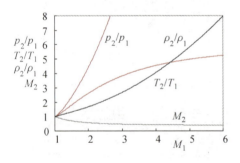

图 11.28 激波前后的关系

在激波前后的压力比等为已知时，可用兰金-于戈尼奥关系式求解其他变量。相对于利用已知的压力比值，实际上，利用激波上游流动的马赫数进行流动求解更为方便。下面推导以激波上游的马赫数为参数（如图 11.27 所示的情景），计算激波前后相关变量的关系式。

动量方程式的两边同时除以 $\rho_1 u_1$，并利用连续方程式，可得

$$\frac{p_1}{\rho_1 u_1} - \frac{p_2}{\rho_2 u_2} = u_2 - u_1 \tag{11.63}$$

利用声速公式 $a = \sqrt{\kappa p/\rho}$，对上式进行变形，整理可得

$$\frac{a_1^2}{\kappa u_1} - \frac{a_2^2}{\kappa u_2} = u_2 - u_1 \tag{11.64}$$

另外，根据绝热流动的能量方程式（注意该能量方程式与式(11.28)相同）

$$\frac{1}{2}u^2 + \frac{1}{\kappa-1}a^2 = \frac{1}{2}\left(\frac{\kappa+1}{\kappa-1}\right)a^{*2}$$

由此可得

$$a_1^2 = \frac{\kappa+1}{2}a^{*2} - \frac{\kappa-1}{2}u_1^2, \quad a_2^2 = \frac{\kappa+1}{2}a^{*2} - \frac{\kappa-1}{2}u_2^2 \tag{11.65}$$

将上述关系式代入式(11.61)，消去 a_1 和 a_2，可得下述公式

$$a^{*2} = u_1 u_2 \quad \text{或} \quad M_2^* = \frac{1}{M_1^*} \tag{11.66}$$

上述公式被称为**普朗特方程式**（Prandtl's equation）。另一方面，对能量方程式进行变形，则有

$$M^{*2} = \frac{(\kappa+1)M^2}{2+(\kappa-1)M^2} \tag{11.67}$$

由上式及普朗特方程式，可得下式

$$\frac{(\kappa+1)M_1^2}{2+(\kappa-1)M_1^2} = \left(\frac{(\kappa+1)M_2^2}{2+(\kappa-1)M_2^2}\right)^{-1} \tag{11.68}$$

求解 M_2，则有

$$M_2^2 = \frac{1 + \frac{\kappa-1}{2}M_1^2}{\kappa M_1^2 - \frac{\kappa-1}{2}} \tag{11.69}$$

这就得到了激波前后的马赫数关系式。激波前后的关系如图 11.28 所示。考虑激波上游马赫数 M_1 的极限值，当 M_1 接近 1 和趋近于无限大时，M_2 可取下面的相应值

$$M_1 \to 1 \quad \Rightarrow \quad M_2 \to 1$$
$$M_1 \to \infty \quad \Rightarrow \quad M_2 \to \sqrt{\frac{\kappa-1}{2\kappa}} \tag{11.70}$$

M_1 接近 1 时，激波变为声波。因此，激波前后的各变量均无变化。另一方面，即使 M_1 无限大，M_2 也是逐渐逼近一个有限的定值。

各状态量可求解如下，密度比为

$$\frac{\rho_2}{\rho_1} = \frac{u_1}{u_2} = \frac{u_1^2}{a^{*2}} = M_1^{*2} = \frac{(\kappa+1)M_1^2}{2+(\kappa-1)M_1^2} \tag{11.71}$$

然后根据动量方程式，计算压力，则有

$$p_2 - p_1 = \rho_1 u_1^2 \left(1 - \frac{u_2}{u_1}\right) = p_1 \frac{1}{RT_1} u_1^2 \left(1 - \frac{u_2}{u_1}\right) = p_1 \frac{\kappa}{a_1^2} u_1^2 \left(1 - \frac{u_2}{u_1}\right)$$

因此，由上式可得如下关系式

$$\frac{p_2}{p_1} = 1 + \kappa M_1^2 \left(1 - \frac{u_2}{u_1}\right) = 1 + \frac{2\kappa}{\kappa+1}(M_1^2 - 1) \tag{11.72}$$

将密度比与压力比的关系式代入状态方程式，可得温度比

$$\frac{T_2}{T_1} = \frac{p_2}{p_1} \frac{\rho_1}{\rho_2} = \left\{1 + \frac{2\kappa}{\kappa+1}(M_1^2 - 1)\right\} \left\{\frac{2+(\kappa-1)M_1^2}{(\kappa+1)M_1^2}\right\} \tag{11.73}$$

熵的变化可表示为

$$\begin{aligned}
s_2 - s_1 &= c_p \ln \frac{T_2}{T_1} - R \ln \frac{p_2}{p_1} \\
&= c_p \ln\left[\left\{1 + \frac{2\kappa}{\kappa+1}(M_1^2 - 1)\right\}\left\{\frac{2+(\kappa-1)M_1^2}{(\kappa+1)M_1^2}\right\}\right] \\
&\quad - R \ln\left[1 + \frac{2\kappa}{\kappa+1}(M_1^2 - 1)\right]
\end{aligned} \tag{11.74}$$

因激波是绝热变化，对于总温度，下述公式成立

$$\frac{T_{02}}{T_{01}} = 1 \tag{11.75}$$

另外，总压的变化可表示为

$$\begin{aligned}
\frac{p_{02}}{p_{01}} &= \frac{p_{02}}{p_2} \frac{p_2}{p_1} \frac{p_1}{p_{01}} \\
&= \left[\frac{(\kappa+1)M_1^2}{(\kappa-1)M_1^2+2}\right]^{\frac{\kappa}{\kappa-1}} \left[\frac{\kappa+1}{2\kappa M_1^2 - (\kappa-1)}\right]^{\frac{1}{\kappa-1}}
\end{aligned} \tag{11.76}$$

以激波前后的滞止状态为基准，熵的变化为

$$s_2 - s_1 = s_{02} - s_{01} = c_p \ln \frac{T_{02}}{T_{01}} - R \ln \frac{p_{02}}{p_{01}} \tag{11.77}$$

因总温度不变,所以,总温度的第一项为 0。因此,激波引起的熵变化可只用总压的变化来表示。对激波,因为 $s_2 - s_1 \geqslant 0$,所以 $p_{02} \leqslant p_{01}$。也就是在激波中,总温不变,总压减少。

【**Example 11.4**】 ***********************

A normal shock wave is standing in the test section in a supersonic wind tunnel. Upstream of the shock wave, flow Mach number $M_1 = 3.0$, $p_1 = 100\,\text{kPa}$, and $T_1 = 280\,\text{K}$, respectively. Test gas is air. Find u_1, M_2, p_2, T_2, and u_2.

【**Solution**】 The sound velocity upstream of the shock wave is,
$$a_1 = \sqrt{\kappa R T_1} = \sqrt{1.4 \times 287.1 \times 280} = 335\,(\text{m/s}).$$
Then, flow velocity, $u_1 = M_1 a_1 = 1\,006\,(\text{m/s})$.
For $M_1 = 3.0$, pressure and temperature ratios are obtained from Eq. (11.72) and (11.73),
$$p_2/p_1 = 10.3, \quad T_2/T_1 = 2.68.$$
Hence, $p_2 = 10.3 \times 100 = 1\,030\,(\text{kPa}) = 1.03\,(\text{MPa})$ and $T_2 = 2.68 \times 280 = 750\,(\text{K})$.
The sound speed $a_2 = \sqrt{T_2/T_1}\, a_1 = \sqrt{2.68} \times 335 = 548\,(\text{m/s})$.
The downstream Mach number is calculated with Eq. (11.66),
$$M_2 = 0.475.$$
Hence, $u_2 = 0.475 \times 548 = 260\,(\text{m/s})$.

****

===== 习 题 ======================

【11.1】 根据关系式 $ds = c_p dT/T - R dp/p$,推导等熵变化过程中的关系式 $p/\rho^\kappa = $ 常数,$p/T^{\frac{\kappa}{\kappa-1}} = $ 常数。

【11.2】 推导等温变化过程与等熵变化过程中的声速计算式,并计算两者之比。

【11.3】 Find a Mach angle corresponding to free-stream Mach numbers of 1, 1.5, 2, 3 and 4.

【11.4】 A high speed train is running at 500 km/h in static air at 300 K and standard pressure. Calculate a stagnation pressure and temperature at the nose of the train.

【11.5】 A large tank contains air at 300 K and 1 atm. The air in the tank is discharged through a convergent nozzle with the throat diameter of $D=0.01$ m. Find the velocity in the throat and the mass flow rate. Here, the pressure of outside atmosphere is 0.2 atm.

【11.6】 Air flows at a velocity of 300 m/s and a static pressure of 1 atm. A bluff body obstacle is in the flow. The air is isentropically brought to rest on the body surface. Find a flow Mach number and stagnation pressure when a static temperature of the flow is (a) 300 K and (b) 200 K.

【11.7】 A shock wave is standing still in a supersonic nozzle. The pressure ratio across the shock wave is 10. Find the upstream Mach number.

【11.8】 An explosion takes place in a constant duct. Air flows at 100 m/s in the duct toward the right direction. A shock wave traveled to the left direction at a speed of 300 m/s. Another shock wave traveled to right direction. Find a speed of the shock wave that traveled to the right direction and pressure ratio across the shock wave. Initial temperature in the air was 300 K.

【答案】

【11.1】 对 $ds = c_p dT/T - R dp/p$ 进行积分,可得
$$s = c_p \log T - R \log p + 常数$$
根据等熵变化的条件,则有
$$c_p \ln T - R \ln p = 常数$$
$$\ln\left(\frac{T^{c_p}}{p^R}\right) = 常数$$
由 $c_p = \frac{\kappa}{\kappa-1} R$ 可得
$$p = A T^{\frac{\kappa}{\kappa-1}}$$
同样可进行密度计算。

【11.2】 若令 $\left(\frac{\partial p}{\partial \rho}\right)_T = a_T^2$,由 $p = \rho R T$ 可得
$$a_T = \sqrt{RT}$$
另一方面,对等熵流动
$$a_s = \sqrt{\kappa R T}$$
所以
$$a_s = \sqrt{\kappa}\, a_T \text{。}$$

【11.3】 For $M = 1, 1.5, 2, 3$ and 4, from the relation, $\alpha = \sin^{-1}\frac{1}{M}$, the corresponding angles are $\alpha = 90°, 41.8°, 30°, 19.5°,$ and $14.5°$, respectively.

【11.4】 $p_0 = 1.26 \times 10^5 \text{Pa}$

【11.5】 The flow takes place a choking at the nozzle exit. $u=316\,\text{m/s}$, $m=0.019\,\text{kg/s}$.

【11.6】 For $T=300\,\text{K}$, $M=0.86$ and $p_0=1.64\times10^5\,\text{Pa}$.
For $T=200\,\text{K}$, $M=1.06$ and $p_0=2.06\times10^5\,\text{Pa}$.

【11.7】 $M_1=2.95$

【11.8】 Shock wave speed is 500 m/s towards right direction. Upstream Mach number of the shock wave is $M_1=1.15$, and $p_2/p_1=1.37$.

附 录

Subject Index

A

absolute pressure 绝对压力 …… 26
adiabatic index 绝热指数 …… 28
adiabatic state 绝热状态 …… 27
airfoil 翼型 …… 116
moment-of-momentum equation 动量矩方程 …… 80
Archimedes' principle 阿基米德原理 …… 36
average velocity 平均速度 …… 92

B

bend 弧形弯头 …… 105
Bernoulli's equation 贝努利方程 …… 56
Bingham fluid 宾厄姆流体 …… 7
blade 翼型 …… 116
blade row 叶栅 …… 116
Blasius 布拉修斯 …… 97
body force 体积力 …… 24, 72, 132
Borda's mouthpiece 博尔达管嘴 …… 74
Borda-Carnot's formula 博尔达-卡诺公式 …… 101
boundary layer approximation 边界层近似 …… 150
boundary layer 边界层 …… 9, 90, 147
boundary layer control 边界层控制 …… 156
boundary layer equation 边界层方程 …… 150
boundary layer separation 边界层分离 …… 155
boundary layer theory 边界层理论 …… 147
boundary layer thickness 边界层厚度 …… 147
boundary layer transition 边界层转捩 …… 151
bow shock 弓形激波 …… 171
Buckingham's π theorem 白金汉 π 定理 …… 10
buffer layer 迁移层 …… 96
bulk modulus of elasticity 体积弹性模量 …… 5
buoyancy 浮力 …… 36

C

cascade 叶栅 …… 116
Cauchy-Riemann equation 柯西-黎曼方程式 …… 162
Cauchy's equation of motion 柯西运动方程式 …… 133
cavitation 空化 …… 20
center of pressure 压力中心 …… 33
centrifugal force 离心力 …… 105, 137
circulation 环量 …… 165
coefficient of viscosity 粘性系数 …… 4

Colebrook 科尔布鲁克 …… 99
complete equation 完全方程式 …… 10
compressibility 压缩性 …… 5
compressibility 压缩率 …… 5
compressible flow 可压缩流动 …… 177
compressible fluid 可压缩流体 …… 8
conjugate complex velocity 共轭复速度 …… 165
complex potential 复势 …… 165
complex velocity 复速度 …… 165
conservation of mass 质量守恒定律 …… 49, 67, 68, 125
constitutive equation 本构方程式 …… 130
continuity equation 连续方程式 …… 47, 48, 68, 125
contraction 收缩流动 …… 102
control volume 控制体 …… 48, 67, 101
convective acceleration 对流加速度 …… 14
Coriolis force 科氏力 …… 137
Couette flow 库埃特流动 …… 4
creeping flow 蠕流 …… 135
critical Reynolds number 临界雷诺数 …… 19, 93, 121, 151
critical state 临界状态 …… 186
cross-line oscillation 横向振荡 …… 121
cubical dilatation 膨胀率 …… 5
curved pipe 弯管 …… 105

D

Darcy-Weisbach's formula 达西-韦史巴赫公式 …… 90
Dean number 狄恩数 …… 106
deformation 变形 …… 128
density 密度 …… 3
differential manometer 差压测压计 …… 30
diffuser 扩压器 …… 103
dilatant fluid 膨胀性流体 …… 7
dimension 量纲 …… 10
displacement thickness 排挤厚度 …… 147
doublet 偶极子 …… 169
draft 吃水 …… 37
drag 阻力 …… 113
drag coefficient 阻力系数 …… 113

E

eddy viscosity, turbulence viscosity 湍流粘度 …… 94

elbow 肘形弯头 …… 104
elongation 拉伸变形 …… 16
elongational strain rate 拉伸应变率 …… 16
energy loss 能量损失 …… 89
energy thickness 能量厚度 …… 147
entrance length 进口段长度 …… 90
entrance region 进口段 …… 90
equation of state 状态方程式 …… 179
equipotential surface 等势面 …… 25
equivalent diameter 当量直径 …… 108
erosion 空蚀 …… 20
Eulerian method of description 欧拉描述方法 …… 13
Euler's equations 欧拉方程式 …… 139
Euler's equilibrium equation 欧拉平衡方程式 …… 25
external force 外力 …… 70,132

F
floating body 浮体 …… 37
flow meter 流量计 …… 103
flow nozzle 喷嘴 …… 103
flow rate 流量 …… 13,47,91
flow visualization 流动可视化 …… 15
forced vortex 强制涡 …… 18,40
form drag 形状阻力 …… 114
free shear layer 自由剪切层 …… 157
free stream 自由流 …… 147
free vortex 自由涡 …… 18
friction drag 摩擦阻力 …… 114
friction loss of pipe flow 管流摩擦损失 …… 90
friction velocity 摩阻速度 …… 95,154
fully developed flow 充分发展的流动 …… 90
fully rough 完全粗糙 …… 99

G
gage pressure 相对压力 …… 26
Galilei's transformation 伽利雷变换 …… 137
gas constant 气体常数 …… 179
gravitational units 工程单位制 …… 9
guide vane 导叶 …… 105

H
Hagen-Poiseuille flow 哈根-泊肃叶流动 …… 92
half width 半宽 …… 158
head 水头 …… 26,56
head loss 水头损失 …… 90,101
hydraulic diameter 水力直径 …… 108
hydraulically smooth 水力光滑 …… 99
hydrostatic force 流体静压力 …… 32
hypersonic flow 极超声速流动 …… 179

I
ideal fluid 理想流体 …… 8,55,161
ideal gas 理想气体 …… 179
inclined-tube manometer 斜管压力计 …… 32
incompressible fluid 不可压缩流体 …… 8
induced drag 诱导阻力 …… 114,115
injection 边界层吹除 …… 156
inlet length 进口段长度 …… 90
inlet region 进口段 …… 90
in-line oscillation 流向振荡 …… 121
inner layer 内层 …… 152
intensity of pressure 压强 …… 23
interference drag 干涉阻力 …… 114,115
internal energy 内能 …… 53
internal force 内力 …… 132
International System of Units SI,国际单位制 …… 9
inviscid fluid 非粘性流体 …… 6
irrotational flow 无旋流动 …… 163
isentropic flow 等熵流动 …… 187
isobaric surface 等压面 …… 25

J
jet 射流 …… 101,157
Joukowski's transformation 儒科夫斯基变换 …… 172

K
Karman vortex 卡门涡 …… 119
Karman's constant 卡门常数 …… 95
Karman's integral equation 卡门积分方程 …… 151
kinematic viscosity 运动粘度 …… 4
kinetic energy 动能 …… 53

L
Lagrangian method of description 拉格朗日描述方法 …… 13
laminar boundary layer 层流边界层 …… 151
laminar flow 层流 …… 19,91
lift 升力 …… 116
lift coefficient 升力系数 …… 116
local acceleration 局部加速度 …… 14
lock-in phenomenon 锁定现象 …… 121
logarithmic law 对数律 …… 96,154
loss coefficient 损失系数 …… 100

Subject Index

M

Mach angle	马赫角	177
Mach number	马赫数	8, 177
Mach wave	马赫波	177
magnitude of complex number	复数的绝对值	161
Magnus effect	马格纳斯效应	118
main flow, primary flow	主流	9, 105, 147
manometer	压力计	29
mass flow rate	质量流量	13, 49, 68
meta center	定倾中心	37
metacentric height	定倾中心高度	37
micro manometer	微压压力计	30
mixing layer	混合层	157
mixing length	混合长度	94
momentum equation	动量方程	70, 71
momentum integral equation	动量积分方程	151
momentum thickness	动量厚度	147
Moody diagram	穆迪图	99
multi-phase flow	多相流	20

N

Navier-Stokes equations	纳维尔-斯托克斯方程	134
negative pressure	负压	26
Newtonian fluid	牛顿流体	7
Newton's law of friction	牛顿粘性定律	4
Nikuradse	尼古拉兹	97
no-slip	无滑移	136
normal stress	法向应力	72
non-Newtonian fluid	非牛顿流体	7
non-uniform flow	非均匀流动	18

O

oblique shock wave	斜激波	193
one-dimensional flow	一维流动	47
1/n power law	1/n 指数律	98, 154
one-seventh law	1/7 指数律	98
orifice	孔板	103
outer layer	外层	152

P

path line	迹线	16
perfect gas	完全气体	180
piezometer	测压管压力计	29
pipe friction coefficient	管道摩擦系数	90
piping system	管道系统	100
plastic fluid	塑性流体	7
polytropic process	多变过程	179
potential energy	势能	53
potential head	位置水头	56
power law	指数律	98, 154
Prandtl	普朗特	94
Prandtl's formula	普朗特公式(管道摩擦)	97
Prandtl's equation	普朗特方程式(可压缩流体)	194
pressure	压力	15, 23
pressure drag	压力阻力	114
pressure drop	压力降	90
pressure gradient	压力梯度	91
pressure head	压力水头	56
pressure loss	压力损失	90
pressure recovery factor	压力恢复系数	99
principal direction	主方向	132
product of inertia of the area	断面惯性积	34
pseudoplastic fluid	拟塑性流体	7

Q

quasi-one-dimensional flow	准一维流动	47

R

Rankine-Hugoniot relations	兰金-于戈尼奥关系式	193
Rankine's compound vortex	兰肯组合涡	18
reattachment	再附着	155
reattachment point	再附着点	155
recirculation region	再循环区域	155
rectangular duct	矩形管	107
relative equilibrium	相对平衡	39
relative roughness	相对粗糙度	99, 108
Reynolds, O.	雷诺	19, 93
Reynolds average	雷诺时均、雷诺平均	153
Reynolds decomposition	雷诺分解	153
Reynolds' law of similarity	雷诺相似律	7
Reynolds number	雷诺数	6, 19, 91, 119
Reynolds stress	雷诺应力	94, 154
rotation	旋转	16, 128

S

saturated vaper pressure	饱和蒸汽压	20
second moment of the area	断面二次矩	33
secondary flow	二次流	105, 107
separation bubble	分离泡	155
separation point	分离点	155
seperation	分离	103
shape factor	形状系数	148

English	中文	页码
shear deformation	剪切变形	16
shear stress	切应力	15,72
shearing strain rate	剪切应变率	17
shock wave	激波	8,192
single airfoil	单翼型	116
single-phase flow	单相流	20
sink	汇	167
smooth surface	光滑壁面	98
sound velocity	声速	8,181
source	源	167
specific heat at constant pressure	定压比热	28,180
specific heat at constant volume	定容比热	28,180
specific-heat ratio	比热比	28,180
specific volume	比容	3
specific weight	比重	3
stagnation density	驻点密度	185
stagnation pressure	驻点压力	185
stagnation temperature	驻点温度	185
stall	失速	117
steady flow	定常流动	18
Stokes's approximation	斯托克斯近似	135
Stokes's law for drag	斯托克斯阻力定律	139
streak line	脉线	16
stream function	流函数	164
stream line	流线	15
streamtube	流管	47
Strouhal number	斯特劳哈尔数	119
subsonic flow	亚音速流动	8,178
substantial acceleration	物质加速度	14
substantial derivative	物质导数	14
suction, bleed	边界层吸入	156
supersonic flow	超音速流	8,179
surface force	表面力	24,72
surface roughness	表面粗糙度	90
surface tension	表面张力	5

T

English	中文	页码
tensor	张量	128
the first law of thermodynamics	热力学第一定律	53
throat	喉部	104,190
time mean	时间平均值	93
total head	总水头	56
total temperature	总温	185
transition	转捩	93,151
transition layer, buffer layer	过渡层	96,152
transition region	转捩区域	19
translation	平移	128
transonic flow	跨音速流动	178
turbulence	脉动	93
turbulence intensity	湍流强度	93
turbulence promotion	湍流激励	156
turbulent boundary layer	湍流边界层	152
turbulent flow	湍流	19
turbulent layer	湍流层	96
twin vortex	双子涡	119
two-liquid micro manometer	双液微压压力计	30

U

English	中文	页码
uniform flow	均匀流动	18
universal gas constant	普适气体常数	179
unsteady flow	非定常流动	18
U-tube manometer	U形管压力计	29

V

English	中文	页码
vacuum gage pressure	真空相对压力	26
valve	阀	103
velocity	速度	13
velocity distribution	速度分布	90
velocity fluctuation	速度波动	93
velocity gradient	速度梯度	4,89
velocity head	速度水头	56
velocity potential	速度势	163
Venturi tube	文丘里管	47,103
viscosity	粘性	3,6
viscosity	粘度	4
viscous fluid	粘性流体	6
viscous resistance	粘性摩擦阻力	89
viscous sublayer	粘性底层	96,152
volume flow rate	体积流量	47,68
vortex	涡	18,93,101,168
vortex generator	涡发生器	156
vorticity	涡量	17

W

English	中文	页码
waiter-plane area	浮面	37
wake	尾迹	157
wall law	壁面律	96,154
wall roughness	壁面粗糙度	98
wall shear stress	壁面切应力	89
wall unit	壁面坐标	154
wave drag	波动阻力	114,115

索　引

1/n 次方律　1/n power law　98,154
1/7 次方律　one-seventh law　98

A

阿基米德原理　Archimedes' principle　36

B

白金汉 π 定理　Buckingham's π theorem　10
半宽　half width　158
饱和蒸汽压　saturated vaper pressure　20
贝努利方程　Bernoulli's equation　56
本构方程式　constitutive equation　130
比热比　specific-heat ratio　28,180
比容　specific volume　3
比重　specific weight　3
壁面粗糙度　wall roughness　98
壁面律　wall law　96,154
壁面切应力　wall shear stress　89
壁面坐标　wall unit　154
边界层　boundary layer　9,90,147
边界层吹除　boundary injection　156
边界层方程　boundary layer equation　150
边界层分离　boundary layer separation　155
边界层厚度　boundary layer thickness　147
边界层近似　boundary layer approximation　150
边界层控制　boundary layer control　156
边界层理论　boundary layer theory　147
边界层吸入　boundary suction, bleed　156
边界层转捩　boundary layer transition　151
变形　deformation　128
表面粗糙度　surface roughness　90
表面力　surface force　24,72
表面张力　surface tension　5
宾厄姆流体　Bingham fluid　7
波动阻力　wave drag　114,115

博尔达-卡诺公式　Borda-Carnot's formula　101
博尔达管嘴　Borda's mouthpiece　74
不可压缩流体　incompressible fluid　8
布拉休斯　Blasius　97

C

测压管压力计　piezometer　29
层流　laminar flow　19,81

层流边界层　laminar boundary layer　151
差压测压计　differential manometer　30
超声速流动　supersonic flow　8,179
吃水　draft　37
充分发展的流动　fully developed flow　90

D

达西-韦斯巴赫公式　Darcy-Weisbach's formula　90
单相流　single-phase flow　20
单翼型　single airfoil　116
当量直径　equivalent diameter　108
导叶　guide vane　105
等熵流动　isentropic flow　187
等势面　equipotential surface　25
等压面　isobaric surface　25
狄恩数　Dean number　106
定常流动　steady flow　18
定倾中心　meta center　37
定倾中心高度　metacentric height　37

定容比热　specific heat at constant volume　28,180
定压比热　specific heat at constant pressure　28,180
动量方程　momentum equation　70,71
动量厚度　momentum thickness　147
动量积分方程　momentum integral equation　151
动量矩方程　moment of momentum　80
动能　kinetic energy　53
断面二次矩　second moment of the area　33
断面惯性积　product of inertia of the area　34
对流加速度　convective acceleration　14
对数律　logarithmic law　96,154
多变过程　polytropic process　179
多相流　multi-phase flow　20

E

二次流　secondary flow　105,107

F

阀　valve　103
法向应力　normal stress　72
非定常流动　unsteady flow　18
非均匀流动　non-uniform flow　18
非牛顿流体　non-Newtonian fluid　7
非粘性流体　inviscid fluid　6

分离 seperation	103
分离点 separation point	155
分离泡 separation bubble	155
浮力 buoyancy	36
浮面 waiter-plane area	37
浮体 floating body	37
负压 negative pressure	26
复势 complex potential	165
复数的绝对值 magnitude of complex number	161
复速度 complex velocity	165

G

干涉阻力 interference drag	114,115
工程单位制 gravitational units	9
弓形激波 bow shock	171
共轭复速度 conjugate complex velocity	165
管道摩擦系数 pipe friction coefficient	90
管道系统 piping system	100
管流摩擦损失 friction loss of pipe flow	90
光滑壁面 smooth surface	98
国际单位制 International System of Units	9
过渡层 transition layer, buffer layer	96,152

H

哈根-泊肃叶流动 Hagen-Poiseuille flow	92
横向振荡 cross-line oscillation	121
喉部 throat	104,190
弧形弯头 bend	105
环量 circulation	165
汇 sink	167
混合层 mixing layer	157
混合长度 mixing length	94

J

伽利雷变换 Galilei's transformation	137
迹线 path line	16
激波 shock wave	8,192
极超声速流动 hypersonic flow	179
剪切变形 shear deformation	16
剪切应变率 shearing strain rate	17
角动量方程 angular momentum equation	80
进口段 inlet region/ entrance region	90
进口段长度 inlet length/entrance length	90
局部加速度 local acceleration	14
矩形管 rectangular duct	107
绝对压力 absolute pressure	26
绝热指数 adiabatic index	28
绝热状态 adiabatic state	27
均匀流动 uniform flow	18
切应力 shear stress	15,72

K

卡门常数 Karman's constant	95
卡门积分方程 Karman's integral equation	151
卡门涡 Karman vortex	119
柯西-黎曼方程式 Cauchy-Riemann equations	162
柯西运动方程式 Cauchy's equation of motion	133
科尔布鲁克 Colebrook	99
科氏力 Coriolis force	137
可压缩流动 compressible flow	177
可压缩流体 compressible fluid	8
空化 cavitation	20
空蚀 erosion	20
孔板 orifice	103
控制体 control volume	48,67,101
库埃特流动 Couette flow	4
跨声速流动 transonic flow	178
扩压器 diffuser	103

L

拉格朗日描述方法 Lagrangian method of description	13
拉伸变形 elongation	16
拉伸应变率 elongational strain rate	16
兰金-于戈尼奥关系式 Rankine-Hugoniot relations	193
兰肯组合涡 Rankine's compound vortex	18
雷诺 O. Reynolds	19,93
雷诺分解 Reynolds decomposition	153
雷诺平均 Reynolds average	153
雷诺数 Reynolds number	6,19,91,119
雷诺相似率 Reynolds' law of similarity	7
雷诺应力 Reynolds stress	94,154
离心力 centrifugal force	105,137
理想流体 ideal fluid	8,55,161
理想气体 ideal gas	179
连续性方程 continuity equation	47,48,68,125
量纲 dimension	10
临界雷诺数 critical Reynolds number	19,93,121,151
临界状态 critical state	186
流动的可视化 flow visualization	15
流管 streamtube	47
流函数 stream function	164
流量 flow rate	13,47,91

索 引

流量计　flow meter ……………………………… 103
流体静压力　hydrostatic force ………………… 32
流线　stream line ………………………………… 15
流向振动　in-line oscillation …………………… 121

M

马格纳斯效应　Magnus effect ………………… 118
马赫波　Mach wave ……………………………… 177
马赫角　Mach angle ……………………………… 177
马赫数　Mach number ………………………… 8,177
脉动　turbulence ………………………………… 93
脉线　streak line ………………………………… 16
密度　density ……………………………………… 3
摩擦阻力　friction drag ………………………… 114
摩阻速度　friction velocity …………………… 95,154
穆迪图　Moody diagram ………………………… 99

N

纳维尔-斯托克斯方程　Navier-Stokes equations … 134
内层　inner layer ………………………………… 152
内力　internal force ……………………………… 132
内能　internal energy …………………………… 53
能量厚度　energy thickness …………………… 147
能量损失　energy loss …………………………… 89
尼古拉兹　Nikuradse …………………………… 97
拟塑性流体　pseudoplastic fluid ……………… 7
牛顿流体　Newtonian fluid ……………………… 7
牛顿粘性定律　Newton's law of friction ……… 4
粘度　viscosity …………………………………… 4
粘性　viscosity …………………………………… 3,6
粘性底层　viscous sublayer …………………… 96,152
粘性流体　viscous fluid ………………………… 6
粘性摩擦阻力　viscous resistance ……………… 89
粘性系数　coefficient of viscosity ……………… 4

O

欧拉方程式　Euler's equations ………………… 139
欧拉描述方法　Eulerian method of description … 13
欧拉平衡方程式　Euler's equilibrium equation … 25
偶极子　doublet ………………………………… 169

P

排挤厚度　displacement thickness …………… 147
喷嘴　flow nozzle ……………………………… 103
膨胀率　cubical dilatation ……………………… 5
膨胀性流体　dilatant fluid ……………………… 7

平均流速　average velocity …………………… 92
平移　translation ………………………………… 128
普朗特　Prandtl ………………………………… 94
普朗特方程式　Prandtl's equation(可压缩流动) … 194
普朗特公式　Prandtl's formula(管摩擦) ……… 97

Q

气体常数　gas constant ………………………… 179
迁移层　buffer layer …………………………… 96
强制涡　forced vortex ………………………… 18,40

R

热力学第一定律　the first law of thermodynamics … 53
儒柯夫斯基变换　Joukowski's transformation … 172
蠕流　creeping flow …………………………… 135

S

射流　jet ………………………………………… 101,157
升力　lift ………………………………………… 116
升力系数　lift coefficient ……………………… 116
声速　sound velocity …………………………… 8,181
失速　stall ……………………………………… 117
时间平均值　time mean ………………………… 93
势能　potential energy ………………………… 53
收缩流动　contraction ………………………… 102
双液微压压力计　two-liquid micro manometer … 30
双子涡　twin vortex …………………………… 119
水力光滑　hydraulically smooth ……………… 99
水力直径　hydraulic diameter ………………… 108
水头　head ……………………………………… 26,56
水头损失　head loss …………………………… 90,101
斯特劳哈尔数　Strouhal number ……………… 119
斯托克斯近似　Stokes's approximation ……… 135
斯托克斯阻力定律　Stokes's law for drag …… 139
速度　velocity …………………………………… 13
速度波动　velocity fluctuation ………………… 93
速度分布　velocity distribution ………………… 90
速度势　velocity potential ……………………… 163
速度水头　velocity head ……………………… 56
速度梯度　velocity gradient …………………… 4,89
塑性流体　plastic fluid ………………………… 7
损失系数　loss coefficient ……………………… 100
锁定现象　lock-in phenomenon ……………… 121

T

体积弹性模量　bulk modulus of elasticity …… 5

中文	英文	页码
体积力	body force	24,72,132
体积流量	volume flow rate	45,64
湍流	turbulent flow	19
湍流边界层	turbulent boundary layer	152
湍流层	turbulent layer	96
湍流激励	turbulence promotion	156
湍流强度	turbulence intensity	93
湍流粘度	eddy viscosity, turbulence viscosity	94

U

中文	英文	页码
U 形管压力计	U-tube manometer	29

W

中文	英文	页码
外层	outer layer	152
外力	external force	70,132
弯管	curved pipe	105
完全粗糙	fully rough	99
完全方程式	complete equation	10
完全气体	perfect gas	180
微压压力计	micro manometer	30
位置水头	potential head	53
尾迹	wake	157
文丘里管	Venturi tube	47,103
涡	vortex	19,93,94,155
涡发生器	vortex generator	156
涡量	vorticity	17
无滑移	no-slip	136
无旋流动	irrotational flow	163
物质导数	substantial derivative	14
物质加速度	substantial acceleration	14

X

中文	英文	页码
相对粗糙度	relative roughness	99,108
相对平衡	relative equilibrium	39
相对压力	gage pressure	26
斜管压力计	inclined-tube manometer	32
斜激波	oblique shock wave	193
形状系数	shape factor	148
形状阻力	form drag	114
旋转	rotation	16,128

Y

中文	英文	页码
压力	pressure	15, 23
压力恢复系数	pressure recovery factor	95
压力计	manometer	29
压力降	pressure drop	90
压力水头	pressure head	56
压力损失	pressure loss	90
压力梯度	pressure gradient	91
压力中心	center of pressure	33
压力阻力	pressure drag	114
压强	intensity of pressure	23
压缩率	compressibility	5
压缩性	compressibility	5
亚声速流动	subsonic flow	8,175
叶栅	blade raw, cascade	116
普适气体常数	universal gas constant	179
一维流动	one-dimensional flow	47
翼型	airfoil, blade	116
诱导阻力	induced drag	114,115
源	source	167
运动粘度	kinematic viscosity	4

Z

中文	英文	页码
再附着	reattachment	155
再附着点	reattachment point	155
再循环区域	recirculation region	155
张量	tensor	128
真空相对压力	vacuum gage pressure	26
指数律	power law	98,154
质量流量	mass flow rate	13,49,68
质量守恒定律	conservation of mass	49,67,68,125
肘形管头	elbow	104
主方向	principal direction	132
主流	main flow, primary flow	9,105,147
驻点密度	stagnation density	185
驻点温度	stagnation temperature	185
驻点压力	stagnation pressure	185
转捩	transition	93,151
转捩区域	transition region	19
状态方程	equation of state	179
准一维流动	quasi-one-dimensional flow	47
自由剪切层	free shear layer	157
自由流	free stream	147
自由涡	free vortex	18
总水头	total head	56
总温	total temperature	185
阻力	drag	113
阻力系数	drag coefficient	113

附表 2-1 单位换算表

长度的单位换算

m	mm	ft	in
1	1 000	3.280 840	39.370 08
10^{-3}	1	$3.280\,840\times10^{-3}$	$39.370\,08\times10^{-2}$
0.304 8	304.8	1	12
0.025 4	25.4	1/12	1

面积的单位换算

m^2	cm^2	ft^2	in^2
1	10^4	10.763 91	1 550.003
10^{-4}	1	$1.076\,391\times10^{-5}$	0.155 000 3
$9.290\,304\times10^{-2}$	929.030 4	1	144
$6.451\,6\times10^{-4}$	6.451 6	1/144	1

体积的单位换算

m^3	cm^3	ft^3	in^3	L	备 注
1	10^6	35.314 67	$6.102\,374\times10^4$	1 000	英制加仑:
10^{-6}	1	$3.531\,467\times10^{-5}$	$6.102\,374\times10^{-2}$	10^{-3}	$1\,m^3=219.969\,2\,gal(UK)$
$2.831\,685\times10^{-2}$	$2.831\,685\times10^4$	1	1 728	28.316 85	美制加仑:
$1.638\,706\times10^{-5}$	16.387 06	1/1 728	1	$1.638\,706\times10^{-2}$	$1\,m^3=264.172\,0\,gal(US)$
10^{-3}	10^3	$3.531\,467\times10^{-2}$	61.023 74	1	

速度的单位换算

m/s	km/h	ft/s	mile/h
1	3.6	3.280 840	2.236 936
1/3.6	1	0.911 344	0.621 371 2
0.304 8	1.097 28	1	0.681 818 2
0.447 04	1.609 344	1.466 667	1

力的单位换算

N	dyn	kgf	lbf
1	10^5	0.101 971 6	0.224 808 9
10^{-5}	1	$1.019\,716\times10^{-6}$	$2.248\,089\times10^{-6}$
9.806 65	$9.806\,65\times10^5$	1	2.204 622
4.448 222	$4.448\,222\times10^5$	0.453 592 4	1

压力的单位换算

Pa ($N\cdot m^{-2}$)	bar	atm	Torr (mmHg)	$kgf\cdot cm^{-2}$	psi ($lbf\cdot in^{-2}$)
1	10^{-5}	$9.869\,23\times10^{-6}$	$7.500\,62\times10^{-3}$	$1.019\,72\times10^{-5}$	$1.450\,38\times10^{-4}$
10^5	1	0.986 923	750.062	1.019 72	14.503 8
$1.013\,25\times10^5$	1.013 25	1	760	1.033 23	14.696 0
133.322	$1.333\,22\times10^{-3}$	$1.315\,79\times10^{-3}$	1	$1.359\,51\times10^{-3}$	$1.933\,68\times10^{-2}$
$9.806\,65\times10^4$	0.980 665	0.967 841	735.559	1	14.223 4
$6.894\,75\times10^3$	$6.894\,75\times10^{-2}$	$6.804\,59\times10^{-2}$	51.714 9	$7.030\,69\times10^{-2}$	1